Pythonによる
ベイズ統計モデリング
PyMCでのデータ分析実践ガイド

Osvaldo Martin ■ 著

金子 武久 ■ 訳

Bayesian
Analysis
with
Python

Unleash
the Power
and Flexibility
of the Bayesian
Framework

共立出版

Bayesian Analysis with Python

By Osvaldo Martin

Copyright © Packt Publishing 2016
First Published in the English language under the title
'Bayesian Analysis with Python – (9781785883804)'

Japanese language edition published by
KYORITSU SHUPPAN CO., LTD.

はじめに

　ベイズ統計学はすでに 250 年以上の歴史があります。この間、ベイズ統計学は軽んじられ侮辱される一方で、それと同じくらい正当な評価も受けてきました[1]。最近の数十年、統計学をはじめ、ほぼすべての科学・工学の分野の人々から、さらには学術以外の分野の人々からも多くの注目を集めるようになりました。この復活は、ベイズ統計学の理論的発展とともに計算的な発展に負うところがあります。現代のベイズ統計学は、ほとんど計算統計学なのです。柔軟で透明性のあるモデルの必要性と、統計的分析に関する多くの解釈が、このトレンドに貢献しています。

　本書では、ベイズ統計学に対して実用的なアプローチを採用します。一方で、他の統計パラダイムや、それとベイズ統計学との関係については、あまり注意を払いません。本書の目的は、Python の助けを借りてベイジアンデータ分析について学ぶことです。哲学的な議論は興味深いものですが、本書で議論できることを超えてもっと豊富な議論が他書ですでに行われていますので、ここでは少ししか扱いません。

　本書は、統計学に対してモデリングによるアプローチをとります。確率モデルを通じて考えることを学び、ベイズの定理を使ってモデルやデータから論理的帰結を導き出します。そのアプローチは計算的でもあります。モデルは、PyMC3 を使ってそのコードが作成されます。PyMC3 はベイズ統計学の素晴らしいライブラリであり、数学的な詳細や計算部分でユーザーを煩わせません。ベイジアンメソッドは、理論的には確率論に基づいています。したがって、ベイズ統計学の多くの本は多数の数式を伴い、あるレベルの数学的素養を要求します。統計学の数学的な基礎を学ぶことは確かに良いモデルを構築する助けになりますし、問題、モデル、結果についての直観を得るのに役立ちます。それに対し、PyMC3 のようなライブラリは、適度な数学の知識でベイズ統計学を学び、それを実行することを可能にしてくれます。読者は、本書の全体を通じてこのことを確認できるでしょう。

---

[1] 訳注：この辺りの歴史については、

　　シャロン・バーチュ・マグレイン 著、富永星 訳『異端の統計学ベイズ』草思社 (2013)

　が参考になります。

はじめに

本書の対象読者

本書は、ベイズ統計のパラダイムに精通はしていないけれど、ベイジアンデータ分析をどのように行うのかを学びたいと思っている学部学生、大学院生、科学者、データサイエンティストに向けて書かれています。

ベイズ統計学や他のパラダイムの統計学に関する事前知識は、前提としていません。必要とされる数学的知識を最小限に抑え、それらすべての概念をコード、グラフ、文章で記述し説明します。数式は、概念のより良い理解に役立つと思われる場合にのみ使います[*2]。NumPy、matplotlib、Pandas などの科学ライブラリ[*3]に精通していることは役に立ちますが、必須ではありません。

本書の構成

第 1 章「確率的に考える——ベイジアン推論入門」

ベイズの定理、および、データ分析におけるその意味について説明します。その後、ベイジアンの考え方を解説し、不確実性を扱うためになぜ確率が使われるのか、どのように使われるのかについて説明します。この章は、第 2 章以降で使われる基本的な概念を含んでいます。

第 2 章「確率プログラミング—— PyMC3 入門」

前章で解説した概念を再び取り上げ、より計算的な視野から説明します。PyMC3 ライブラリを紹介し、確率モデルを構築する際にそれをどう使うか、事後分布からのサンプリングによる結果をどう得るのか、サンプリング結果の正当性をどのように診断するのか、ベイジアンの結果をどのように分析し解釈するのかを学びます。

[*2] 訳注：本書に必要な Python パッケージについては、このすぐあとで著者が説明しています。また、「訳者まえがき」では Windows 環境、Linux 環境、Mac 環境へのインストールについて補足説明をし、さらにコードの実行方法についても説明しています。本書のすべてのコードは動作確認をしてありますので、Python は初めてという読者も恐れないでください。Python コードの作成方法を知らなくても、本書のコードを実行し、ベイズ統計モデリングを学ぶことができます。なお、Python コードの作成方法を学習したい読者には、

Al Sweigart 著、相川愛三 訳『退屈なことは Python にやらせよう』オライリージャパン (2017)

をお薦めします。

[*3] 訳注：Python 自体も含め、これらの科学ライブラリについては、

中久喜健司 著『科学技術計算のための Python 入門』技術評論社 (2016)

が参考になります。

iv

第3章「複数パラメータの取り扱いと階層モデル」

ベイジアンモデリングについて初歩的な説明をした上で、混合モデルに向けて複雑さを加えていきます。階層モデルの利点を活かしながら、パラメータが二つ以上ある場合のモデルをどう構築し、どう分析するのか、モデルに階層構造をどう組み込むのかを学びます。

第4章「線形回帰モデルによるデータの理解と予測」

線形回帰が広範囲にわたって利用され、複雑なモデルの基礎をなしていることを説明します。線形モデルを当てはめて回帰問題を解く方法、また、外れ値や多変数を扱う方法を学びます。

第5章「ロジスティック回帰による結果変数の分類」

前章で学んだ線形モデルを一般化し、複数の入力変数と出力変数を伴うものを含め、分類問題を解きます。

第6章「モデル比較」

統計学や機械学習において、モデル比較の一般的な難しさについて議論します。また、情報量規準やベイズファクターの基礎にある理論、および、それらをモデル比較のためにどう使うかを学びます。これらの方法の注意事項も説明します。

第7章「混合モデル」

単純なモデルを組み合わせて複雑なモデリングを行う方法について説明します。これはモデルを更新するのに役立ち、前章で学んだモデルを再解釈することにも役立ちます。また、データ分類やカウントデータを扱う際の諸問題についても議論します。

第8章「ガウス過程」

ノンパラメトリック統計学と関連した、より上級のいくつかの概念を簡単に議論することで、本書を締めくくります。カーネルとは何か、カーネル化された線形回帰をどのように使うのか、回帰分析のためにガウス過程をどう使うのかといったことが、主なテーマです。

表記法

本書では、複数の文字スタイルが使われています。それらは異なる種類の情報を区別するためのものです。これらのスタイルのいくつかをここで示し、その意味を説明します。

文章中のコード、データベース名、フォルダ名、ファイル名、ファイル拡張子、パス

はじめに

名、ダミーの URL、ユーザーによる入力文字列などは、次のように等幅フォントを使って示します。

正しい方法で HPD を計算するために、関数 plot_post を使います。

ひとまとまりのコードは、タイトルを付与して網をかけ[*4]、等幅フォントで次のように表記します。

コード 0.1　コードの表記例

```python
n_params = [1, 2, 4]
p_params = [0.25, 0.5, 0.75]
x = np.arange(0, max(n_params)+1)
f, ax = plt.subplots(len(n_params), len(p_params), sharex=True, sharey=True)
for i in range(3):
  for j in range(3):
    n = n_params[i]
    p = p_params[j]
    y = stats.binom(n=n, p=p).pmf(x)
    ax[i,j].vlines(x, 0, y, colors='b', lw=5)
    ax[i,j].set_ylim(0, 1)
    ax[i,j].plot(0, 0, label="n = {:3.2f}\np = {:3.2f}".format(n, p), alpha=0)
    ax[i,j].legend(fontsize=12)
ax[2,1].set_xlabel('$\\theta$', fontsize=14)
ax[1,0].set_ylabel('$p(y|\\theta)$', fontsize=14)
ax[0,0].set_xticks(x)
```

コマンドラインの入力例や出力例は等幅フォントを使い、次のように書き表します。

```
conda install NamePackage
```

本書に必要な Python パッケージ

本書に含まれるコードは、Python のバージョン 3.5 を使って書かれています[*5]。現在利用可能な Python 3 の最新バージョンの使用を推奨します。ほとんどのコード例は、Python 2.7 などの Python の古いバージョンでも実行できると思われますが、いくらか修正が必要になるかもしれません。

[*4] 訳注：このスタイルは邦訳書で追加しました。

[*5] 訳注：原著出版後の Python や各種ライブラリのバージョンアップに伴い、本書のコードや後述する共立出版サイトに掲載している修正版コードを動作させるためには、Anaconda のインストール、conda や pip を使った PyMC3 など各種ライブラリのインストールにおいては注意が必要となりました。各種インストールについては、後述する「訳者まえがき」を参照してください。

Python と Python ライブラリをインストールするお薦めの方法は、Anaconda を使うことです。これは科学計算を行うためのライブラリをまとめた配布版です。Anaconda についての詳細な情報は https://www.anaconda.com で閲覧でき、また https://www.anaconda.com/download/ からダウンロードすることもできます。読者のシステムに Anaconda がインストールされると、次のコマンドで新しい Python のパッケージをインストールすることができます。

```
conda install NamePackage
```

本書では次の Python のパッケージを利用します。

- IPython 5.0
- NumPy 1.11.1
- SciPy 0.18.1
- Pandas 0.18.1
- Matplotlib 1.5.3
- Seaborn 0.7.1
- PyMC3 3.0

PyMC3 の最新の安定版をインストールするには、端末ウィンドウ内のコマンドラインで次のコマンドを実行してください。

```
pip install pymc3
```

謝辞

この本の執筆をはじめとする私のすべてのプロジェクト、特に不合理なプロジェクトをサポートしてくれた妻の Romina に感謝します。また、この本の原稿に対して計り知れないフィードバックと示唆を与えてくれた Walter Lapadula、Juan Manuel Alonso、そして Romina Torres-Astorga に感謝します。

PyMC3 の中心的な開発者たちに対して特別な謝意を表したいと思います。彼らが PyMC3 に注ぎ込んでくれた貢献、愛、勤勉さによってこの本が実現したのです。私は、本書がこの素晴らしいライブラリの普及に貢献することを望んでいます。

訳者まえがき

本書の特徴

本書は 2016 年 11 月に出版された Osvaldo Martin 氏による *Bayesian Analysis with Python* の邦訳です。

日本ではベイズ統計分析に関する書籍がすでに数多く出版されています。ベイズの定理をわかりやすく解説する初学者向けの書籍を除き、本格的なベイズ統計分析を志向する書籍は、次の三つの特徴軸で位置づけることができるでしょう。

- 対象読者（理系向け ⇔ 文系向け）
- 説明内容（理論志向 ⇔ 実践志向）
- 計算ツール（R/Stan ⇔ Python/PyMC3）

これら三つの特徴軸に基づくと、原書は「文系向け」「実践志向」「Python/PyMC3」を特徴として位置づけることができます。

■ 文系向け

数学があまり得意ではない理系の人も含め、研究者だけでなく、大学生や大学院生、ビジネスマンなど幅広い読者を対象としています。また、これまで伝統的な頻度主義の統計学を利用してきたけれど、ベイズ統計学に転向したいと考えている人にも本書は向いています。翻訳にあたっては、多くの訳注をつけることで「文系向け」を強く意識しました。

■ 実践志向

本書では理論的な説明は少なくなっており、考え方、分析の仕方や計算方法を、コードを使って具体的に示し、「実践的に理解する」方式で説明しています。ですから、本書で使われているデータを読者が持っているデータと取り換えれば、所望のベイズ統計分析を行うことができるようになるでしょう。

■ Python/PyMC3

日本で最近出版されたベイズ統計分析の書籍の多くは、計算ツールとして R/Stan を利用しています。R は統計分析や科学技術計算に焦点を当てたコンピュータ言語であり、Stan は確率プログラミングのライブラリです。一方、本書では Python/PyMC3 を

採用しています。Python は汎用のコンピュータ言語であり、併せて多数の便利で有用なライブラリが開発されています。PyMC3 はその一つで、確率プログラミングのライブラリです。近年、大きな注目を集めているディープラーニングの実装フレームとして TensorFlow、Chainer、Theano などがあり、これらは主に Python を通じて実行されます。Python はディープラーニング、さらに広くは機械学習をはじめとするコンピュータサイエンスの分野で評判が良く、そして、機械学習はマーケティングをはじめビジネス分野への幅広い応用が期待されています。Python の将来性はきわめて豊かであると言えます。また、Python は初学者が学習しやすいコンピュータ言語であるとの定評もあります。

Python とそのライブラリおよび PyMC3 のインストール

原著者は、Python とその科学計算ライブラリを導入するディストリビューションとして、Anaconda を推奨しています。Anaconda のインストールについて、「はじめに」に記載がありますが、ここでは、初学者向けに追記します。

2019 年 8 月 20 日現在、Anaconda の最新版は 2019 年 7 月 25 日にリリースされた Anaconda 3.7 で、これには Python 3.7.3 が含まれています。一方、PyMC3 の最新版は 2019 年 5 月 29 日にリリースされた PyMC3 3.7 ですが、これは Anaconda 3.7 にはまだ対応していないようです。また、PyMC3 3.7 ではいくつかの関数が新しいライブラリ（ArviZ）に依存するようになり、本書の修正版コード（後述の共立出版サイトに掲載）はそのままでは動作しません。そこで、Anaconda と PyMC3 は少し前のバージョンを使うことにします。

以下のようにインストールすることで本書のすべての修正版コードが訳者の計算環境（Windows 10、Linux/Ubuntu 6.04、MacBook Air: macOS X）で動作することを確認しました。インストールされる各種ライブラリのバージョンは、次の通りです。

ipython	7.2.0	jupyter_console	6.0.0	matplotlib	3.0.2
numpy	1.15.4	pandas	0.23.4	python	3.7.1
scipy	1.1.0	seaborn	0.9.0	theano (Windows)	1.0.3
mingw (Windows)	4.7	pymc3	3.6	theano (Mac・Linux)	1.0.4

なお、Anaconda のさまざまなバージョンのアーカイブは次の URL にあります。

https://repo.continuum.io/archive/

■ Windows 向けのインストール

以下のバージョンの Anaconda ファイルをダウンロードし、これを実行してインストールします。

ix

```
Windows10  > Anaconda3-2018.12-Windows-x86_64.exe
```

Anaconda のインストール後、Windows 10 のスタートメニューから「Anaconda3
(64-bit)」をクリックし、表示される「Anaconda Prompt」を選んでターミナルを起動
します。ターミナル内で次のコマンドによって mingw と pymc3（PyMC3 3.6）をイン
ストールします。

```
> conda install mingw
> conda install -c anaconda pymc3
```

以上で本書の修正版コードを実行する Python 環境が整いました。

■ Mac・Linux 向けのインストール

該当する OS の 2018 年 12 月版の Anaconda ファイルをダウンロードし、インストー
ルすることができます（Python や PyMC3 をインストールする別方法は後述）。

```
Mac         $ bash Anaconda3-2018.12-MacOSX-x86_64.sh
Linux       $ bash Anaconda3-2018.12-Linux-x86_64.sh

Mac         $ source ~/.bash_profile
Linux       $ source ~/.bashrc

Mac・Linux  $ pip install pymc3==3.6
```

なお、直上の pip コマンドの行末 3.6 の前のイコール（=）は 2 つ必要です。

以上で本書の修正版コードを実行する Python 環境が整いました。なお、インストー
ルされるライブラリの Windows の場合との違いは、theano 1.0.4 であること、mingw
が含まれないことのみです。

■ 異なるバージョンの Python を仮想環境にインストールする方法

以下では Mac・Linux 向けに、異なるバージョンの Python を仮想環境にインストー
ルし、必要に応じて仮想環境を切替えて異なるバージョンの Python を使い分ける方法
について追記します[6]。まず、現時点で最新版の Anaconda（含 Python 3.7.3）をイン
ストールします。

ターミナルを起動し、cd コマンドで最新版の Anaconda ファイルが保存されている
フォルダに移動し、次のコマンドを実行します。

---

[6] 訳者の Windows 10 のもとでは、ここに記載している仮想環境の切替方式で本書の修正版コードを実
行すると theano がうまく動作しませんでした。仮想環境の切替方式であっても、mingw をインストール
しなければ theano の機能を使わなくなり、本書の修正版コードは Windows 10 のもとで動作しま
した。しかし、この場合、計算終了までにかなりの時間が必要となりました。

| Mac | `$ bash Anaconda3-2019.07-MacOSX-x86_64.sh` |
| Linux | `$ bash Anaconda3-2019.07-Linux-x86_64.sh` |

Anaconda のインストール後、ターミナル内で次のコマンドを実行してください。

| Mac | `$ source ~/.bash_profile` |
| Linux | `$ source ~/.bashrc` |

続いて、Python 3.7.1 用の仮想環境を作成し、そこに少し前のバージョンの Python 3.7.1 をインストールします。

| Mac・Linux | `$ conda create -n py371 python=3.7.1 anaconda` |

ここで「py371」は仮想環境名ですが、これに限らず任意の名前を設定できます。次いで Python の仮想環境を py371 に切り替えます。

| Mac・Linux | `$ conda activate py371` |

最後に、ターミナル内で次のコマンドを実行して PyMC3 3.6 をインストールします（行末 3.6 の前のイコール（=）は 2 つ必要）。

| Mac・Linux | `$ conda install -c conda-forge pymc3==3.6` |

インストール完了後、PyMC3 を使って本書の修正版コードを学習する際は、ターミナルを新しく起動するたびに `$ conda activate py371` を実行して仮想環境を切り替えてください。切り替えた仮想環境を元に戻すには、`$ conda deactivate` を実行するか、ターミナルを再起動します。

本書のコードについて

本書で使用する修正版コードとデータは、共立出版 HP にある本書のサイト

http://www.kyoritsu-pub.co.jp/bookdetail/9784320113374

からダウンロードできます。

また、原著者の Osvaldo Martin 氏の GitHub サイト

https://github.com/aloctavodia/BAP

にも、原書の全コード、データ、カラー版のグラフ、正誤表などがアップされています。

原著者の GitHub にアップされているコードは、章ごとにノートブック形式になっており、Web ブラウザで閲覧することができます。ノートブック形式は、IPython という

対話型実行ツールの出力を保存したものです。コードのほかに出力されたカラーグラフも含まれていますので、ダウンロードしてそのまま実行することはできません。まずは、ノートブックファイルからコード部分をテキストエディタにコピー&ペーストし、ファイルを保存してから実行してください（インターネットを検索すると、もっと洗練された方法が見つかります）。

なお、本書の修正版コードは、2018 年 12 月時点の原著者の GitHub にアップされていたコードに、以下の変更を加えてあります。

- グラフ出力時の色指定と文字の大きさを指定
- グラフ出力時の保存ファイル名を指定
- 関数 sample に njobs=1 を追加

最後の「関数 sample に njobs=1 を追加」について少しコメントしておきます。原著者の GitHub にアップされていたコードは、訳者の Linux 環境と Mac 環境では問題なく実行できましたが、Windows 環境では一部のコードが動作しませんでした。そこで、動作しないコードに含まれる関数 sample の引数に njobs=1 を追加したところ、無事に動作しました。本書にはこれを追加したコードが載せてあります。njobs については 52 ページに説明があります。

コードの実行方法

本書のコードを実行する場合、コードを章単位でまとめて、BAP_Chapter1.py のようなファイル名で保存しておくとよいでしょう。というのも、各章の後半のコードはその章の前半のコードで書かれた変数や関数を使っているため、小さく分割したコードを単独で実行しても動作しないからです。これとともに、分析で使うデータが、あるフォルダ（以下、データフォルダと呼びます）に保存してあるものとします。例えば、読者の PC のホームディレクトリに Documents フォルダがあり、さらにその中に BAP というフォルダがあり、これが読者のデータフォルダだとしましょう。

コードを実行する方法は多様です。そのいくつかを示します。ここで紹介する方法はいずれもターミナルを起動し、そこに現れるコマンドラインから各種コマンドを入力・実行するスタイルのものです。コマンドラインとは、ターミナルの左側から、まず読者の PC のホームディレクトリ名、次に Windows なら "<", Linux や Mac なら "$" といった記号、そして縦長の四角いカーソルが表示された、コンピュータがコマンドの入力を待っている場所を指します。

■ 対話型実行ツールによる方法

実際の分析では、コマンドを入力・実行してその結果を確認し、さらに別のコマンド

を入力・実行してその結果を確認し…と、システムと対話をするように作業を進めていくことがよくあります。このように対話形式で Python を実行するツールとしては、IPython とその発展型の Jupyter QTConsole が有名です。IPython は 2001 年に最初のリリースが行われ、その後、機能を拡充させてきました。今日、IPython は Python だけでなくさまざまなコンピュータ言語に対応し、さらに Web ブラウザ上でのコード実行など、さまざまな作業をすることができるようになり、Jupyter と呼ばれるようになりました。現在では IPython と Jupyter は互いに関連しつつ開発が進められています。原書では IPython を使ってコードを実行していますが、訳者は IPython と Jupyter の QTConsole を使ってコードの動作確認を行いました。

　Windows の場合、スタートメニューの Anaconda3 の中に Python Prompt がありますので、これを選択・起動するとターミナル（端末）が開きます。一方、Linux や Mac の場合にはシステムに登録されているターミナルを起動してください。ターミナルが起動してカーソル（縦長の四角）が現れたら、その左側に現在の作業ディレクトリが表示されているはずです。コマンドラインのカーソルに続けて、次のように cd コマンドを使って作業ディレクトリを読者のデータフォルダに移動してください。

```
Windows      > cd Documents¥BAP
Linux・Mac   $ cd Documents/BAP
```

　これは、現在の作業ディレクトリ（ホームディレクトリ）をその下にある Documents というフォルダの、さらにその中にある BAP というフォルダに移動させるコマンドです。Enter キーを押すと、カーソルのすぐ左側に BAP の文字列が表示されます。続いて、コマンドラインから次のように入力・実行することで、Jupyter QTConsole または IPython を起動します[7]。

```
Jupyter QTConsole   > jupyter qtconsole
IPython             > ipython
```

　これにより Jupyter QTConsole の場合は別ウィンドウで、IPython の場合はターミナル内でそれぞれの対話型実行ツールが起動します。そこに In[1]:というプロンプトとカーソルが表示されたら、次のように入力してコードを実行します。

```
In[1]:run BAP_Chapter1.py
```

---

[7] 以下では Jupyter QTConsole が先に記してありますが、その理由は訳者が本書のコードの動作確認を主にこれで行ったというだけのことです。本書のコードを実行するだけなら、どちらを選んでも構いません。対話型実行ツールとしては、このほかに、Web ブラウザで使う Jupyter や、統合開発環境の Spyder などがありますので、いろいろ使ってみて読者のお気に入りの実行ツールを選ぶとよいでしょう。

Windows 環境では、コードによってはこの方法で実行できないことがあるかもしれません。その場合は、コード自体をコピーして実行します。In[1]:の後ろにひとまとまりのコードをコピー&ペーストし、貼り付けられたコードの末尾で Shift キーを押しながら Enter キーを押してください。この方式により本書のすべてのコードが Windows 10 環境で動作することを確認してあります。

■ ターミナルのコマンドラインから直接実行する方法

本書のコードなど、動作することがわかっているコードファイルを一括して実行する場合には、ターミナルのコマンドラインから直接 Python を呼び出すことができます。読者が Python のコード作成に慣れているなら、この方法がシンプルで使いやすいでしょう。訳者の Linux 環境や Mac 環境では、この方法で問題なく本書のコードを実行できました。一方、Windows 環境ではこの方法でうまく実行できませんでした。読者の Windows 環境でも同様にうまく動作しないかもしれません。その場合は、先に記したように、Jupyter QTConsole または IPython を起動し、コードをファイルからコピーして貼り付けたり、キーボードから直接打ち込んだりして実行してください。

上記と同じ方法でターミナルを起動し、作業ディレクトリをデータフォルダに移動した後、コマンドラインから次のように直接 Python を呼び出して、コードを実行することができます。

```
> python BAP_Chapter1.py
```

PyMC3 に関する情報源

PyMC3 のドキュメントサイトとして、次のサイトがあります。数多くのコード例が掲載されており、非常に参考になります。

http://docs.pymc.io/

PyMC3 は、本書の原著が出版された 2016 年 11 月から 2019 年 8 月までに、8 回のバージョンアップが行われています。PyMC3 のリリースノートは次のサイトにあります。

https://github.com/pymc-devs/pymc3/blob/master/RELEASE-NOTES.md

バージョンアップでどのような変更があったのかを知ることができるので、過去のコードを新しいバージョンに対応させる際に役立つでしょう。

目次

第1章　確率的に考える —— ベイジアン推論入門 　　1

1.1　モデリングの一つの方式としての統計学 2
　　1.1.1　探索的データ分析 2
　　1.1.2　推測統計学 3
1.2　確率と不確実性 4
　　1.2.1　確率分布 7
　　1.2.2　ベイズの定理と統計的推測 11
1.3　単一パラメータ推論 14
　　1.3.1　コイン投げ問題 14
1.4　ベイジアン分析の情報伝達 25
　　1.4.1　モデル表記と視覚化 25
　　1.4.2　事後分布の要約 26
1.5　事後予測チェック 29
1.6　まとめ 30
1.7　演習 31

第2章　確率プログラミング —— PyMC3 入門 　　33

2.1　確率プログラミング 34
　　2.1.1　推論エンジン 35
2.2　PyMC3 入門 47
　　2.2.1　コイン投げ問題の計算的なアプローチ 48
2.3　事後分布の要約 57
　　2.3.1　事後分布に基づく判断 58
2.4　まとめ 60
2.5　続けて読みたい文献 61
2.6　演習 61

第3章 複数パラメータの取り扱いと階層モデル 65

3.1	迷惑パラメータと周辺化された分布	66
3.2	あらゆるところで正規性	68
	3.2.1 ガウシアン推論	68
	3.2.2 頑健推論	73
3.3	グループ間の比較	79
	3.3.1 チップのデータセット	80
	3.3.2 コーエンの d	84
	3.3.3 優越率	85
3.4	階層モデル	86
	3.4.1 収縮	89
3.5	まとめ	92
3.6	続けて読みたい文献	93
3.7	演習	93

第4章 線形回帰モデルによるデータの理解と予測 95

4.1	線形単回帰	95
	4.1.1 機械学習への橋渡し	96
	4.1.2 線形回帰モデルのコア	97
	4.1.3 線形モデルと高い自己相関	103
	4.1.4 事後分布の解釈と視覚化	107
	4.1.5 ピアソンの相関係数	111
4.2	頑健線形回帰	117
4.3	階層線形回帰	122
	4.3.1 相関、因果、および複雑な現象のモデル化	129
4.4	多項式回帰	130
	4.4.1 多項式回帰のパラメータ解釈	133
	4.4.2 多項式回帰——究極のモデル？	134
4.5	線形重回帰	135
	4.5.1 交絡変数	139
	4.5.2 多重共線性あるいは相関が高い場合	143
	4.5.3 変数のマスキング効果	146
	4.5.4 相互作用の追加	149
4.6	glm モジュール	150

4.7	まとめ	150
4.8	続けて読みたい文献	151
4.9	演習	151

第5章　ロジスティック回帰による結果変数の分類　153

5.1	ロジスティック回帰	154
	5.1.1　ロジスティックモデル	155
	5.1.2　アイリスデータセット	157
	5.1.3　アイリスデータセットへのロジスティックモデルの適用	159
5.2	多重ロジスティック回帰	164
	5.2.1　境界決定	165
	5.2.2　モデルの実装	165
	5.2.3　相関のある変数の取り扱い	167
	5.2.4　アンバランスなクラスの取り扱い	169
	5.2.5　この問題をどう解くか？	171
	5.2.6　ロジスティック回帰の係数解釈	171
	5.2.7　一般化線形モデル	172
	5.2.8　ソフトマックス回帰あるいは多項ロジスティック回帰	173
5.3	判別モデルと生成モデル	177
5.4	まとめ	180
5.5	続けて読みたい文献	181
5.6	演習	181

第6章　モデル比較　183

6.1	オッカムのカミソリ ── 単純さと精度	184
	6.1.1　多すぎるパラメータは過剰適合をもたらす	186
	6.1.2　少なすぎるパラメータは過少適合をもたらす	188
	6.1.3　単純さと精度のバランス	188
6.2	事前分布の正則化	189
	6.2.1　事前分布の正則化と階層モデル	191
6.3	予測精度	191
	6.3.1　交差確認	192
	6.3.2　情報量規準	193
	6.3.3　PyMC3による情報量規準の計算	197

	6.3.4	情報量規準測度の解釈と使用	202
	6.3.5	事後予測チェック	203
6.4	ベイズファクター		204
	6.4.1	情報量規準との類似性	206
	6.4.2	ベイズファクターの計算	206
6.5	ベイズファクターと情報量規準		210
6.6	まとめ		212
6.7	続けて読みたい文献		213
6.8	演習		213

第7章　混合モデル　　　　　　　　　　　　　　　　　　　　215

7.1	混合モデル		215
	7.1.1	混合モデルの構築方法	217
	7.1.2	周辺化されたガウス混合モデル	223
	7.1.3	混合モデルとカウントデータ	224
	7.1.4	頑健ロジスティック回帰	232
7.2	モデルベースクラスタリング		235
	7.2.1	固定された要素のクラスタリング	237
	7.2.2	固定されていない要素のクラスタリング	237
7.3	連続型混合モデル		237
	7.3.1	ベータ‑2項分布および負の2項分布	238
	7.3.2	スチューデントのt分布	239
7.4	まとめ		239
7.5	続けて読みたい文献		240
7.6	演習		240

第8章　ガウス過程　　　　　　　　　　　　　　　　　　　　243

8.1	ノンパラメトリック統計学		244
8.2	カーネルベースモデル		244
	8.2.1	ガウスカーネル	245
	8.2.2	カーネル化された線形回帰	245
	8.2.3	過剰適合と事前分布	251
8.3	ガウス過程		252
	8.3.1	共分散行列の構築	253

	8.3.2	GP からの予測	257
	8.3.3	PyMC3 による GP の実装	262
8.4	まとめ		267
8.5	続けて読みたい文献		267
8.6	演習		268

訳者あとがき　　269

著者とレビューアについて　　271

索引　　272

第 **1** 章

確率的に考える
——ベイジアン推論入門

確率論は、常識が計算へと凝縮したものにほかならない。

——ピエール＝シモン・ラプラス

　本章では、ベイズ統計学の核となる概念、および、ベイジアン分析におけるいくつかのツールキットを学びます。本章ではいくつかの Python のコードを使いますが、この章の内容は、ほとんどが理論に関することです。この章で扱われる概念のほとんどは、本書の残りの章で何回も登場することになるでしょう。また、理論面に焦点を当てるので、コードを書いて読者を不安にさせることはほとんどありません。しかし、コードを書く能力は、読者が抱えている統計的問題にベイズ統計学を効果的に適用するのに役立つでしょう。

　本章では次の事項を扱います。

- 統計モデリング
- 確率と不確実性
- ベイズの定理と統計的推論
- 単一パラメータ推論と伝統的なコイン投げ問題
- 事前分布の選択、および、それが本当は好まれるべきなのに好まれない理由
- ベイジアン分析の報告

第 1 章　確率的に考える——ベイジアン推論入門

1.1 モデリングの一つの方式としての統計学

統計学は、データを収集し、組織化し、分析し、解釈する学問です。したがって、統計的な知識はデータ分析の本質です。データを分析する際、もう一つの有益なスキルは、Python のようなプログラミング言語でコードを書く方法を知っていることです。私たちは複雑な世界に住み、複雑なデータを扱っていますので、通常、データを操作することは必須のことであり、コーディングは物事をうまく運ぶ手助けをしてくれます。データがきれいですっきりしているとしても、現代のベイズ統計学はほとんど計算統計学になっているので、プログラミングは相変わらず非常に有益なものと言えるでしょう。

最も入門的な統計学のコースは、少なくとも、統計学者ではない人々にとって、おおよそ次のようなレシピの集まりとして教えられます。統計収納ボックスに行き、一つの缶を開け、味つけとしてデータを加え、妥当な p 値が得られるまでかき回し、その値が 0.05 より小さくなることを好みます（もし p 値について読者が知らないとしても、本書では使いませんから気にしないでください）。この種のコースの主な目標は、適切な缶をどうやって選ぶかを教えることです。

私たちはこれとは異なるアプローチをとりたいと思います。本書ではいくつかのレシピを学びますが、これらは既製のものではなく、自家製のものになるでしょう。さまざまな料理の状況に適するよう、新鮮な材料をどう組み合わせるかを学ぶことになります。しかし、料理をする前に、いくつかの統計的な用語とその概念を学んでおく必要があります。

▶ 1.1.1 探索的データ分析

データは統計学の基本的な材料です。データは、例えば、実験、コンピュータシミュレーション、調査、フィールド観察など、さまざまなことから得られます。私たちがデータを生成したり集めたりする人だとしましょう。まず、答えたい問題は何なのか、使うべき方法は何なのかという質問について注意深く考え、そのあとでデータを取り始めることは常に良いことです。事実、**実験計画** (experimental design) として知られる、データ収集を扱う統計学の一大分野があります。データ大洪水の時代、データ収集が安価なわけではないことを時として忘れることがあります。例えば、大規模ハドロン加速器 (Large Hadron Collider; LHC) は、1 日当たり数百テラバイトのデータを生成します。その建設は手作業と知的な努力で数年はかかります。本書では、データはすでに得られており、（現実世界ではかなり稀なことですが）そのデータは掃除が済んですっきりしているものと仮定します。データをクリーニングしたり加工したりするために Python をどのように使うかについて学びたいなら、また、機械学習の入門について学びたいなら、Jake Vanderplas が書いた *Python Data Science Handbook* を読むとよいでしょう。

2

さて、私たちはデータセットを持っているとします。私たちの手もとにあるデータについてある種の直観を得るために、データを調べたり視覚化することはとても良いアイデアです。これは、**探索的データ分析**（exploratory data analysis; EDA）として知られます。基本的にこれは次の二つから構成されます。

- 記述統計学
- データ視覚化

まず、一つ目の記述統計学は、数量的にデータを要約したり特徴づけたりするために、どの測度（統計量）をどのように使うのかを扱います。読者はすでに、平均、最頻値、標準偏差、四分位数などを使ってデータを記述する方法を知っているかもしれません。

二つ目のデータ視覚化は、データを視覚的に調べるものであり、読者はすでに、ヒストグラム、散布図などの表現に慣れているかもしれません。もともと、EDA は、何らかの複雑な分析にかける前のデータに適用したり、複雑なモデルに基づいた分析にかけるために適用したりするものと考えられていました。本書を通じて、EDA はベイジアン分析の結果を理解し、解釈し、検討し、要約し、情報伝達するためにも利用可能であることを学びます。

▶ 1.1.2 推測統計学

データをグラフ表示し、データの平均値など簡単な数値を計算すれば十分な場合があります。一方で、データに基づいた一般化をしたいと思うこともあります。データを生み出す背後にあるメカニズムを理解したいのかもしれませんし、将来の（まだ観測されていない）数値を予測したいのかもしれません。あるいは、いくつかの競合する説明の中からどれか一つを選ぶ必要があるのかもしれません。これらは**推測統計学**（inferential statistics）の仕事です。推測統計学を行うには、確率モデルに頼ることになります。多くのタイプのモデルが存在しますが、ほとんどの科学は、現実世界について私たちが理解するすべてを追加したモデルを通じて行われます。脳はまさに現実（それが何であるにせよ）をモデル化する機械です。

モデルとは何でしょう。モデルは与えられたシステムあるいは過程の記述を単純にするものです。これらの記述はシステムの最も重要な特徴を把握するように、目的を持って設計されます。したがって、ほとんどのモデルはすべての特徴を説明することを意図していません。一方で、単純なモデルと複雑なモデルがあり、両方ともデータを同程度に説明することができるなら、一般的には単純なモデルが好まれます。単純なモデルが好まれるというヒューリスティクス[1]はオッカムのカミソリとして知られ、第 6 章にお

---

[1] 訳注：発見的方法と訳されることがあります。正確な答えを導く方法ではないけれど、おおよそうまくいく答えを導く方法や考え方を意味します。

第1章　確率的に考える──ベイジアン推論入門

いて、ベイジアン分析とこのオッカムのカミソリがどう関係するのかを議論します。

　モデリングは、構築するモデルがどのようなものであれ、おおよそ次のような基本ルールに従う反復的な過程です。ベイジアンモデリングの過程は次の三つのステップに要約することができます。

1. 何らかのデータを所与とし、また、そのデータがどのように生成されたのかについて何らかの仮定を置いて、モデリングします。ほとんどの場合、モデルは大雑把な近似になります。しかし、これが私たちの必要とするすべてなのです。
2. その後、ベイズの定理を使い、私たちのモデルにデータを与え、データと仮定を結合させることによって論理的な結果を導き出します。このことを「データに基づいてモデルを条件づける」と言います。
3. 最後に、データや私たちが調べているテーマに関する専門知識を含め、さまざまな基準に照らし合わせてモデルが理に適っているかをチェックします。

　一般的には、非線形の反復様式によるこれら三つのステップを実行することで、私たちは自分自身について気づきます。私たちが作ったプログラムに愚かなミスが含まれる場合があること、モデルを変更・改善する方法が見つかるかもしれないこと、より多くのデータを追加する必要があるかもしれないことなどです。そして、任意の時点で諸ステップを私たちは再追跡することになるでしょう。

　ベイジアンモデルは**確率モデル**（probabilistic model）としても知られます。というのも、それは確率を使って構築されるからです。なぜ確率を使うのでしょうか？　確率は、データにおける不確実性をモデル化するための正しい数学的な道具なのです。それでは、いくつも枝分かれする小径のある庭（garden of forking paths）[*2]で散歩を始めましょう。

1.2 ｜ 確率と不確実性

　確率論は成熟し確立された数学の一分野ですが、確率の解釈をめぐっては複数の議論が存在します。ベイジアンの世界では、確率はある言明についての不確実性レベルを数量化した一つの測度です。私たちがコインについて何も知らず、コイン投げについて何のデータも持っていないとしたら、コインの表が出る確率が 0 と 1 の間の任意の値をとると考えるのは理に適っているでしょう。情報がないなら、0 から 1 の間のすべての値は等しくあり得ることになり、不確実性は最大となります。一方で、コインが均一であると私たちが知っているなら、コインの表が出る確率は正確に 0.5 になると言えるで

[*2] 訳注：付加される条件によって確率が分岐していく様子をたとえた表現です。

しょう。あるいは、コインが均一ではないとしたら、0.5 近辺の数値になるでしょう。

さて、データを集めると、事前の仮定を更新することができます。そしてコインの偏りについての不確実性を減らすことができます。この確率の定義のもとでは、火星における生命存在の確率、電子の質量が 9.1×10^{-31} kg である確率、1816 年 7 月 9 日が晴天である確率などについて問うことは、概ね妥当で自然なことです。例えば、火星に生命が存在するか否かという質問には、二つに一つの結果がありますが、この質問で本当に尋ねているのは、その惑星上の生物学的条件や物理条件について私たちが知っていることや与えられたデータのもとで、火星に生命を発見する可能性がどの程度なのか、ということです。

言明は私たちの知識の状態を表しており、自然の特性を直接的に表現しているものではありません。事象が必然的にランダムであるからなのではなく、事象について確信できないので私たちは確率を使うのです。この確率についての定義は心の認識論的状態を表すものであり、時には、確率についての主観的定義と言われることもあります。この名称は、ベイジアンパラダイムによく当てはまることとして、主観的統計学のスローガンを説明しています。そして、この定義は、すべての言明が等しく妥当なものとして扱われるべきであることを意味していません。この定義は、私たちが世界について理解していることは不完全であり、データや私たちが作るモデルに条件づけられていることを教えてくれます。世界を理解するにあたって、モデルから解放されていたり、理論から解放されているような考えは存在しません。社会的な前提条件から私たちを解放することが可能だとしても、私たちは脳が進化過程に支配されているといった生物学的な制約下にあり、世界のモデルで縛られています。私たちは人間として考えることを強いられ、コウモリなどのような考え方は決してしないでしょう。まして、宇宙は不確実な場所であり、一般的に、私たちができうる最良のことは宇宙について確率的な言明を行うことなのです。世界の現実の根底にあることが、確定的なのか、確率的なのかは問題ではないことに注意してください。私たちは不確実性を数量化するための道具として確率を使うのです。

誤りなく考えることが論理です。アリストテレス哲学や古典的な論理学のもとでは、私たちは真または偽となる言明しかできません。ベイジアンの確率の定義によれば、確実性は、真なる言明は確率 1 をとり、偽なる言明は確率 0 をとるという特別な場合に過ぎません。火星の生命については、何かが成長し再生したり、私たちが生命体と関係づける何らかの活動をしていることを示す決定的なデータを得たときのみ、確率 1 を割り当てることになるでしょう。しかしながら、探索していない火星の場所がまだ存在することを常に考えることができますし、ある種の実験で過ちを犯しているかもしれません。火星には生命が存在しないと誤って信じさせるようなさまざまな理由によって、この問いに確率 0 を割り当てることは困難だということに注意してください。この点に関連し

て、クロムウェルのルール（Cromwell's rule）というものがあります。これは、論理的に真または偽である言明に対して事前確率1または0を使うことを予約すべきだということを述べています。

興味深いことに、コックス（Cox）は論理に不確実性を含めるように拡張したいなら、確率や確率論を使わなければならないことを数学的に証明しました。ベイズの定理はまさに、これから私たちが見るであろう確率の法則による論理的な結果なのです。したがって、ベイズ統計学についてのもう一つの考え方は、不確実性を扱う場合の論理の拡張なのです。それは、軽蔑的な意味で主観的な理由づけを扱うこととは、明らかに関係ありません。

いまや、私たちは確率についてのベイジアンの解釈を知っています。では、確率についての数学的な特性について見ていくことにしましょう。確率論についてもっと詳細に学習したい場合には、Joseph K. Blitzsten と Jessica Hwang による *Introduction to probability* を読むとよいでしょう。

確率は区間 $[0,1]$ における数であり、0と1の値を含みます。確率にはいくつかのルールがあります。その一つが以下の乗法定理（product rule[*3]）です。

$$p(A, B) = p(A|B)p(B)$$

この式は次のように読みます。

事象 A と事象 B がともに起きる確率 $p(A, B)$ は、事象 B が与えられたもとでの事象 A の確率 $p(A|B)$ と事象 B の確率 $p(B)$ を掛けたものに等しい[*4]。

$p(A, B)$ は事象 A と事象 B の同時確率（joint probability）を表します[*5]。また、$p(A|B)$ は条件つき確率（conditional probability）を表します。その名前は、事象 A の確率は事象 B を知ることによって条件づけられていることに由来します。例えば、歩道が濡れているという確率は、雨が降ったことを知った上での歩道が濡れている確率とは異なります。条件つき確率は、条件づけられていない確率に対して、大きいこともあれば小さいこともあり、等しいこともあります。事象 B を知ることが事象 A について何も情報を与えてくれないのであれば、$p(A|B) = p(A)$ となります。すなわち、この場合、事象 A と事象 B は互いに独立です。その一方で、事象 B を知ることが事象 A について有益

[*3] 訳注：原書ではこのような簡略的表現が使われていますが、一般的には multiplication theorem of probability です。

[*4] 訳注：原書のこの部分には事象（event）という語は出てきませんが、あえて追加しました。事象は何らかの出来事を指し、例えば「コイン投げで表が出る」、「サイコロ投げで偶数が出る」、「ビールが1日に100本売れる」、「宝くじに当たる」などはそれぞれ事象です。

[*5] 訳注：同時確率には $p(A, B) = p(B, A)$ という性質があります。

な情報を与えてくれるなら、条件つき確率は事象 B を知ることが事象 A と関係している程度に応じて、条件づけられていない確率より大きかったり等しかったりします。

条件つき確率は、統計学における重要な概念の一つです。以下で見るように、これを理解することは、ベイズの定理を理解するために決定的に重要です。異なる視点からこれを理解してみましょう。確率についての乗法定理を変形すると、次のようになります。

$$p(A|B) = \frac{p(A, B)}{p(B)}$$

条件つき確率は、常に同時確率よりも大きいか等しいことに注意してください。その理由は次のとおりです。確率 0 の事象に条件づけられることはなく、このことは上記の式の中で暗に表現されていますし、また、確率は区間 $[0, 1]$ に制限されているからです。なぜ $p(B)$ で割るのでしょう？ 事象 B を知ることは起こり得る事象空間を事象 B に制限することと同等になります。したがって、条件つき確率を見つけるためには、条件づけられた該当する例を数え上げ、それを当該事象の総数で割り算します。すべての確率は、事実上、条件づけられることを知っておくことは重要です。真空の中で漂うような絶対的な確率が存在するのではありません。私たちは気づいていなかったり知らなかったりするかもしれませんが、何らかのモデル、仮定、条件が存在するのです。地球や火星やあるいは宇宙の他の場所について考えるとき、雨が降る確率は同じではありません。同様に、コイン投げで表や裏が出る確率は、コインに関して一方に偏りがあるような仮定に依存することになります。いまや、私たちは確率の概念に精通してきました。次の話題、確率分布に話を進めましょう。

▶ 1.2.1 確率分布

確率分布は、事象がどれほど異なって生じるかを記述する数学的な対象です。一般的には、これらの事象は一組のあり得る事象に制限されます。統計学で一般的で有益な考え方は、データが未知なるパラメータを持った何らかの確率分布から生起する、と考えることです。これらのパラメータは観測されず、データを持つのみなので、この関係を反転させるためにベイズの定理を利用します。すなわち、データからパラメータに向かうのです。確率分布はベイジアンモデルの建築材料となるものであり、確率分布を適切に組み合わせることによって、私たちは複雑なモデルを利用することができるのです。

この本を通じて、私たちはさまざまな確率分布に出会います。一つの確率分布に出会うたびに、時間をかけてそれを理解しましょう。確率分布の中でおそらく最も有名なものは、ガウス分布（Gaussian distribution）または正規分布（normal distribution）と呼ばれるものです。ある変数 x が正規分布に従う場合、正規分布の値は次の数式によっ

第 1 章　確率的に考える——ベイジアン推論入門

て表されます[*6]。

$$\mathrm{pdf}(x|\mu, \sigma) \;=\; \frac{1}{\sigma\sqrt{2\pi}} e^{\frac{-(x-\mu)^2}{2\sigma^2}}$$

この数式において、μ と σ が分布を特徴づけるパラメータです。最初のパラメータ μ は分布の平均値（mean）であり、任意の実数値をとります。正規分布の場合、平均値は中央値（median）でもあり、最頻値（mode）でもあります。二つ目のパラメータ σ は標準偏差（standard deviation）であり、これは正の値のみをとり、分布の広がりを表します。μ と σ の可能な組み合わせは無限に存在し、これらのすべては正規分布族に属します。数式は要点をまとめ、曖昧さがなく、美しいとさえ言う人もいます。正規分布の数式は見た目が難しいことを私たちは認めなければなりません。その緊張を解きほぐす一つの良い方法は、正規分布を調べるために Python を使うことです。正規分布族がどのような形をしているのかを見てみましょう。

コード 1.1　さまざまな正規分布を出力する[*7]

```python
import matplotlib.pyplot as plt
import numpy as np
from scipy import stats
import seaborn as sns
plt.style.use('seaborn-darkgrid')

mu_params = [-1, 0, 1]
sd_params = [0.5, 1, 1.5]
x = np.linspace(-7, 7, 100)
f, ax = plt.subplots(len(mu_params), len(sd_params), sharex=True, sharey=True)

for i in range(3):
  for j in range(3):
    mu = mu_params[i]
```

[*6] 訳注：以下の数式中の e は、ネイピア数と呼ばれる数学定数で、具体的には $2.71828\cdots$ という値を指します。また、pdf は probability density function の略で、確率密度関数を表します。この関数が描く曲線と x 軸で構成される図形の面積は 1 となるように調整されています。その図形の横軸 x のある区間 $[x_1, x_2]$ とそれぞれからの垂線で囲まれた部分の図形の面積は、0 から 1 までの数値となります。この数値は、x が区間 $[x_1, x_2]$ の値をとる確率に対応します。

[*7] 訳注：以下のコードの 19 行目（空行も 1 行として数えた場合）は、紙幅の関係で 2 行にわたって表記されています。しかし、読者がコードを手入力する場合は、途中で改行せず、1 行として入力してください。本書ではこのような表記が何度も現れるので、手入力する際には同様にお気をつけください。また、Python では行頭のスペース（インデント）には意味があります。for 文など、どこからどこまでをひとまとまりのブロックとして繰り返すかを、行頭のインデントの大きさで判断します。本書では、一つのブロックを表すために行頭に二つのスペースを入れています。さらにブロックが 1 段深くなるたびに、二つのスペースを追加しています。コード 1.1 には、行頭二つのスペースで表されるブロックと四つのスペースで表されるブロックがあります。

```
    sd = sd_params[j]
    y = stats.norm(mu, sd).pdf(x)
    ax[i, j].plot(x, y)
    ax[i, j].plot(0, 0, label="$\\mu$ = {:3.2f}\n$\\sigma$ = {:3.2f}".format(
mu, sd), alpha=0)
    ax[i, j].legend(fontsize=8)

ax[2,1].set_xlabel('$x$', fontsize=14)
ax[1,0].set_ylabel('$pdf(x)$', fontsize=14)
plt.tight_layout()
plt.savefig('img101.png')
```

このコードのアウトプットは、図 1.1 に示すグラフになります。

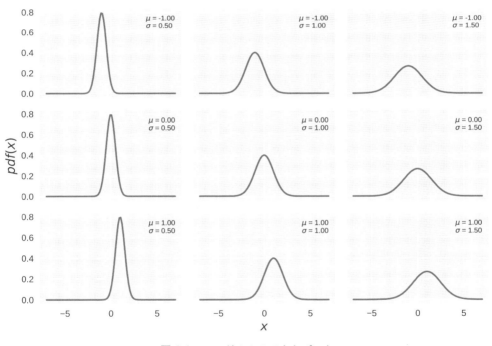

図 1.1　コード 1.1 のアウトプット

確率分布に由来する x のような一つの変数は、**確率変数**（random variable）と呼ばれます。その変数は任意の値をとることができるわけではありません。反対に、その値は確率分布による制約に支配されています。でたらめさ（randomness）はその変数がどのような値をとるのかを私たちが予測できないという事実から生じるのではなく、観測するそれらの値の確率から生じるのです。パラメータ μ と σ を持つガウス分布すなわち正

第 1 章　確率的に考える——ベイジアン推論入門

規分布に従う変数は、一般的に次のように表記されます。

$$x \sim N(\mu, \sigma)$$

記号 ∼（チルダ）は「…に従って分布する」という意味を持っています。

　確率変数には、連続型と離散型の二つのタイプが存在します。**連続型確率変数**（continuous random variable）は、ある区間における任意の値をとります。なお、Python の float 型（浮動小数点）でこれを表現することができます。**離散型確率変数**（discrete random variable）は、ある種の値だけしかとることができません。これは Python の integer 型（整数）で表現することができます。

　多くのモデルは、確率変数の一連の値が同一の分布から、しかも、互いに独立に抽出されることを仮定しています。このような場合、変数は独立で同一の分布に従う（independently and identically distributed）と言ったり、または短く略して iid と言ったりします。数学的な表記を使うと、x と y のすべての値に関して、$p(x, y) = p(x)p(y)$ が成立するなら、二つの変数は独立であると言います。iid に従わない変数の一般的な例は時系列であり、このような確率変数における時間的な依存性が考慮されるべき重要な特徴となります。http://cdiac.esd.ornl.gov からのデータを例として取り上げてみましょう[8]。このデータは 1959 年から 1997 年までの大気中の二酸化炭素（CO_2）を記録したものです。このデータを読み込み、グラフとして描いてみます。

コード 1.2　時系列データを例示する

```
data = np.genfromtxt('mauna_loa_CO2.csv', delimiter=',')
plt.plot(data[:,0], data[:,1])
plt.xlabel('$year$',fontsize=16)
plt.ylabel('$CO_2 (ppmv)$', fontsize=16)
plt.savefig('img102.png')
```

　図 1.2 に示すグラフにおいて、曲線上の各点は、大気中の二酸化炭素に関する月別測定値に対応しています。このグラフを見ると、データの各点の時間依存性がよくわかります。事実、ここには二つの傾向を読み取ることができます。一つは季節変動（植物の成長や死滅のサイクルと関連しています）であり、もう一つは、大気中の二酸化炭素の一方向的な増加を示す大域的なトレンドです。

---

[8] 訳注：本文に書かれているサイトからデータを探し出すのはたいへんです。原著者によって https://github.com/aloctavodia/BAP/tree/master/code/Chp1 にアップロードされている mauna_loa_CO2.csv をダウンロードしてください。

10

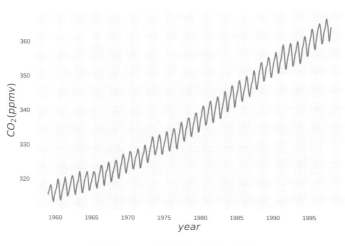

図 1.2　コード 1.2 のアウトプット

▶ 1.2.2　ベイズの定理と統計的推測

さて、統計学の基本的な概念と用語を学んだので、これ以上苦痛を味わうことなく、ベイズの定理（Bayes' theorem）について詳しく検討することにしましょう[*9]。

$$p(H|D) = \frac{p(D|H)p(H)}{p(D)}$$

この式は印象的ではありませんか？これは小学校で学ぶ公式のように見えます。リチャード・ファインマン（Richard Feynman）が言い添えたように、この式にはベイズ統計学について私たちが知るべきことのすべてが含まれているのです。

ベイズの定理がどこから来たのかを学ぶことは、その意味を理解する助けとなるでしょう。事実、これを導き出すのに必要な確率論のすべてをすでに見てきました。

- 6 ページの乗法定理で、A を H、B を D に置き換えると、次式を得ます。

$$p(H, D) = p(H|D)p(D)$$

- 同時確率 $p(H, D)$ は $p(D, H)$ と等しいこと、また、$p(D, H) = p(D|H)p(H)$ が成り立つことより、上式は次のように書き換えることができます。

$$p(H, D) = p(D|H)p(H)$$

- 左辺が等しいことに着目すると、次の式を得ます。

$$p(H|D)p(D) = p(D|H)p(H)$$

[*9] 訳注：次式中の H と D は、それぞれ何らかの事象を表しています。

第 1 章　確率的に考える──ベイジアン推論入門

● 上式を変形すると、ベイズの定理を得ます。

$$p(H|D) = \frac{p(D|H)p(H)}{p(D)}$$

さて、この数式が何を意味しているのか、それがなぜ重要なのかを検討してみましょう。第一に、$p(H|D)$ は $p(D|H)$ と等しいわけではないということです。これは非常に重要な事実で、統計学や確率についてトレーニングを受けた人々でさえ、日常では簡単に間違ってしまいます。これらの確率が必ずしも同じではない理由を明らかにするために、単純な例を使ってみましょう。何かが人間であるというもとで、それが 2 本の足を持っている確率は、2 本の足を持っている何かが人間である確率とは同じではありません。事故や生まれながらの障害を除いて、ほとんどすべての人間は 2 本の足を持っていますが、鳥などのように、人間以外の多くの動物も 2 本の足を持っています。

H を仮説、D をデータと読み換えることにすると、ベイズの定理は、データ D が与えられたもとで仮説 H の確率をどう計算したらよいのかを教えてくれます。このことを通じて、ベイズの定理がさまざまなところで説明されるのを見ることになるでしょう。しかし、仮説をベイズの定理の内側に組み込むためには、どうすればよいのでしょう？　一般的には、確率分布を用います。私たちの H は、非常に狭い意味での仮説となります。私たちが実際に行うことは、モデルのパラメータ、すなわち、確率分布のパラメータを見つけることです。したがって、仮説について議論する代わりに、モデルについて語ったり、曖昧さを避けるほうがよいのかもしれません。ところで、例えば「ユニコーンは実在する」を仮説の言明として設定すべきではありません。これを仮説とすると、ユニコーンの存在に関する非現実的な確率モデルを構築してしまうことになるでしょう。ベイズの定理が中心にあり、私たちはそれを何度も繰り返し使うことになるので、それを構成する部分の名称を学んでおきましょう。

● $p(H)$： 事前確率、事前分布 （prior）
● $p(D|H)$： 尤度 （likelihood）
● $p(H|D)$： 事後確率、事後分布 （posterior）
● $p(D)$： エビデンス、証拠 （evidence）

事前分布 （prior distribution[*10]） は、データ D を知る前に私たちがパラメータの値について知っていることを反映したものです。Jon Snow[*11]のように私たちが何も知らないのであれば、過剰な情報を持ち込まない平坦 （flat） な事前分布を用います。本書を

[*10] 訳注：事前分布およびすぐあとに出てくる事後分布の英語表記では、distribution を略すことがよくあります。

[*11] 訳注：テレビドラマ「ゲーム・オブ・スローン」（GAME OF THRONE） に登場する人物。

通じて学ぶことになりますが、一般的に私たちはこれにうまく対処することができます。事前分布を使用することが、なぜある種の人々がいまだにベイズ統計学は主観的であると考えているのか、についての理由となっています。しかし、事前分布は私たちがモデリングする際に設定する単なる一つの仮定に過ぎず、したがって、尤度のような他の仮定と同様に主観的（あるいは客観的）なのです。

尤度（likelihood）は、私たちの分析にデータをどのように組み入れたらよいかを教えてくれます。それは与えられたパラメータのもっともらしさを表現したものです。

事後分布（posterior distribution）はベイジアン分析の結果であり、当該問題についてデータとモデルが与えられたもとで、私たちが知っているすべてを反映したものになります。事後分布は私たちのモデルに含まれるパラメータについての確率分布であり、一つの数値ではありません。この分布は事前分布と尤度のバランスの上に成り立ちます。次のようなジョークがあります。ベイジアンの人は、馬をなんとなく期待しながら、ロバをちらりと見て、その結果、ラバを見たのだと強く信じるような人のことだ、というものです。

このようなジョークを聞いたあとの嫌な雰囲気を打ち消す一つの良い方法は、次のように説明することです。もし尤度と事前分布がともに曖昧であったなら、強い信念を反映した事後分布を得るのではなく、むしろラバを見ているという曖昧な信念を反映した事後分布を得ることになる、ということです。いずれにしても、このジョークは事後分布のイメージが事前分布と尤度とのある種の妥協であることを捉えています。概念的には、私たちは事後分布をデータによって更新された事前分布と考えることもできます。事実、ある分析の事後分布は、新しいデータを収集した後の新しい分析における事前分布として使われることがあります。このことは、経時的に利用可能となるようなデータを分析する際には、ベイジアン分析が特にふさわしいものであることを意味します。気象観測所や気象衛星からのオンラインデータを処理する災害早期警報システムが一つの例です。

最後の項目は**エビデンス**（evidence）で、これは周辺尤度（marginal likelihood）としても知られます。数式的には、エビデンスは、パラメータがとりうるすべての値にわたって平均化した観測データの確率です。いずれにしても、本書のほとんどの部分で、エビデンスについては注意を払いません。本書ではそれを規格化定数（normalization factor）と考えます。私たちはパラメータの相対的な値について関心があるのであり、その絶対的な値に関心があるのではありません。ですから、このことは問題にはならないのです。このエビデンスを無視するなら、ベイズの定理は、次のように比例を表すものとして書き直すことができます[12]。

---

[12] 訳注：次式の記号 $\propto$ は、その左辺が右辺に比例することを表します。

第1章　確率的に考える——ベイジアン推論入門

$$p(H|D) \propto p(D|H)p(H)$$

各項の正確な役割を理解するには少し時間が必要でしょうし、そのためにはいくつかの例が必要となるでしょう。それを説明するのが本書の残りの部分なのです。

1.3 │ 単一パラメータ推論

これまでの二つの節において、いくつかの重要な概念を学んできました。その二つの節はベイズ統計学の本質的な核となるものです。一つの文でそれらをまとめておきましょう。確率は不確実性を測定するために用いられ、ベイズの定理は、願わくば不確実性を減らしてくれるよう期待しつつ、新しいデータのもとで確率を正しく更新するための仕組みです。

私たちは、いまや、ベイズ統計学が何であるかを知っています。簡単な例を使って、ベイズ統計学がどのように運用されるのかを学びましょう。まずは、単一の未知なるパラメータについて推論することから始めます。

▶ 1.3.1　コイン投げ問題

コイン投げ問題は統計学における古典的な問題の一つで、次のようなものです。コインを数多く投げ、表（heads）が何回、裏（tails）が何回出たかを記録します。このデータに基づき、このコインは公正であるかという疑問、あるいはより一般的には、このコインはどれほど偏っているのかという疑問に答えようとします。この問題はつまらなく感じられるかもしれませんが、軽く考えるべきではありません。コイン投げ問題はベイズ統計学の基本を学ぶにはとても優れた例なのです。第一に、コインを投げることは誰もがよく知っていることだからです。第二に、私たちが解き、簡単に計算することができる単純なモデルだからです。さらに、多くの実際の問題が、0と1、正と負、奇数と偶数、偽物と本物、安全と危険、健康と不健康などのような、相互に排他的な2値の結果から構成されているからです。ここではコインについて語りますが、このコイン投げモデルはさまざまな類似の問題に応用できるのです。

コインの偏りを推定するために、および、ベイジアンの設定における任意の疑問に答えるために、私たちはデータと確率モデルを必要とします。この例では、すでに多数回のコイン投げを行い、表が何回観測されたかという記録を持っているものとします。すなわち、データに関する部分は完了しているわけです。モデルを用意することについては少し努力が必要です。これは私たちにとっては最初のモデルなので、必要な数学についてすべて扱うことにしましょう（恐れないでください。苦痛がないことを約束します）。そして、非常にゆっくり、一歩一歩前進していきましょう。次の章ではこの問題を

14

再び扱い、数学を使わずに、数値的に解くために PyMC3 を使います。PyMC3 とコンピュータに数学を扱わせるのです。

[1] 一般モデルの設定

私たちが行う最初のことは、偏りの概念を一般化することです。偏りが 1 のコインは常に表が出て、偏りが 0 のコインは常に裏が出て、偏りが 0.5 のコインは半数が表で半数が裏となる、ということにしましょう。偏りを表すためにパラメータ θ を使い、N 回のコイン投げで表が出た総数を表すために変数 y を使うことにします。ベイズの定理によれば、次式が与えられます。

$$p(\theta|y) \ \propto \ p(y|\theta)p(\theta)$$

使用する事前確率 $p(\theta)$ と尤度 $p(y|\theta)$ を特定する必要があることに注意してください。まずは尤度から始めましょう。

[2] 尤度の選択

1 回のコイン投げは他のコイン投げに影響を与えないと仮定します。すなわち、コイン投げは互いに独立であると仮定します。また、二つの結果のみ、すなわち、表と裏のみが結果としてあり得ると仮定します。私たちが扱っている問題において、これらの仮定が非常に合理的であると読者が納得してくれることを期待します。これらの仮定のもとで、尤度についての良き候補は 2 項分布となります。

$$p(y|\theta) \ = \ \frac{N!}{y!(N-y)!}\theta^y(1-\theta)^{N-y}$$

これは、固定された θ の値のもとで、N 回のコイン投げのうち表が y 回出る確率を返す離散型の分布です。次のコードは 9 種類の 2 項分布を生成します。

コード 1.3　さまざまな 2 項分布を出力する

```python
n_params = [1, 2, 4]
p_params = [0.25, 0.5, 0.75]
x = np.arange(0, max(n_params)+1)
f, ax = plt.subplots(len(n_params), len(p_params), sharex=True, sharey=True)
for i in range(3):
  for j in range(3):
    n = n_params[i]
    p = p_params[j]
    y = stats.binom(n=n, p=p).pmf(x)
    ax[i,j].vlines(x, 0, y, colors='b', lw=5)
    ax[i,j].set_ylim(0,1)
    ax[i,j].plot(0, 0, label="n = {:3.2f}\np = {:3.2f}".format(n,p), alpha=0)
```

```
    ax[i,j].legend(fontsize=12)
ax[2,1].set_xlabel('$\\theta$', fontsize=14)
ax[1,0].set_ylabel('$p(y|\\theta)$', fontsize=14)
ax[0,0].set_xticks(x)
plt.savefig('img103.png')
```

出力されるグラフを図 1.3 に示します。個々のグラフに、対応するパラメータを凡例として表記してあります。

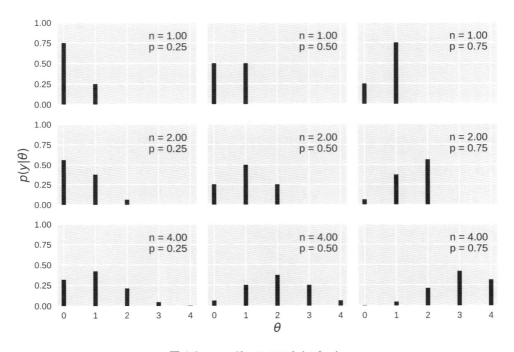

図 1.3　コード 1.3 のアウトプット

この場合、2 項分布は尤度に関する合理的な選択にもなっています。直観的には、θ はコインを投げたときに表が出る確率を表します。同じ理由で、$(1-\theta)$ は裏が出る確率であり、その事象は $(N-y)$ 回生じることになります。

さて、私たちは θ を知っているものと仮定しましょう。すると、2 項分布は表が出る期待分布を教えてくれます。このとき唯一の問題は、θ を本当は知らないということです。しかし、失望しないでください。これに対して事前分布を使うことができます。続いて、事前分布の選択に話を進めましょう。

1.3 単一パラメータ推論

[3] 事前分布の選択

事前分布として私たちはベータ分布（beta distribution）を使います。これは、ベイズ統計学においては非常に一般的な分布で、次のように表記されます。

$$p(\theta) = \frac{\Gamma(\alpha + \beta)}{\Gamma(\alpha)\Gamma(\beta)}\theta^{\alpha-1}(1 - \theta)^{\beta-1}$$

ベータ分布をよく見てみると、Γ の項を除くと 2 項分布によく似ていることがわかります。Γ はギリシア文字ガンマ（γ）の大文字で、これはガンマ関数（gamma function）を表します。ここで注意を払うべきことは、この式の第 1 項は分布全体の積分が 1 になるようにするための規格化定数であることと、ベータ分布は分布を制御する二つのパラメータ α と β を持っていることです。次のコードを使い、本書で 3 番目に学ぶ分布であるベータ分布について調べることにしましょう。

コード 1.4　さまざまなベータ分布を出力する

```
params = [0.5, 1, 2, 3]
x = np.linspace(0, 1, 100)
f, ax = plt.subplots(len(params), len(params), sharex=True, sharey=True)
for i in range(4):
  for j in range(4):
    a = params[i]
    b = params[j]
    y = stats.beta(a, b).pdf(x)
    ax[i,j].plot(x, y)
    ax[i,j].plot(0, 0, label="$\\alpha$ = {:3.2f}\n$\\beta$ = {:3.2f}".format(
a,b), alpha=0)
    ax[i,j].legend(fontsize=12)
ax[3,0].set_xlabel('$\\theta$', fontsize=14)
ax[0,0].set_ylabel('$p(\\theta)$', fontsize=14)
plt.savefig('img104.png')
```

出力されるグラフを図 1.4 に示します。

さて、私たちのモデルのためになぜベータ分布を使うのでしょう。ベータ分布を使うたくさんの理由が存在し、一方で問題もあります。理由の一つは、私たちが扱うパラメータ θ と同様に、ベータ分布は 0 と 1 の区間に制限されているということです。二つ目の理由は、ベータ分布が持つ多様性です。図 1.4 のグラフを見ると、ベータ分布は、一様分布、正規分布風の分布、U 字型分布など、パラメータの組み合わせによってさまざまな形をとることがわかります。

三つ目の理由は、ベータ分布が 2 項分布（私たちは 2 項分布を尤度として使っています）の**共役事前分布**（conjugate prior）であるということです。尤度の共役事前分布

17

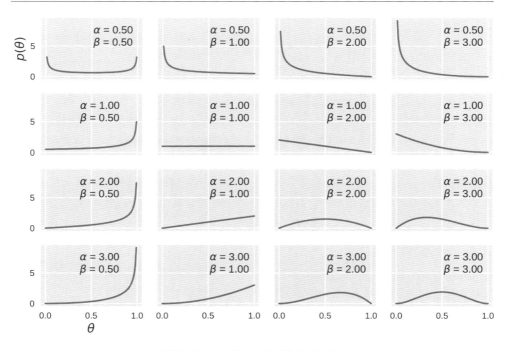

図 1.4　コード 1.4 のアウトプット

とは、与えられたその尤度とともに用いられると、事前分布と同じ関数形を持った事後分布を返す事前分布のことです。頭が混乱しないように言いますと、事前分布としてベータ分布を使い、尤度として 2 項分布を使うとき、事後分布として常にベータ分布を得ることになります。共役事前分布に関してはその他の組み合わせも存在します。例えば、正規分布はそれ自体の共役事前分布です。これらについて詳細を知りたい場合は、https://en.wikipedia.org/wiki/Conjugate_prior を参照するとよいでしょう。長年にわたり、ベイジアン分析は共役事前分布を使うことに制限されてきました。共役性は事後分布の数学的な取り扱いを容易にしてくれます。このことは、ベイズ統計学における一般的な問題を解くことが、事後分布を解析的に導くことに集約されることを意味していました。したがって、事後分布を解析的に導くことができないと、分析がそこで終わってしまうわけで、その意味で共役性は非常に重要でした。任意の事後分布を解くための適切な計算方法が開発されるまで、共役事前分布は分析ができるかできないかを決めるものだったのです。次章からは、共役事前分布を選ぶかどうかにかかわらず、ベイジアンの問題を解くために、現代的な計算方法をどのように使ったらよいかを学びます。

[4]　事後分布を求める

次式のように、事後分布が尤度と事前分布を掛けたものに比例する、とベイズの定理が示していることを思い出してください。

$$p(\theta|y) \; \propto \; p(y|\theta)p(\theta)$$

私たちの問題に関しては、2 項分布とベータ分布を掛け合わせる必要があります。

$$p(\theta|y) \; \propto \; \frac{N!}{N!(N-y)!}\theta^y(1-\theta)^{N-y}\frac{\Gamma(\alpha+\beta)}{\Gamma(\alpha)\Gamma(\beta)}\theta^{\alpha-1}(1-\theta)^{\beta-1}$$

上式を簡単化してみましょう。実際、θ に依存しないすべての項を無視することができ、それでも式は妥当性を保っています。すると、次のように表記することができます。

$$p(\theta|y) \; \propto \; \theta^y(1-\theta)^{N-y}\theta^{\alpha-1}(1-\theta)^{\beta-1}$$

これを並べ替えると、次のようになります。

$$p(\theta|y) \; \propto \; \theta^{\alpha-1+y}(1-\theta)^{\beta-1+N-y}$$

注意して見てみると、この式は、パラメータとして $\alpha_{\mathrm{posterior}} = \alpha_{\mathrm{prior}} + y$ と $\beta_{\mathrm{posterior}} = \beta_{\mathrm{prior}} + N - y$ を持つベータ分布と規格化定数を除いて同じ関数形を持っていることがわかります[*13]。このことは、私たちの問題に関する事後分布が、次のようなベータ分布であることを意味しています。

$$p(\theta|y) \; = \; \mathrm{Beta}\left(\alpha_{\mathrm{prior}} + y, \; \beta_{\mathrm{prior}} + N - y\right)$$

[5] 事後分布の計算とグラフ化

いまや、私たちは事後分布について解析的な数式を持っています。Python を使ってこの式を計算し、結果をグラフ化してみましょう。次のコードを実行するとグラフが作成され、その中の 1 本の線は計算された一つの結果を示し、他の線はまた別の結果を示しています。

コード 1.5 事後分布を計算しグラフ化する

```
theta_real = 0.35
trials = [0, 1, 2, 3, 4, 8, 16, 32, 50, 150]
data = [0, 1, 1, 1, 1, 4, 6, 9, 13, 48]

beta_params = [(1, 1), (0.5, 0.5), (20, 20)]
dist = stats.beta
x = np.linspace(0, 1, 100)
```

[*13] 訳注：17 ページのベータ分布の式に含まれる $\theta^{\alpha-1}(1-\theta)^{\beta-1}$ の部分に着目し、この中のパラメータを $\alpha = \alpha + y$、$\beta = \beta + N - y$ のように変換すると、上式が出てきます。これらのパラメータの変換式の左辺を事後（posterior）、右辺を事前（prior）として明示すると、この文の式のようになります。

第 1 章　確率的に考える——ベイジアン推論入門

```
  for idx, N in enumerate(trials):
    if idx == 0:
      plt.subplot(4, 3, 2)
    else:
      plt.subplot(4, 3, idx+3)
    y = data[idx]
    for (a_prior, b_prior), c in zip(beta_params, ('b', 'r', 'g')):
      p_theta_given_y = dist.pdf(x, a_prior + y, b_prior + N - y)
      plt.plot(x, p_theta_given_y, c)
      plt.fill_between(x, 0, p_theta_given_y, color=c, alpha=0.6)

    plt.axvline(theta_real, ymax=0.3, color='k')
    plt.plot(0, 0, label="{:d} experiments\n{:d} heads".format(N, y), alpha=0)
    plt.xlim(0,1)
    plt.ylim(0,12)
    plt.xlabel(r'$\theta$')
    plt.legend()
    plt.gca().axes.get_yaxis().set_visible(False)
  plt.tight_layout()
  plt.savefig('img105.png')
```

　出力されるグラフを図 1.5 に示します。図 1.5 の最上段のグラフは **0 回目の実験**（0
experiments）を示しており、それぞれの曲線は単に事前分布を表しています。このグラ
フには三つの曲線が描かれており、それぞれが事前分布に対応しています。

- 青色（黒い破線）[*14]の曲線は一様分布を事前分布としたものです。事前にあり得
  る偏りを表す値はすべて等しい確率を持っている、ということを表しています。

- 赤色（グレーの点線）の曲線は一様分布に似ています。この例に関して言えば、
  偏りは 0 または 1 にあり、他の値に偏りはないと幾分強く信じていることを表し
  ています。

- 緑色（実線）の曲線は 0.5 の周辺に中心があり、そこに集中しています。したがっ
  て、事前分布は、コインの表と裏が出る可能性は概ね同じであることを示してい
  ます。また、この事前分布はほとんどのコインが公正であるという信念と両立す
  ることを表しています。このように信念という語がベイジアンの議論ではよく使
  われますが、信念について語るのではなく、データによって情報が与えられるモ
  デルについて語るほうが望ましいと言えます。

[*14] 訳注：本文中で「青色（黒い破線）」のように記載している箇所は、コードを実行して作成されるグラフ
では「青色」、本書の図中では「黒い破線」で表示されていることを意味します。

20

1.3 単一パラメータ推論

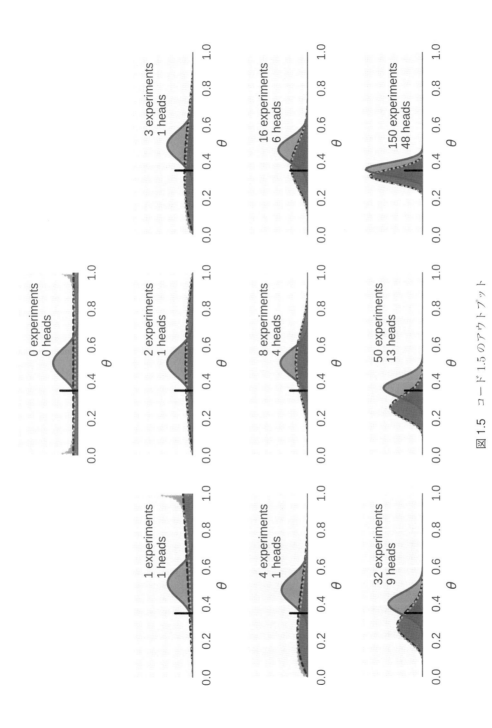

図 1.5 コード 1.5 のアウトプット

第1章　確率的に考える――ベイジアン推論入門

　図 1.5 の 2 段目以降のグラフは、引き続く実験についての事後分布 $p(\theta|y)$ を表しています。事後分布はデータによって更新された事前分布と考えられることを思い出してください。実験回数（コイン投げの回数; experiments）や表の出る回数（heads）は各グラフの凡例に示されています。また、横軸の 0.35 のところに短い縦線がありますが、これは θ の真の値を表しています。もちろん、実際の問題では、私たちはこの値を知りません。これは説明上の理由でそこに表示しているのです。このグラフはベイジアン分析について多くのことを教えてくれるので、これを理解するためにもう少し時間をとりましょう。

- ベイジアン分析の結果は事後分布であり、一つの数値ではありません。データと私たちのモデルによって与えられる、あり得る値についての分布なのです。
- 最もあり得る値は事後分布の最頻値（分布のピーク）として与えられます。
- 事後分布の広がりは、パラメータの値に関する不確実性の大きさに比例します。広がりが大きければ、確実性は小さくなります。
- $\frac{1}{2} = \frac{4}{8} = 0.5$ であることは簡単にわかりますが、$\frac{1}{2}$ は $\frac{4}{8}$ よりも不確実性が大きいと言えます。なぜなら、後者のほうが多くのデータを持っているので、私たちの推論をより強く支持してくれるからです。
- 十分大きいデータのもとでは、異なる事前確率を持つ二つあるいはそれ以上のベイジアンモデルが同じ結果に収束することがあります。無限のデータという極限のもとでは、どんな事前分布を私たちが用いても常に同じ事後分布を得ることになります。無限というのは一つの極限であり、一つの数字ではありません。実際的な観点からすると、無限の数のデータというのは、現実的には小さな有限の数のデータ点で近似されることになるわけです。
- 事後分布がどれほど速く同じ分布に収束するかは、データとモデルに依存します。図 1.5 によると、8 回以降の試行では、青色（黒い破線）と赤色（グレーの点線）の事後分布はほとんど区別できません。その一方で、緑色（実線）の曲線は、150 回の試行以降でも他の二つの曲線と区別できます。
- このグラフによってまだ明らかになっていないことは、同じ結果を得る、ということです。一気に同じ結果を得るのではなく、徐々に事後分布を更新していくので、その様子がこのグラフからはまだ読み取れません。各回で観測を一つ追加し、得られた事後分布を新しい事前分布として使い、事後分布を 150 回計算することができます。あるいは、150 回の試行を一度に使って事後分布を計算することもできます。その結果は正確に等しくなります。データ分析問題においてよくあることですが、新しいデータを得たときに、この特性は完全に理に適っているだけでなく、推定を更新するための自然な方法を教えてくれます。

[6] 事前分布の影響とその選び方

　先の例から、事前確率が分析の結果に影響を与えることは明らかです。事前分布が影響を与えることは概ね良いことです。ベイジアン分析の初心者（ベイジアンの離脱者も同様に）は、一般的に、事前分布をどう選ぶかについて少し神経質になります。つまり、事前分布がデータにあまり語らせないようにする検閲として作用することを望まないのです。それはそうです。データが実際には語らないことを私たちは思い出さなければなりません。良くても、データはつぶやく程度です。データは、数理モデルや心理モデルを含め、何らかのモデルのもとでのみ意味をなすのです。科学の歴史においては、同じデータを使っているにもかかわらず、同じ話題について人々が異なる結論を導いた多くの例があります。*New York Times* に出た最近の実験例（http://www.nytimes.com/interactive/2016/09/20/upshot/the-error-the-polling-world-rarely-talks-about.html?_r=0）を参照してください。

　情報のない事前分布（無情報事前分布）を使うというアイデアを好む人もいます。それは、平坦、曖昧、拡散的な事前分布として知られます。こういった事前分布は分析に対しては最小限の影響しか与えません。一般的にそれらを使うことは可能ですが、私たちはもっと良いことができます。本書の全体にわたって、Gelman、McElreath、Kruschke などの推奨に従いたいと思います。本書ではいくらか情報を与えてくれる事前分布を使いたいと思います。多くの問題において、パラメータの値についてわかることが少しあります。パラメータが正の値に制限されることがわかるかもしれませんし、パラメータがとりうる近似的な範囲がわかるかもしれません。あるいは、パラメータの値が 0 やある値の近辺になることがわかるかもしれません。このような場合、データに情報を与えすぎることなく、モデルに対していくらか情報を与えてくれる事前分布を使うことができます。こういった事前分布は、ある種の合理的な範囲内に近似的に事後分布を保つように作用しますので、それらは正則化事前分布（regularizing prior）と呼ばれます。

　もちろん、情報を与えてくれる事前分布を使うことも可能です。これらは、多くの情報を伝える非常に強い事前分布です。扱う問題に応じて、この種の事前分布はすぐに見つかることもあれば、見つからないこともあります。例えば、著者の研究領域（構造生物情報学）においては、ベイジアンであろうとなかろうと、タンパク質の構造を研究（特に予測）するために、得ることができるすべての事前情報を使っています。数十年にわたって、慎重に計画された数千の実験から得られたデータを著者らは持っているので、このことは理に適っています。こうして、信頼に値する大量の事前情報を自由に扱うことができるのです。それを使うことは不条理ではありません。信頼する情報であってもそれを使用しないことが客観的であるという考え方は不合理ではありませんが、この主張を含めて、読者が信頼できる事前情報を持っているのであれば、その情報を破棄する理由はありません。自動車のエンジニアが新しい自動車を設計するたびに、燃焼エンジ

ン、車輪、自動車の全体概念などを再発明しなければならないことを考えてみてください。そのような方法では、仕事はうまく進みません。

さて、私たちはさまざまな種類の事前分布があることを知っています。そのことは、事前分布の選択に際して、私たちを神経質にさせないわけではありません。事前分布をまったく持たないようにすることが良いのかもしれません。それは物事を簡単にしてくれます。ベイジアンであろうとなかろうと、事前分布が明示的に扱われていないとしても、すべてのモデルは何らかの方式である種の事前分布を持っているものです。事実、頻度主義統計学（frequentist statistics）からの多くの結果は、一様事前分布などのように、ある状況下でのベイジアンモデルの特殊な場合と見なすことができます。もう一度、図 1.5 のグラフを注意して見てみましょう。青色（黒い破線）の事後分布のモデル（事後分布のピーク）は、頻度主義の分析による θ の期待値と一致します。

$$\hat{\theta} = \frac{y}{N}$$

$\hat{\theta}$ は点推定値（一つの数値）であり、事後分布（あるいは他の何らかの分布）ではないことに注意してください。事前分布を避けることが現実にはできないばかりでなく、分析において事前分布を含めるならば、最も可能性のある一つの値だけではなく、ありそうな値についての分布をも得ることになる、ということに注意してください。事前分布を明示することのもう一つの利点は、私たちがより透明性のあるモデルを獲得できることです。もっと簡単に言うと、批評をしたり、（広い意味での）デバッグをしたり、望ましい改善を加えたりしやすくなります。モデリングは反復過程なのです。その反復は数分で済むこともありますし、数年かかることもあります。また、読者だけが関われば済むかもしれませんし、知りもしない人をも巻き込むかもしれません。モデルにおける再現性の問題や透明性といった仮定は、モデリングの反復過程に貢献するのです。

与えられた分析に関して、事前分布や尤度が特定の一つだけであると確証が持てない場合には、事前分布（または尤度）を二つ以上使うことができます。分析において、モデリング過程は前提条件を問う部分であり、事前分布をどうするかがまさにそれに当たります。異なる仮定は異なるモデルを導くことになります。データや取り扱う問題に関連する基礎知識を用いると、モデルを比較できるようになります。この話題については、第 6 章で扱います。ベイズ統計学においては、事前分布は中心的な役割を持っていますので、新しい問題に直面するたびに私たちは事前分布について議論することになるでしょう。この議論について、読者は疑ったり少し混乱したりしているかもしれませんが、心配しないでください。人々は何十年も混乱してきましたし、議論はいまだに続いているのです。

1.4 ベイジアン分析の情報伝達

さて、いまや私たちは事後分布を持っています。分析は終了し、家に帰ることができます。でも少し待ってください。おそらく、分析の結果を他者に知らせたり、要約したり、また、後の利用のために記録したりする必要があるのです。

▶ 1.4.1 モデル表記と視覚化

私たちが分析結果を誰かに伝えるとき、その相手によっては、モデルについても伝える必要があるかもしれません。確率モデルを簡潔に表現する一般的な表記法は、次のようになります。

- $\theta \sim \text{Beta}(\alpha, \beta)$
- $y \sim \text{Bin}(n=1, p=\theta)$

これはコイン投げ問題の例で私たちが使うモデルです。記号 $\sim$ は、左辺の変数が右辺に示される確率分布に従って分布することを示しています。すなわち、θ はパラメータ α と β を持つベータ分布に従って分布し、y はパラメータとして $n=1$ と $p=\theta$ を持つ2項分布に従って分布することを表しています。これと同じモデルは、Kruschke のダイアグラムを使ってグラフ（図 1.6）として表現することもできます。

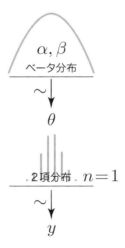

図 1.6　Kruschke のダイアグラムによるモデルの表現

まず、最上段では、θ の値を生成する事前分布を示しています。続いて2段目は尤度、最後の3段目はデータを示しています。矢印は変数間の関係を示しており、記号 $\sim$ はその変数の確率的性質を表しています。

第 1 章　確率的に考える——ベイジアン推論入門

本書における Kruschke のダイアグラムのすべては、Rasmus Bååth が提供してくれたテンプレートを使って作成されました。これについては http://www.sumsar.net/blog/2013/10/diy-kruschke-style-diagrams/ を参照してください。これらのテンプレートを利用可能にしてくれた彼に特別の謝意を表したいと思います。

▶ 1.4.2　事後分布の要約

ベイジアン分析の結果は事後分布となります。事後分布は、データとモデルに従い、私たちのパラメータについてのすべての情報を含んでいます。私たちが分析結果を伝えるべき相手に対して、事後分布を示すこともできます。一般的に、分布の位置に関する情報を把握するために、分布の平均（あるいは最頻値や中央値）、そして、私たちが得た推定値についての不確実性を示すために、分布の広がりを示す標準偏差などを報告することは良いアイデアです。標準偏差は、正規分布のような左右対称またはそれに近い分布には役に立ちますが、それ以外のタイプの分布、例えば歪んだ分布に対しては誤解を招くおそれがあります。代わりに、私たちは次のようなアプローチを採用します。

■ 最高事後密度（HPD）　　事後分布の広がりを要約するために一般的に使われる道具は、最高事後密度（highest posterior density; HPD）区間です。HPD は確率密度について与えられる一つの区間のことです。最も一般的に用いられるものは 95%HPD または 98%HPD で、しばしば 50%HPD を伴って示されます。私たちの分析において、95%HPD が区間 [2, 5] であるとしましょう。そのとき、私たちのデータとモデルによれば、問題としているパラメータの値は 0.95 の確率で 2 と 5 の間にあると見なします。これはベイジアンの信用区間（credible interval）の解釈で、かなり直観的なものです。よく人々は頻度主義の信頼区間（confidence interval）をベイジアンの信用区間と同じように解釈しますが、それは間違っています。もし読者が頻度主義のパラダイムに慣れているなら、両タイプの区間は異なる意味を持っていることに注意してください。ベイジアンの分析を完全に行うことによって、私たちはパラメータがある値をとる確率について語ることができるようになるのです。頻度主義のフレームワークでは、その設計上、パラメータの真値は固定されているので、このような解釈は不可能なのです。頻度主義の信頼区間は、パラメータの真値を含むか含まないかを表しています。

先へ進む前に、もう一言注意しなければならないことがあります。95% や 50% あるいは他の値を選ぶことについて、特別なことは何もないということです。これらは単に慣習的に使われているだけのことで、91.37%HPD の信用区間を使いたいのであれば、それで良いのです。95% を使いたいのであれば、もちろんそれも OK です。ただし、これはデフォルトの値であって、私たちが使うべき値としてどれが良いかを正当化することは常に文脈に依存することに注意してください。デフォルトの値が自動的に正当化さ

れるものではありません。

　単峰の分布で 95%HPD を計算することは簡単です。それは左側 2.5% と右側 97.5% によって決まります。これを計算し、グラフ表示するコードは次のとおりです。そのグラフは図 1.7 となります。

コード 1.6　最高事後密度（HPD）区間を例示する

```
def naive_hpd(post):
  sns.kdeplot(post)
  HPD = np.percentile(post, [2.5, 97.5])
  plt.plot(HPD, [0, 0], label='HPD {:.2f} {:.2f}'.format(*HPD), linewidth=8,
color='k')
  plt.legend(fontsize=16);
  plt.xlabel(r'$\theta$', fontsize=14)
  plt.gca().axes.get_yaxis().set_ticks([])

np.random.seed(1)
post = stats.beta.rvs(5, 11, size=1000)
naive_hpd(post)
plt.xlim(0, 1)
plt.savefig('img107.png')
```

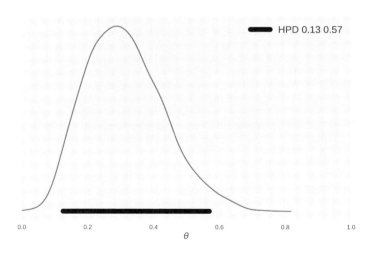

図 1.7　コード 1.6 のアウトプット

　一方、多峰の分布では、HPD の計算が少し複雑になります。混合正規分布に対する HPD の素朴な定義を採用すると、コードは次のようになり、そのグラフは図 1.8 となります。

コード 1.7　2 峰の最高事後密度区間を例示する（簡易版）

```
def naive_hpd(post):
  sns.kdeplot(post)
  HPD = np.percentile(post, [2.5, 97.5])
  plt.plot(HPD, [0, 0], label='HPD {:.2f} {:.2f}'.format(*HPD), linewidth=8,
color='k')
  plt.legend(fontsize=16);
  plt.xlabel(r'$\theta$', fontsize=14)
  plt.gca().axes.get_yaxis().set_ticks([])

np.random.seed(1)
gauss_a = stats.norm.rvs(loc=4, scale=0.9, size=3000)
gauss_b = stats.norm.rvs(loc=-2, scale=1, size=2000)
mix_norm = np.concatenate((gauss_a, gauss_b))
naive_hpd(mix_norm)
plt.savefig('img108.png')
```

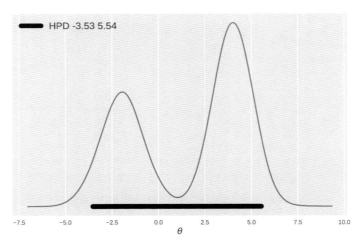

図 1.8　コード 1.7 のアウトプット

図 1.8 を見ると、素朴な定義によって計算された HPD は、およそ区間 [0, 2] の確率が小さくなっている領域を含んでしまっています。正しい HPD を計算するためには、次のコードのように plot_post 関数を使うとよいでしょう。この関数については、著者の GitHub サイトから付属のコードをダウンロードすることができます[15]。

---

[15] 訳注：plot_post 関数をサイトからダウンロードし、あらかじめ組み込んでおかなければ、次のコードは動作しません。

1.5 事後予測チェック

コード 1.8　2 峰の最高事後密度区間を例示する（正確版）

```
np.random.seed(1)
gauss_a = stats.norm.rvs(loc=4, scale=0.9, size=3000)
gauss_b = stats.norm.rvs(loc=-2, scale=1, size=2000)
mix_norm = np.concatenate((gauss_a, gauss_b))

from plot_post import plot_post
plot_post(mix_norm, roundto=2, alpha=0.05)
plt.legend(loc=0, fontsize=16)
plt.xlabel(r"$\theta$", fontsize=14)
plt.savefig('img109.png')
```

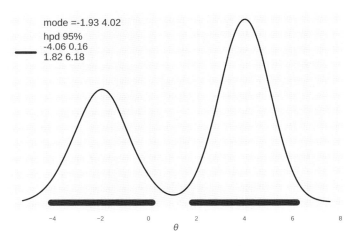

図 1.9　コード 1.8 のアウトプット

図 1.9 を見るとわかるように、この場合の 95% の HPD は二つの区間で構成され、関数 plot_post は二つの最頻値を返します。

1.5 事後予測チェック

ベイジアン分析のツールキットの素晴らしい特徴の一つは、一度、事後分布を得ると、将来のデータ y を生成するために、つまり予測のために事後分布を使えるということです。事後予測チェック（posterior predictive check）は、次のように行われます。観測データと予測データというこれら二つのデータセットの差に焦点を当て、両者を比較します。主な目標は、自己一貫性（auto-consistency）をチェックすることです。生成され

たデータと観測データは多かれ少なかれ似ているはずです。そうでないとしたら、モデリングの段階や、モデルにデータを与える段階に、何らかの問題があったはずです。しかし、何も間違いを犯していないとしても、差が生じることがあります。このミスマッチを理解しようとすることで、モデルを改良したり、少なくともモデルの限界を理解したりすることが促進されます。私たちがモデルをどのように改良したらよいかを知らないとしても、私たちの問題がどこにあるのか、あるいは、モデルがうまく捉えたり捉えなかったりするデータがどの部分なのかを知ることは重要です。モデルはデータの平均的な振る舞いをうまく捉えるかもしれませんが、稀な値を予測するのに失敗するかもしれません。これは私たちにとって問題となりますが、一方で、私たちは平均についてだけ注意を払っていればよいのであって、そうだとすると、このモデルで十分なのかもしれません。事後予測チェックの一般的な目的は、モデルが間違っていると宣言することではありません。代わりに、ジョージ・ボックスのアドバイスに従えば、すべてのモデルは間違っているけれどいくつかは有益だ、ということです。モデルのどの部分を信頼できるかを、私たちはまさに知りたいのです。そして、私たちの特定の目的にうまく当てはまるモデルがどれなのかを調べたいのです。確かに、一つのモデルについてどの程度信頼できるのかは、研究分野を越えて同じではありません。物理学では、高度に制御された条件下で高度な理論を使ってシステムを研究することができます。したがって、モデルはしばしば現実をうまく記述するものと見なされます。他の研究分野、例えば複雑さを研究する社会学や生物学の分野ではシステムを孤立させることが難しく、モデルは認識論的に弱い立場に置かれます。私たちがどの分野で働いているかは関係なく、モデルは常にチェックされる必要があり、このとき、探索的データ分析からのアイデアとともに、事後予測チェックはその良き方法となります。

1.6 まとめ

本章では、統計モデリング、確率論、ベイズの定理の導入などの非常に短い議論から、ベイジアンの旅を始めました。その後、ベイジアンモデリングとデータ分析についての基本を紹介するため、コイン投げ問題を扱いました。モデルを構築し、不確実性を表すために確率分布を使うなど、この古典的な例を用い、ベイズ統計学の最も重要なアイデアへと進みました。事前分布の使用についての謎を解こうとしました。また、データ分析をする際に決めなければならない他の要素、例えば、尤度のようなモデルの他の部分、さらに、最初に特定の問題をなぜ解こうとするのかというような抽象的な疑問などと同等の基盤の上に、事前分布を置こうとしました。そして、ベイジアン分析の結果をどう解釈し、どのように情報を伝えるかを議論することでこの章を終えました。本章

では、ベイジアンのデータ分析を行う際の主要な側面を短く要約しました。次章以降では、私たちはそれらを実際に吸収し、より高度な概念の足場として使用するために、この章で学んだことを再確認することになります。次の章では、計算テクニックに焦点を当てます。もっと複雑なモデルを構築し分析するために、PyMC3 を導入します。これは Python の一つのライブラリで、私たちのすべてのベイジアンモデルを実装するために使われます。

1.7 演習

脳が厳密に、または近似的にベイズ流に働いているのかどうかや、脳がある種の進化的に最適化されたヒューリスティクスを持っているのかどうかについて、私たちは知りません。それにもかかわらず、私たちは、データ、事例、演習から多くを学べることを知っています。その一方で、戦争をする生物種、利益を優先して人々の福祉を優先しない経済システム、さまざまな残虐行為など、人類の記録によると、私たちは学習していないように思われます。したがって、先の文章に読者は同意しないかもしれません。いずれにしても、各章の終わりに提示される演習を読者がやってみることを強く勧めます。

1. 観測された比率（表の回数/試行回数）を示す垂直な点線を追加するように、コード 1.3 を修正してください。そして、各グラフの事後分布の最頻値とこの点線の位置を比較してください。

2. 図 1.3 を別の事前分布（`beta_params`）や別のデータ（`trials` と `data`）を使って描き直してみてください。

3. クロムウェルのルールについて、Wikipedia のページ https://en.wikipedia.org/wiki/Cromwell%27s_rule を読んで理解してください。

4. 正規分布、2 項分布、ベータ分布のグラフについて、さまざまなパラメータの値を使ってその形を調べてください。分布を格子状のグラフで表示する代わりに、分布を単独のグラフで表示するのも良いかもしれません。

5. ダッチブック (Dutch book) について、Wikipedia のページ https://en.wikipedia.org/wiki/Dutch_book を読んで理解してください。

第2章

確率プログラミング
── PyMC3 入門

さて、私たちはベイズ統計学について基礎的な理解を得ましたので、この章では、計算ツールを使って確率モデルをいかに構築するかを学んでいきましょう。特に、**確率プログラミング** (probabilistic programming) について学びます。その主なアイデアは、私たちのモデルを記述し、それに基づいて推論するために、コードを使うことにあります。それは、私たちが、数学的な方法を学ぶのが苦手だということではありませんし、また、エリート主義のハードコアなハッカーだということでもありません。このような選択をする背後にある重要な理由の一つは、多くのモデルで閉じた形式の解析的な事後分布が求められないためです。すなわち、これらのモデルに対しては、数値的なテクニックによって計算できるのみなのです。確率プログラミングを学ぶもう一つの理由は、現代のベイズ統計学はコードを書くことによって主に実行され、私たちはすでに Python を知っているのだから、なぜそれ以外の方法を使う必要があるのか？ということです。確率プログラミングは複雑なモデルを構築するのに有効で、モデルの設計や評価・実行することに私たちを集中させてくれ、さらに、数学や計算の詳細については省いてくれるのです。

本章では、ベイズ統計学で使われている数値的な方法と、確率プログラミングのための非常に柔軟な Python ライブラリである PyMC3 の使い方について学びます。PyMC3 を知ることは、実践的な意味でより多くの上級のベイジアン概念を学ぶ手助けにもなります。

この章で私たちは次の事項を学びます。

- 確率プログラミング
- 推論エンジン

33

第 2 章　確率プログラミング—— PyMC3 入門

- PyMC3 入門
- コイン投げ問題の再考
- モデルのチェックと診断

2.1 | 確率プログラミング

　ベイズ統計学は概念的にはとてもシンプルです。測定したことを変更できないという意味で、私たちは固定されたデータを持っているとします。さらに、関心を抱くいくつかのパラメータを持ち、それらのもっともらしい値を求めるものとします。私たちが直面するすべての不確実性は、確率を使ってモデル化されます。他の統計学的なパラダイムでは、異なるタイプの未知なる数値が存在します。ベイジアンのフレームワークにおいては、未知なるすべてのことは同様に扱われます。数値について私たちが知らない場合には、それに確率分布を割り当てます。その後、与えられた問題についてデータを観測する前に私たちが知っていることを表す確率分布、すなわち事前確率分布 $p(\theta)$ を変換するためにベイズの定理を用い、データを観測した後に私たちが知ることになる事後分布へと変換します。言い換えると、ベイズ統計学は学習の一つの形態なのです。

　概念的にはシンプルですが、完全に確率的なモデルは、解析的に扱いにくい方程式となることがよくあります。長年にわたって、これが現実の問題でしたし、ベイジアンの方法を広く採用することを妨げてきた主な理由の一つでした。計算時代の到来と、ほとんどのモデルの事後分布の計算に適用できる数値的方法の発展が、ベイジアンデータ分析を現実の方法へと変化させました。これらの数値的方法は、汎用的な推論エンジンとして考えることができるのです。原理的には、推論部分は、PyMC3 の開発における中心人物の一人である Thomas Wiecki による造語である「推論ボタン」(inference button) を押すだけで済むように、自動化されています。

　推論部分を自動化することは、モデリングと推論を明確に区別する**確率プログラミング言語**（probabilistic programming language; PPL）の開発をもたらしました。PPL フレームワークにおいて、ユーザーは数行のコードを書くだけですべての確率モデルを指定し、その後、推論が自動的に行われます。確率プログラミングは、短時間でなおかつ誤りを発生させにくくし、実務者に複雑な確率モデルの構築を容易にさせ、データサイエンスや他の研究領域に大きなインパクトを与えることが期待されています。

　確率プログラミングが科学計算に対して与えるインパクトについて一つ良いたとえ話をするなら、それは 60 年以上も前のプログラミング言語 Fortran の導入にあります。今日、Fortran はその輝きを失っていますが、ある時期、それはかなり革命的であると考えられていました。当初、科学者たちは計算的な詳細から離れ、より自然に数値的な方

34

法やモデル、およびシミュレーションを構築することに焦点を当て始めていました。同様に、確率プログラミングは、確率がどのように扱われ、推論がどのように実行されるのかといった詳細をユーザーから隠し、モデルの仕様や結果の分析に焦点を当てることをユーザーに促します。

▶ 2.1.1　推論エンジン

事後分布が解析的に解けない場合でも、それを計算するいくつかの方法が存在します。それらの方法のいくつかを以下に示します。

- 非マルコフ的方法
  - グリッドコンピューティング
  - 2次近似（quadratic approximation）
  - 変分法（variational method）
- マルコフ的方法
  - メトロポリス-ヘイスティングス
  - ハミルトニアンモンテカルロ/ノー U ターンサンプラー

今日、ベイジアン分析は、より大きなデータセットに関してモーメントをとる変分法とともに、**マルコフ連鎖モンテカルロ**（Markov chain Monte Carlo; MCMC）法を使って主に実行されます。ベイジアン分析を実行するにあたっては、実際のところ、これらの方法のすべてについて、すなわち確率プログラミング言語のあらゆることについて、私たちは理解する必要はありません。しかし、少なくとも概念的なレベルでそれらがどのように動作するのかを知っておくことは、例えばモデルをデバッグする際に非常に有益です。

[1]　非マルコフ的方法

非マルコフ的方法に関する推論エンジンの説明をしましょう。これらの方法は、一般的に、マルコフ的方法よりも高速です。ある種の問題ではこれらは非常に役に立ちますが、真なる事後分布についての粗い近似しか与えてくれない場合もあります。それにもかかわらず、これらはマルコフ的方法を実行する際の合理的な出発点を与えてくれます。「マルコフ的」の意味は後に説明します。

■ **グリッドコンピューティング**　　グリッド（格子）コンピューティングは力ずくのアプローチです。事後分布の全体を計算できない場合でも、与えられた数の点に関して事前分布と尤度を計算することができます。単一のパラメータを持つモデルに関して、事後分布を計算したいとしましょう。グリッド近似は次のようになります。

第 2 章　確率プログラミング—— PyMC3 入門

1. パラメータに関して合理的な区間を定義する（事前分布がヒントを与えてくれる
   はずです）
2. その区間に点のグリッド（一般的に等間隔）を位置づける
3. グリッドの各点に関して、尤度と事前分布を掛け合わせる

オプションとして、計算された数値を（各点の結果をすべての点の合計で割って）規
格化します。

すぐにわかるように、より多くの点（すなわち、より小さいグリッドサイズ）がより
良い近似をもたらします。もし無限の点をとることができるなら、私たちは正確な事後
分布を得ることができるでしょう。グリッドアプローチは、パラメータが多いとうまく
尺度づけできません。パラメータの数を増やすと、事後分布の規模はサンプリングされ
た規模と比較して相対的に小さくなります。言い換えると、私たちはほとんどの時間を、
事後分布にはほとんど貢献しないような数値を計算することに費やしているのです。こ
のことは、多くの統計的データサイエンスの問題に対してこのアプローチを実行不可能
なものにしてしまいます。

次のコードは、第 1 章で取り扱ったコイン投げ問題をグリッドアプローチによって解
くものです。ここでは、4 回のコイン投げを行い、表を 1 回だけ観測するものとします。

コード 2.1　コイン投げ問題を解く

```python
import matplotlib.pyplot as plt
import numpy as np
from scipy import stats
import seaborn as sns
plt.style.use('seaborn-darkgrid')

def posterior_grid(grid_points=100, heads=6, tosses=9):
    """
    A grid implementation for the coin-flip problem
    """
    grid = np.linspace(0, 1, grid_points)
    prior = np.repeat(5, grid_points)
    likelihood = stats.binom.pmf(heads, tosses, grid)
    unstd_posterior = likelihood * prior
    posterior = unstd_posterior / unstd_posterior.sum()
    return grid, posterior

points = 15
h, n = 1, 4
grid, posterior = posterior_grid(points, h, n)
plt.plot(grid, posterior, 'o-', label='heads = {}\ntosses = {}'.format(h, n))
```

36

```
plt.xlabel(r'$\theta$', fontsize=14)
plt.legend(loc=0, fontsize=16)
plt.savefig('img201.png')
```

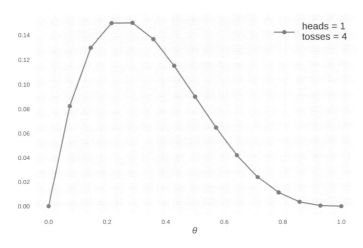

図 2.1　コード 2.1 のアウトプット

■ **2 次的方法**　2 次的近似法は**ラプラス法**（Laplace method）や正規近似としても知られ、正規分布によって事後分布を近似することを指します。一般的に、事後分布の最頻値の周辺が、正規分布によく似ているので、この方法はしばしばうまくいきます。これは二つのステップから構成されます。まず、事後分布の最頻値を見つけます。これは最適化の手法、つまり、ある関数の最大値や最小値を見つける方法を使って実現されます。なお、最適化のためには多くの既成の方法があります。最頻値は、正規分布に類似した分布では平均値となるでしょう。そして、最頻値の近くで関数の曲率を推定することができます。この曲率に基づくと、正規分布に類似した分布の標準偏差を計算することができます。すぐあとで PyMC3 を導入し、この方法を適用します。

■ **変分法**　ほとんどのベイズ統計学は、マルコフ的な方法を使って行われますが（次項を参照）、ある種の問題に関しては、これらの方法はあまりに遅く、必要な速度を実現できないことがあります。ナイーブアプローチは並列的に n 個のチェーンを単純に走らせ、結果を生成しますが、ほとんどの問題に関して、現実的には良い解決策ではありません。それらを並列化する効果的な方法を見つけることが、活発に研究されています。

大きなデータセット（ビッグデータを考えてください）や、あまりに計算が困難な尤度に関して、変分法はより良い選択となり得ます。加えて、これらの方法は、MCMC 法

第 2 章　確率プログラミング── PyMC3 入門

の初期値として事後分布の高速な近似を与えるために有益です。

　変分法の一般的なアイデアは、単純な分布を使って事後分布を近似することにあります。これはラプラス近似と同じように聞こえるかもしれませんが、この方法の詳細をチェックすれば似ていないことがわかるでしょう。変分法の主な欠点は、それぞれのモデルに関して特定のアルゴリズムを考えなければならないことです。したがって、それは普遍的な推論エンジンではなく、モデル固有のものであるということです。

　もちろん、多くの人々が変分法を自動化しようとしました。最近提案された方法は、**自動微分変分推論**（automatic differentiation variational inference; ADVI）です。これについては http://arxiv.org/abs/1603.00788 を参照してください。概念レベルでは、ADVI は次のように動作します。

1. パラメータを実数直線上に変換して活かします。例えば、正の値に制限されたパラメータの対数をとり、区間 $[-\infty, \infty]$ という縛りのないパラメータを得ることができます。
2. 正規分布で制限のないパラメータを近似します。変換されたパラメータ空間における正規分布は、元のパラメータ空間においては非正規分布となることに注意してください。したがって、これはラプラス近似とは同じものではありません。
3. 事後分布に可能な限り似ている正規分布を得るために、最適化法を使います。これは**エビデンス下限**（evidence lower bound; ELBO）として知られる数値最大化によって実現されます。二つの分布の類似性をどのように測るか、ELBO とは一体何なのか、といったことは数学的な問題です。

　ADVI はすでに PyMC3 で実装されていますが、本書では使いません。

[2]　マルコフ的方法

　MCMC 法として知られる一連の方法が存在します。グリッドコンピューティングの項で見たように、与えられた点に関して尤度と事前分布を計算する必要があります。これによって私たちは事後分布の全体を近似したいのです。MCMC 法はグリッドコンピューティングより優れた結果をもたらします。というのも、それらは低い確率の領域よりも高い確率の領域に多くの時間留まるように設計されているからです。実際、あるMCMC 法はパラメータの相対的な確率に応じてパラメータ空間の異なる領域を探索してくれます。領域 A が領域 B の 2 倍の確率であるなら、B からのサンプルの 2 倍のサンプルを A から抽出します。したがって、解析的にすべての事後分布を計算することが不可能な場合でも、私たちは MCMC 法を使うことでそこからサンプリングすることができ、サンプルサイズが大きくなればより良い結果を得ることができます。

　MCMC 法という名前の中に何が含まれているのでしょう？ MCMC 法が何なのか

を理解するために、この方法を二つの MC 部分に分けてみましょう。**モンテカルロ** (Monte Carlo) の部分と**マルコフ連鎖**（Markov chain）の部分です。

■ **モンテカルロ**　　乱数を使用することが、モンテカルロという名前の由来です。モンテカルロ法は、与えられた処理を計算したりシミュレートしたりするためにランダムサンプリングを用いるアルゴリズムを、幅広く指します。モンテカルロとは、モナコ公国にある非常に有名なカジノのことです。モンテカルロ法の開発者の一人であるスタニスワフ・ウラム（Stanislaw Ulam）には、そこでギャンブルをする叔父がいました。ウラムが持っていた重要なアイデアは、多くの問題が解いたり正確な方法で公式化したりすることが困難な場合に、サンプルを取ったり、それらをシミュレートしたりすることによって効果的に研究できるというものです。事実、話を進めると、一人ゲームにおいて特定の手を得る確率に関する問題に答えることが動機づけとなりました。この問題に答える一つの方法は、解析的な組み合わせ問題に従うことです。

　ウラムが論じたもう一つの方法は、一人ゲームのいくつかをプレイし、私たちがプレイした手の中で、関心のある特定の手と一致するものがいくつあったかを数え上げることでした。これは明らかなことに思えますし、あるいは少なくともかなり合理的に思えます。例えば、統計的な問題を解くために再サンプリング法を使うかもしれません。しかし、この心理的実験は、実用的なコンピュータが開発され始めた約 70 年前に行われたものだということを知っておいてください。この方法の最初の応用は、原子物理学の問題を解くことでした。当時、それは従来の道具を使っては現実的には解けない問題でした。今日のパーソナルコンピュータは、モンテカルロアプローチを使って多彩な問題を解くのに十分なだけパワフルになっています。したがって、これらの方法は、科学、工学、産業、芸術など、さまざまな問題に広く適用されます。

　関心のある数量を計算するためにモンテカルロ法を使うという古典的な教示例は、円周率 π の計算です。実際、この特定の計算のためにはもっと良い方法がありますが、教示的な価値はいまだにあります。次のような手続きによって私たちは円周率の値を求めることができます。

1. 1 辺が $2R$ の正方形の内側に、N 個の点をデタラメに打つ
2. 正方形に内接する半径 R の円を描き、その円の内側にある点の数（`inside`）を数える
3. 比率 $\frac{4 \times \text{inside}}{N}$ によって円周率 π を推定する

次の関係を知っていれば、円の内側の点の数がわかります。

$$\sqrt{(x^2 + y^2)} \leqq R$$

正方形の面積は $(2R)^2$ であり、円の面積は πR^2 です。したがって、円の面積に対す

る正方形の面積の比率は $\frac{4}{\pi}$ であり、円と正方形の面積は、円の内側の点の数と全体の点の数 N 個にそれぞれ比例することになります。

数行のコードによって、私たちはこの単純なモンテカルロシミュレーションを実行し、π を計算することができます。また、真なる π の値に対する推定値の相対的な誤差を求めることもできます。

コード 2.2　モンテカルロシミュレーションで円周率を計算する

```
N = 10000
x, y = np.random.uniform(-1, 1, size=(2, N))
inside = (x**2 + y**2) <= 1
pi = inside.sum()*4/N
error = abs((pi - np.pi)/pi)* 100

outside = np.invert(inside)

plt.plot(x[inside], y[inside], 'b.')
plt.plot(x[outside], y[outside], 'r.')
plt.plot(0, 0, label='$\hat\pi$ = {:4.3f}\nerror = {:4.3f}%'.format(pi, error
), alpha=0)
plt.axis('square')
plt.legend(frameon=True, framealpha=0.9, fontsize=16);
plt.savefig('img202.png')
```

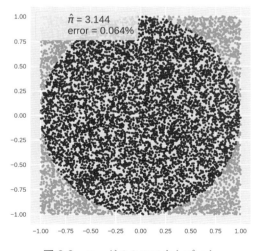

図 2.2　コード 2.2 のアウトプット

2.1 確率プログラミング

このコードにおいて、outside という円の外側の点の数を表す変数はグラフ上の点を描くためだけに使われ、$\frac{4 \times \text{inside}}{N}$ の計算には必要ありません。また、この計算は半径 1 の単位円に制限されるため、円の内側変数の計算において平方根を求めなくて構いません。

■ **マルコフ連鎖**　マルコフ連鎖は、一連の状態とそれらの状態間の遷移を表す一組の確率によって構成される数学的なオブジェクトです。次の状態へ遷移する確率が現在の状態にのみ依存しているとき、その連鎖はマルコフ的です。このような連鎖を所与とし、出発点を選び、遷移確率に従って他の状態に遷移することで、ランダムウォークを実現することができます。サンプリングしたい分布（ベイジアン分析においては事後分布）に比例する遷移を持ったマルコフ連鎖を見つけることができるなら、サンプリングはこの連鎖における状態間の遷移問題となります。事後分布がわからない場合、この連鎖はどのようにしたら見つけることができるでしょう？　それは**詳細つり合い条件**（detailed balance condition）として知られます。直観的には、この条件は逆方向に動けるはずであることを教えてくれます（物理学において可逆過程は一般的な考え方です）。すなわち、状態 i から状態 j に遷移する確率は、状態 j から状態 i に遷移する確率と同じになります。

まとめると、詳細つり合いを充足するマルコフ連鎖をなんとか作り出せるなら、正しい分布からサンプルを得ることを保証してくれ、そしてその連鎖からサンプリングすることができるのです。これはまさに驚くべき結果です。詳細つり合いを保証する最も一般的な方法は**メトロポリス–ヘイスティングス・アルゴリズム**（Metropolis-Hastings algorithm）です。

■ **メトロポリス–ヘイスティングス**　この方法を概念的に理解するために、次のようなたとえ話を使います。湖が湛えている水の量と、水深が最も深い場所を調べたいとしましょう。水は濁っているため、湖底を眺めて深さを推定することはできませんし、湖はかなり大きいので、グリッド近似を採用することはあまり良いアイデアではありません。サンプリング戦略を立案してみましょう。普通のボートとかなり長い竿を使う次のようなアルゴリズムを考えました。これはソナーを使うよりは安く済みます。

1. 湖上でランダムに場所を一つ決めることによって測定を初期化し、そこにボートを移動します。
2. その場所で竿を使って湖の深さを測定します。
3. ボートを他の場所に移動し、そこで新たに深さを測定します。
4. 次のようにして、二つの測定結果を比較します。

    - 新しい場所が古い場所よりも深い場合は、ノートに新しい場所の深さを記録し、上記 2 に戻ります。

41

● 新しい場所が古い場所よりも浅い場合は、二つの選択肢（受容または棄却）があります。受容とは、新しい場所の深さを記録し、上記 2 に戻ることを意味します。棄却とは、古い場所に戻り、古い場所の深さを（もう一度）記録することを意味します。

新しい場所を受容したり棄却したりするのは、どのようにしたらよいのでしょう？ そのトリックは、メトロポリス–ヘイスティングス基準を採用することにあります。これは、新しい場所の深さと古い場所の深さの比率に比例した確率で新しい場所を受容することを意味します。

この反復的な手続きに従うなら、湖の全水量や最も深い場所を知ることができるだけでなく、湖底の全体的な近似曲率を得ることができます。すでに考察したように、このたとえ話において、湖底の曲率は事後分布を表し、最深部は最頻値を表します。そして、反復回数が多くなればなるほど近似が良くなります。

事実、ある種の一般的な状況下で、私たちが無限のサンプルを得るなら、理論は私たちが正しい答えを得ることを保証してくれます。幸運なことに、実際には、非常に多くの問題に関して、比較的少数のサンプルでかなり正確な近似を得ることができます。

ここで少し数式を使ってこの方法について見てみましょう。例えば正規分布のようなある種の分布に関して、そこからサンプルを得る非常に効率的なアルゴリズムを私たちは知っています。しかし、事後分布の多くの分布に関してはそうではありません。

少なくとも確率に比例する一つの数値が計算可能だとすると、メトロポリス–ヘイスティングスを使うことによって、任意の分布から確率 $p(x)$ でサンプリングすることができます。ベイズ統計学の多くの問題で困難な部分は、ベイズの定理の分母である規格化定数を計算することなので、これは非常に有益です。メトロポリス–ヘイスティングス・アルゴリズムには、次のようなステップがあります。

1. 関心のあるパラメータ x_i の初期値を選びます。これはランダムに行ったり、ある種の考察を経て決めたりします。
2. 新しいパラメータの値 x_{i+1} を決め、例えば正規分布や一様分布など、サンプリングが簡単な分布 $Q(x_{i+1}|x_i)$ からサンプルを得ます。これは状態 x_i をかき乱すステップとして理解できます。
3. メトロポリス–ヘイスティングスの基準

$$p_a(x_{i+1}|x_i) = \min\left(1, \frac{p(x_{i+1})q(x_i|x_{i+1})}{p(x_i)q(x_{i+1}|x_i)}\right)$$

を使って、新しいパラメータの値を受け入れる確率を計算することができます。
4. 上記 3 で計算された確率が区間 $[0, 1]$ の一様分布から得られる値より大きい場合、新しい状態を受容し、そうでなければ古い状態に留まります。

5. 十分なサンプルが得られるまで上記 2 から 4 を繰り返します。何をもって十分であるかは、後に検討します。

いくつか考慮すべきことがあります。

- 提案分布[*1]$Q(x_{i+1}|x_i)$ が対称性を持つ場合、**メトロポリス基準**（Metropolis criteria）と呼ばれる

$$p_a(x_{i+1}|x_i) = \min\left(1, \frac{p(x_{i+1})}{p(x_i)}\right)$$

を得ます。なお、この式ではヘイスティングス部分が除かれています。

- ステップ 3 と 4 は、最もありそうな状態、すなわち最もありそうなパラメータ値を受け入れたり移動したりすることを意味しています。ありそうにないパラメータの値は、新しいパラメータの値 x_{i+1} の確率と古いパラメータの値 x_i の確率の比率に従って確率的に受容されます。この受容ステップの基準は、正確なサンプリングを保証しながら、グリッド近似よりも効率的なサンプルを与えてくれます。

- 目標分布（ベイズ統計学では事後分布）は、サンプリングされたパラメータ値を保存することによって近似されます。新しい状態 x_{i+1} への移動を受容する場合は、サンプリングされた x_{i+1} を保存します。x_{i+1} への移動を棄却する場合は、x_i の値を保存します。

この過程の最後には、**サンプルチェーン**（sample chain）または**サンプルトレース**（sample trace）と呼ばれる数値リストを得ることになります。すべてが正しく行われると、これらのサンプルは事後分布の近似となっています。私たちが得たトレースの最頻値は、事後分布に従った最もありそうな値となっています。この手続きの良い点は、事後分布の分析が簡単だということです。私たちは積分をサンプリングされた数値列の単なる合計に置き換えたのです。

以下のコードは、メトロポリスアルゴリズムの非常に簡単な実行例です。いかなる実際の問題も解くことを意図していません。与えられた点でどのように数値が計算されるのかがわかるように、一つの関数からサンプリングできることを示すのみです。また、次の実装はベイズ流ではありません。そこには事前分布がありませんし、データさえありません。さまざまな問題に適用できる MCMC 法は、とても一般的なアルゴリズムであることを知っておいてください。例えば、非ベイジアンな分子モデルにおいては、

[*1] 訳注：proposal distribution の訳。サンプリングの際、ランダムに動き回る点が次に移動する先の候補となる点を提案する分布。

第 2 章　確率プログラミング —— PyMC3 入門

func.pdf(x) の代わりに、状態 x における系のエネルギーを計算する関数を持つことになるでしょう。

metropolis 関数の初めの引数は、SciPy パッケージが与える分布です。なお、ここではこの分布から直接サンプリングする方法がわからないと仮定しています。

コード 2.3　シンプルなメトロポリス法を実行する (1)

```
def metropolis(func, steps=10000):
  """A very simple Metropolis implementation"""
  samples = np.zeros(steps)
  old_x = func.mean()
  old_prob = func.pdf(old_x)

  for i in range(steps):
    new_x = old_x + np.random.normal(0, 0.5)
    new_prob = func.pdf(new_x)
    acceptance = new_prob/old_prob
    if acceptance >= np.random.random():
      samples[i] = new_x
      old_x = new_x
      old_prob = new_prob
    else:
      samples[i] = old_x
  return samples
```

続くコードでは、パラメータの数値を変えるとさまざまな形状が得られる beta 関数を func と定義しています。metropolis によって得られたサンプルをヒストグラムとしてグラフ化し、真なる分布 True distribution を実線で描きます。

コード 2.4　シンプルなメトロポリス法を実行する (2)

```
func = stats.beta(0.4, 2)
samples = metropolis(func=func)
x = np.linspace(0.01, 0.99, 100)
y = func.pdf(x)
plt.xlim(0, 1)
plt.plot(x, y, 'r-', lw=3, label='True distribution')
plt.hist(samples, bins=30, normed=True, label='Estimated distribution')
plt.xlabel('$x$', fontsize=14)
plt.ylabel('$pdf(x)$', fontsize=14)
plt.legend(fontsize=14);
plt.savefig('img203.png')
```

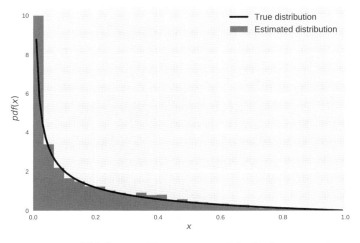

図 2.3 コード 2.3, 2.4 のアウトプット

　この例を通じて、読者がメトロポリス–ヘイスティングス法をうまく理解できることを期待しています。前のページに戻って読み直さないとわからないときは、ぜひそうしてください。また、http://twiecki.github.io/blog/2015/11/10/mcmc-sampling/ の記事を参照することを強く勧めます。これは PyMC3 の中心的な開発者の一人によるものです。彼は、事後分布を計算するために metropolis 関数の簡単な実装例を示しています。そこでは、サンプリング過程をうまく視覚化し、提案分布の広がりがどれほど結果に影響するかについても簡単に説明しています。

■ **ハミルトニアンモンテカルロ/NUTS**　　メトロポリス–ヘイスティングスを含め、MCMC 法は十分な数のサンプルがあれば真なる分布の正確な近似を得ることができると、理論的に保証されています。しかしながら、実際のところ、十分な数のサンプルを得るには多くの時間がかかってしまいます。そのため、一般的なメトロポリス–ヘイスティングス・アルゴリズムに対して代替的な方法が提案されてきました。そういった代替的な方法の多くは、メトロポリス–ヘイスティングス・アルゴリズム自身を含めて、もともとは統計力学の諸問題を解くために開発されました。統計力学は物理学の一分野で、原子や分子の特性を研究するものです。代替的な方法のうち、**ハミルトニアンモンテカルロ**（Hamiltonian Monte Carlo; HMC）あるいは**ハイブリッドモンテカルロ**（hybrid Monte Carlo; HMC）として知られる一つの改良版があります。ハミルトニアンという言葉は、ある物理系の全エネルギーを表します。ハイブリッドという言葉は、分子力学の分子交雑という概念に由来して用いられるもので、メトロポリス–ヘイスティングスと同様に、分子システムの研究のために広く使われているシミュレーションテクニックです。HMC 法は、本質的にはメトロポリス–ヘイスティングスと同じです。しかし、先

ほどの方法がボートにランダムな移動を提案していたのに対し、もう少し利口な方法、つまり、湖底面に沿ってボートを動かすという点だけが異なります。これはなぜ利口なのでしょうか？　そうすることによって、メトロポリス–ヘイスティングスの主な問題の一つが避けられるからです。その問題とは、提案されるほとんどの移動が棄却されるため、探索は時間がかかり、サンプルに自己相関が生じやすいことです。

　さて、数学的な詳細に触れないで、この方法をどのように理解したらよいでしょうか。ボートとともに湖にいると想像してください。どこに移動したらよいかを決めるため、現在位置をスタート地点として、湖底にボールを転がしてみましょう。ここでは、現実を抽象化・理想化して扱います。ボールは完全に球体であり、摩擦がなく、したがって水や泥によって転がる速度は低下しません。ボールを投げ、しばらく転がらせてみましょう。そして、ボールの移動に合わせてボートを移動させましょう。メトロポリス–ヘイスティングス法の項で見たように、メトロポリス基準を使うことによって、このステップを受容したり棄却したりします。すべての手続きは何回も繰り返されます。この修正された手続きでは、以前の位置とはかなり遠く離れたところだとしても、新しい位置をより高い確率で受容します。

　空想実験（Gedankenexperiment）から離れて、現実世界に戻りましょう。より利口なハミルトニアンモンテカルロに基づいた提案に対して、私たちに必要なことは関数の勾配を計算することです。勾配は、2 次元以上へと微分の概念を一般化したものです。曲がった空間におけるボールの移動をシミュレートするために、勾配情報を使うことができます。それで、私たちはトレードオフに直面することになります。HMC の各ステップは、メトロポリス–ヘイスティングスの方法よりも計算負荷が大きくなります。しかし、各ステップで受容される確率は、HMC のほうがメトロポリスよりも高くなります。多くの問題、特に複雑な問題において、計算負荷を妥協して HMC 法を利用することでより良い結果が得られます。HMC 法のもう一つの欠点は、良いサンプリングをするために、一組のパラメータを特定しなければならないことです。これを手作業で行うには、試行錯誤と経験が必要です。したがって、私たちが望むような汎用的な推論エンジンではありません。幸運なことに、PyMC3 は**ノー U ターンサンプラー**（no-U-turn sampler; NUTS）として知られる比較的新しい方法を備えています。この方法は HMC 法の効率的なサンプリングを与えるという点で、非常に有益であることが証明されています。しかも、いろいろな調整を手作業でする必要がありません。

■ 他の MCMC 法　　いまや実に多くの MCMC 法が存在し、人々は新しい方法を提案し続けています。読者がサンプリング法を改善するアイデアを思いついたら、多くの人がそれに興味を示すでしょう。それらのすべてを取り上げて利点や欠点を説明することは、完全に本書の範囲を超えています。しかし、述べておくべきことが少しあります。

読者は、世の中の人々がさまざまな MCMC 法について語るのを耳にするかもしれないので、少なくとも、彼らが何について語っているのかのイメージを持っておくとよいでしょう。

分子システムシミュレーションの分野でかなり多く使われているもう一つのサンプラーは**レプリカ交換**（replica exchange）法です。これは、**パラレルテンパリング**（parallel tempering）や**メトロポリス結合 MCMC**（Metropolis coupled MCMC）（MC が三つ並ぶので MC^3 と略されることもあります）としても知られています。

この方法の基本的なアイデアは、並列的に異なる複製、つまりレプリカをシミュレートすることです。各レプリカはメトロポリス–ヘイスティングス・アルゴリズムに従います。レプリカ間で唯一異なることは、温度（物理学の影響がここでもう一度！）と呼ばれるパラメータにあります。このパラメータの値はあまりありそうにない位置を受容する確率を制御します。時間の経過とともに、この方法はレプリカの間で交換、つまり、メトロポリス–ヘイスティングス基準に従った受容・棄却を行い、その際、両方の温度を考慮に入れます。チェーン間の交換はランダムに選ばれたチェーンの間で行われますが、一般的には、近くのレプリカとの間で交換が行われます。すなわち、それは同じような温度を持っている、受容確率の高いレプリカです。この方法についての直観的な理解は、温度を上げると新しく提案される位置の受容確率が上昇し、下げると下降する、というものです。高い温度状態にあるレプリカはシステム内をより自由に探索し、こういったレプリカに関しては、表面が効果的に平坦になり、簡単に探索できるようになります。無限の温度を持つレプリカは、すべての状態が等しくあり得ることを意味します。レプリカ間の交換は、局所的な極小値にはまってしまう低い温度にあるレプリカを避けることです。この方法は、複数の極小値を持つシステムを探索するのに適しています。

2.2 | PyMC3 入門

PyMC3 は、確率プログラミングのための Python ライブラリです。本書執筆時点での最新バージョンは、2016 年 10 月 4 日にリリースされた 3.0.rc2 です[*2]。PyMC3 は非常にシンプルで直観的な構文を持っています。その構文は簡単に読むことができ、確率モデルを扱っている統計学の文献で使われる構文とよく似ています。PyMC3 は Python を使って書かれており、計算が必要な部分では NumPy や Theano をライブラリとして使います。Theano は、もともとはディープラーニングを開発するための Python ライブラリであり、多次元配列を含む数学表現を効率的に定義し、最適化し、評価するこ

[*2] 訳注：本書制作時点での PyMC3 の最新バージョンは 4.1 です。これについては「訳者まえがき」をご覧ください。

第 2 章　確率プログラミング —— PyMC3 入門

とができます。PyMC3 が Theano を利用する主な理由は、NUTS をはじめ、いくつか
のサンプリング方法で勾配を計算する必要があり、Theano は微分を自動化する仕組み
を持っているからです。また、Theano は Python のコードを C のコードに変換するた
め、PyMC3 がかなり高速化されます[*3]。PyMC3 が Theano を使う理由は、これがす
べてです。Theano についてもっと知りたい場合は、Theano の公式チュートリアルサ
イト http://deeplearning.net/software/theano/tutorial/index.html#tutorial を参照
してください。

▶ 2.2.1　コイン投げ問題の計算的なアプローチ

コイン投げ問題にもう一度戻ってみましょう。ただし、今回は PyMC3 を使います。
最初に必要なことは、データを得ることです。以前と同じように、合成されたデータを
用いましょう。データを生成するために、次のコードにある theta_real として θ の値
がわかっているとします。

コード 2.5　事後分布をサンプリングし、トレースプロットする (1)

```
np.random.seed(123)
n_experiments = 4
theta_real = 0.35
data = stats.bernoulli.rvs(p=theta_real, size=n_experiments)
print(data)
```

コードの最後にある print(data) の結果は、array([1, 0, 0, 0]) となります。

[1]　モデルの記述

さて、データが得られましたので、次にモデルを記述する必要があります。これは、
確率分布を使って尤度と事前分布を特定することによってなされます。尤度に関して、
パラメータとして $n = 1$ と $p = \theta$ を持つ 2 項分布を使うことにしましょう。また、事前
分布としては、パラメータが $\alpha = \beta = 1$ のベータ分布を使うことにしましょう。この
ベータ分布は、区間 $[0, 1]$ の一様分布と同等のものです。数学的な表記法を使うと、次の
ようにモデルを書くことができます。

$$\theta \sim \text{Beta}(\alpha, \beta)$$
$$y \sim \text{Bin}(n = 1, p = \theta)$$

[*3] 訳注：C のコードに変換し、PyMC3 の実行を高速化するためには、g++ が必要です。これについて
は「訳者まえがき」の「コードの実行関連の TIPS」をご覧ください。

48

この統計モデルは、ほとんどそのまま PyMC3 の構文に翻訳されます。以下のコードの第1行目は、最初のモデルに対するコンテナ[*4]を生成します。PyMC3 では、with ブロックの内側すべてが一つのモデルを示しています。これは、モデルの仕様を簡単に表現するための構文的な仕掛けと考えることができます。ここでのモデルは our_first_model として呼び出されます。第2行目は事前分布を定義します。すぐあとで見るように、その構文は数学的な表記法とよく似ています。ここでは確率変数を theta とします。この名前は、PyMC3 の Beta 関数の第1引数と一致することに注意してください。両方の名前を同じにしておくことは、混乱を避けるための良き習慣です。サンプリングされた事後分布から情報を引き出すために、この変数名を使いましょう。与えられた分布（この場合はベータ分布）から数値を生成するためのルールとして、この変数を考えることができます。第3行目は、事前分布の構文と同じように（ただし、引数 observed を使ってデータを渡すことを除く）、尤度を定義します。このようにして、これが尤度です、と PyMC3 に伝えるのです。データは Python のリストか、NumPy ライブラリの配列、Pandas ライブラリのデータフレームである必要があります。モデルの記述はたったこれだけです！

コード 2.6 事後分布をサンプリングし、トレースプロットする (2)

```python
with pm.Model() as our_first_model:
  theta = pm.Beta('theta', alpha=1, beta=1)
  y = pm.Bernoulli('y', p=theta, observed=data)
```

[2] 推論ボタンを押す

この問題に関して、事後分布は解析的に計算することもできますし、数行の PyMC3 コードを使って事後分布からサンプリングすることもできます。私たちが find_MAP と呼ぶ最初の行で、この関数は SciPy パッケージによって提供される最適化ルーチンを呼び出し、最大事後確率（maximum a posteriori; MAP）を返します。find_MAP の呼び出しは任意であり、サンプリング法に良き初期値を提供できる場合もあります。続いて、次の行はサンプリング法を定義するのに使われます。ここでは、メトロポリス–ヘイスティングスを用い、これを Metropolis として呼び出します。PyMC3 では、さまざまな確率変数に対してさまざまなサンプリング法を割り当てることができます。ここではパラメータが一つのモデルを使いますが、あとでもっと多くのパラメータを扱います。あるいは、この行を省略することも可能です。というのは、PyMC3 は変数の特性に基づいて各変数に対して自動的にサンプリング法を割り当ててくれるためです。例えば、

[*4] 訳注：記述されたモデルを格納しておく容器のようなものを指します。

第 2 章　確率プログラミング —— PyMC3 入門

NUTS は連続型変数にのみ使うことができ、離散型変数には使えません。`Metropolis`
は離散型変数を扱うことができます。他のタイプの変数については、特別に対応できる
サンプリング法があります。一般的には、PyMC3 にサンプリング法を選ばせるとよい
でしょう。最後の行は推論を実行します。第 1 引数は私たちが望むサンプル数であり、
第 2 引数と第 3 引数は、それぞれサンプリング法と初期値を表します。先ほども述べた
ように、これらの引数の指定は任意です。

コード 2.7　事後分布をサンプリングし、トレースプロットする (3)

```
start = pm.find_MAP()
step = pm.Metropolis()
trace = pm.sample(1000, step=step, start=start)
```

これでモデルの記述が済みました。このように、ほんの数行のコードで推論を行える
のです。このような素晴らしいライブラリを私たちに提供してくれた PyMC3 の開発者
たちに、暖かい賛辞を送りましょう！

[3]　サンプリング過程の診断

有限なサンプルで事後分布を近似したら、次にすべきことは、それが合理的な近似で
あるかどうかをチェックすることです。利用できるテストは、いくつかあります。ある
ものは視覚的であり、あるものは数量的です。これらのテストはサンプルに含まれる不
具合を見つけ出すものであり、正しい分布を得たことを証明するものではありません。
これらのテストは、サンプルが合理的らしいことを示す証拠を提供するのみなのです。
サンプルに不具合があったときの解決策は、次のようになります。

- サンプル数を増やします。
- 最初のほうのサンプルをある一定数削除します。これは**バーンイン**（burn-in）と
  して知られています。MCMC 法は、目標分布からのサンプルを得るのに、しば
  らく時間がかかるのです。マルコフ理論の一部ではありませんが、無限のサンプ
  ルがあるならバーンインは必要ないでしょう。サンプル数が無限でないなら、最
  初のほうのサンプルを削除することは、より良い有限のサンプルを得るために役
  立ちます。数学的な対象とその近似とを混同すべきではありません。球体、正規
  分布、マルコフ連鎖などのすべての数学的な対象は、純粋な世界においてのみ存
  在し、不完全な現実の世界には存在しないのです。
- モデルのパラメータを変更します。これは、モデルは同等ではあるけれど、違っ
  た形で表現することを指します。
- データを変換します。これは、より効率的なサンプリングを行うために非常に助

けとなることでしょう。データを変換する場合、変換された空間における結果の解釈に注意する必要があります。つまり、結果を解釈する以前に、変換を元に戻す必要があるかもしれません。

これらの解決策については、本書の全体にわたってさらに検討していきます。

■ **収束**　一般的に、最初に行う仕事は、結果がどのように見えるかをチェックすることです。これを行うには、traceplot 関数の利用が適しています。

コード 2.8　事後分布をサンプリングし、トレースプロットする (4)

```
burnin = 100
chain = trace[burnin:]
pm.traceplot(chain, lines={'theta':theta_real});
plt.savefig('img204.png')
```

観測されない変数に対して、図 2.4 のように二つのグラフが得られます。左側は**カーネル密度推定**（kernel density estimation; KDE）のグラフで、これはヒストグラムを滑らかにしたようなものです。右のグラフは、サンプリングの各段階で得られた個々のサンプル値を表しています。赤色の線（グレーの破線）は変数 theta_real の値を示していることに注意してください。

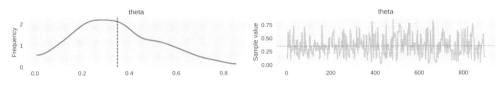

図 2.4　コード 2.5〜2.8 のアウトプット

これらのグラフの何に注目すればよいでしょう？ KDE のグラフは滑らかな曲線をなしているはずです。データ数が増えると、多くの場合、各パラメータの分布は正規分布に似てきます。これは中心極限定理によるものです。もちろん、常にそうなるわけではありません。右側のグラフはホワイトノイズのように見えます。このようにうまく混合したものを望んでいるのです。そして、認識可能な何らかのパターンが含まれていてはなりません。また、曲線が上昇したり下降したりしていてはなりません。つまり、曲線がある一つの値の近辺で蛇行していればよいのです。多峰の分布に関して、または離散型分布に関しては、ある領域に移動する前にある値または領域に長時間留まっていないことが期待されます。サンプリングされた値が、領域の中を自由に動き回っているとよいのです。また、安定した自己相似的なトレースを示していることを期待します。これ

は、異なる点でのトレースがだいたい同じように見える、例えば、最初の 10% が最後の 50% や 10% などの他の部分のトレースと似ている、ということです。繰り返しますが、このグラフにはパターンは不要で、ノイズ的なものが期待されます。図 2.5 は、望ましい混合を持つトレース例（右側）と悪いトレース例（左側）を示しています。

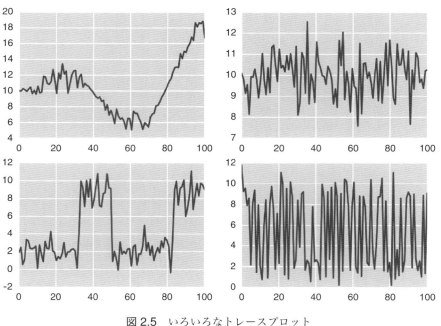

図 2.5　いろいろなトレースプロット

　トレースの最初の部分が他の部分と異なって見える場合、バーンインの必要性が示唆されます。他の部分において自己相似的な部分を見つけられない場合、また、ある種のパターンが見て取れる場合、より多くのサンプリングステップが必要であることが示唆されます。あるいは、異なるサンプリング法や異なるパラメータの指定が必要かもしれません。難しいモデルの場合、これらの対策を組み合わせて対応することもできます。

　PyMC3 は一つのモデルを並列的に何度も実行することができ、同じパラメータの値で並行してサンプルチェーンを得ることができます。これは、関数 sample の中で、引数 njobs を指定することで行われます。traceplot を使うことで、1 回のグラフ作成で同じパラメータを持つすべてのチェーンをグラフ表示することができます。それぞれのチェーンは互いに独立なので、各チェーンはそれぞれ良きサンプルであるはずであり、すべてのチェーンは互いに同じように見えるはずです。並列のチェーンは、収束性をチェックする以外にも用途があります。余分なチェーンを捨ててしまうのではなく、これらの並列のチェーンを推論に用いることもできます。これらの並列のチェーンを連結して、サンプルサイズを増やすことができるのです。

2.2 PyMC3 入門

コード 2.9　事後分布を並列サンプリングし、トレースプロットする

```
with our_first_model:
    step = pm.Metropolis()
    multi_trace = pm.sample(1000, step=step, njobs=4)

burnin = 100
multi_chain = multi_trace[burnin:]
pm.traceplot(multi_chain, lines={'theta':theta_real});
plt.savefig('img206.png')
```

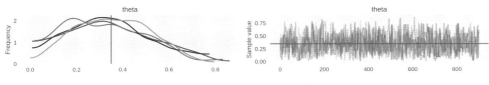

図 2.6　コード 2.9 のアウトプット

数量的に収束をチェックするには、**Gelman-Rubin テスト**（Gelman-Rubin test）を使うとよいでしょう。このテストのアイデアは、チェーン間の分散とチェーン内の分散を比較することにあります。したがって、このテストを行うためには、二つ以上のチェーンが必要になります。理想的には、値として $\hat{R} = 1$ を期待すべきです。経験則によれば、1.1 未満の値であれば良好と見なします。これより大きい場合は、サンプリングが収束していないことが示唆されます。

コード 2.10　事後分布を並列サンプリングし、平均、50%/95%HPD、および $\hat{R}$ を出力する (1)

```
pm.gelman_rubin(multi_chain)
{'theta': 1.0074579751170656, 'theta_logodds': 1.009770031607315}
```

以下のコードのように関数 forestplot を使うことによって、図 2.7 のように、各パラメータの分布の平均や 50%HPD および 95%HPD とともに、各パラメータの $\hat{R}$ を視覚的に表現することもできます。

コード 2.11　事後分布を並列サンプリングし、平均、50%/95%HPD、および $\hat{R}$ を出力する (2)

```
pm.forestplot(multi_chain, varnames={'theta'});
plt.savefig('img207.png')
```

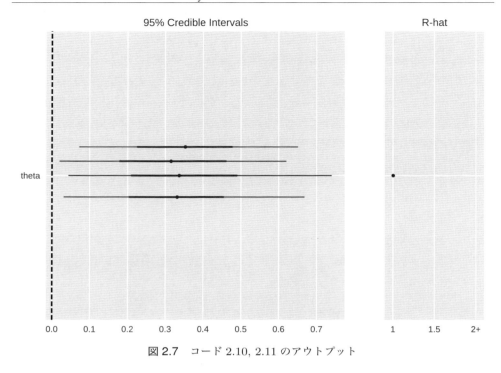

図 2.7　コード 2.10, 2.11 のアウトプット

関数 summary は、事後分布の要約をテキスト形式で表示します。それには平均、標準偏差、HPD 区間が含まれ、表 2.1 に示すような結果が得られます。

コード 2.12　pm.summary により要約統計量を出力する

```
pm.summary(multi_chain)
```

表 2.1　コード 2.12 から得られる統計量

	mean	sd	mc_error	hpd_2.5	hpd_97.5
theta	0.344	0.177	0.006	0.028	0.667

返される数値の一つに mc_error があります。これはサンプリング法によってもたらされる誤差の推定値です。この推定値は、サンプルが本当は互いに独立ではないことが考慮されています。mc_error は n ブロックそれぞれの平均 x についての標準誤差で、次のように定義されます。なお、各ブロックはトレースの一部分となっています。

$$\mathrm{MC_{error}} = \frac{\sigma(x)}{\sqrt{n}}$$

この誤差は、私たちが結果に対して望む精度を下回っていなければなりません。サンプリング法は確率的なので、モデルを再実行するたびに、`summary` によって返される値は異なるものになります。それにもかかわらず、それらの数値は別の実行回による数値と似ているはずです。もし私たちが思うほどそれらが似ていないとしたら、もっと多くのサンプルが必要なのかもしれません。

■ **自己相関**　理想的なサンプルには自己相関（autocorrelation）がありません。すなわち、ある点での数値は、別の点での数値と独立しています。実際のところ、MCMC法によって生成されるサンプル、特にメトロポリス–ヘイスティングスによって生成されるサンプルには、自己相関がある可能性があります。いくつかのモデルは、あるパラメータが他のパラメータに依存していることによって相関を持ち、これによりサンプルに自己相関が生じます。PyMC3 には、自己相関をグラフ表示するための便利な関数があります。

コード 2.13　自己相関をグラフ表示する

```
pm.autocorrplot(chain)
plt.savefig('img208.png')
```

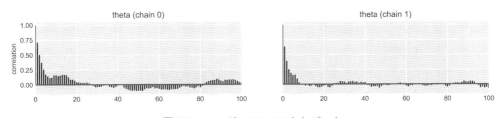

図 2.8　コード 2.13 のアウトプット

図 2.8 のグラフは、サンプリングされた元のデータ点列と、そのデータ点列を一つずらしたサンプル、そのデータ点列を二つずらしたサンプルなど、最大 100 個のデータをずらしたデータ点列との相関を示しています。自己相関がないことが理想ですが、実際には、自己相関は初めは高く、それから急速に下降して低い値になることがわかります。あるパラメータがより強く自己相関しているなら、一定の精度を得るためには、より多くのサンプルが必要となります。つまり、必要なサンプル数を多くさせるという意味で、自己相関は有害なのです。

第 2 章　確率プログラミング ── PyMC3 入門

■ **有効サイズ**　　自己相関があるサンプルは、自己相関がない同サイズのサンプルと比較すると、より少ない情報しか持っていません。したがって、ある程度の自己相関があるサイズのサンプルに対して、これと同じ情報を持ちながら自己相関がないサンプルの大きさがどの程度なのかを推定することができます。この数はサンプルの有効サイズ（effective size）と呼ばれます。両者の数値は同じになることが理想です。両者が近い値なら、効率的なサンプリングだと言えます。サンプルの有効サイズは、指標として役に立ちます。分布の平均値を推定したい場合、有効サイズとして少なくとも 100 個のサンプルが必要になります。分布の両端に依存する数値を推定したい場合、例えば、信用区間の端点を推定したい場合には、有効サイズとして 1,000 から 10,000 のサンプルが必要になります。

```
pm.effective_n(multi_chain)['theta']
674
```

先のコード 2.9 で 1,000 回のサンプリングをし、100 個をバーンインで捨てていますから、900 個のデータがあるはずです。しかし、この例の 674 という数字は、サンプリングされた 900 個のデータには自己相関があるため、674 個分の情報しかないことを表しています。

より効率的なサンプリングをするための一つの方法は、もちろん、より優れたサンプリング法を使うことです。その他の方法としては、データを変換したり、モデルのパラメータを設定し直したりすることが挙げられます。あるいはまた、よく参照される文献に記載されている選択肢としては、チェーンを間引くことが挙げられます。ここで、チェーンを間引くというのは、k 個ごとにデータをとることを指します。Python では、チェーンのスライスをとるという言い方をします。間引きは自己相関を減らしてくれますが、サンプル数を減らしてしまうという欠点もあります。そのため、間引きをする代わりにサンプル数を増やすことは、一般的に良いアイデアです。それにもかかわらず、間引きは例えばメモリを節約するために有益です。高い自己相関が避けられない場合、長いチェーンを計算する必要が生じます。モデルが多くのパラメータを持っている場合には、記憶容量が問題になることがあります。また、ある種の負荷の高い計算を実行するなど、事後分布についての事後的な処理をする必要があるかもしれません。このような場合、自己相関が最小限の小さなサンプルを使うことが重要となるでしょう。

これまで見てきたすべての診断テストは経験に依存する部分があり、どれも決定的なものではありません。実際、いくつかのテストを実施し、すべてが良い結果に見えた

ら次の分析へと進むのがよいでしょう。もし問題を見つけたら、前に戻り、その問題を解決しなければなりません。これは反復過程を伴うモデリングの一部なのです。数値的方法を使って事後分布を計算することにおいて、収束テストを実行することは、ベイズ理論の一部ではなく実践的ベイズ分析の一部であることを知っておくことは重要です。

2.3 事後分布の要約

これまで見てきたように、ベイジアン分析の結果は事後分布になります。この事後分布は、モデルやデータのもとで、私たちのパラメータに関するすべての情報を含んでいます。事後分布を視覚的に要約する一つの方法は、PyMC3 による関数 plot_posterior を使うことです。この関数は、PyMC3 のトレース、または NumPy 配列を主要な引数としてとることができます。引数を指定しないと、plot_posterior は信用区間に関するヒストグラムを表示します。グラフには分布の平均が示され、95%HPD がグラフの下方に太い直線で表示されます。なお、関数 alpha_level で引数を指定すれば、異なる HPD の区間を指定できます。本書では、この種のグラフを Kruschke のグラフと呼びたいと思います。というのも、John K. Kruschke がこの種のグラフを彼の素晴らしい著書 *Doing Bayesian Data Analysis* の中で紹介したからです。

コード 2.14　事後分布と 95%HPD を出力する

```
pm.plot_posterior(chain, kde_plot=True)
plt.savefig('img209.png')
```

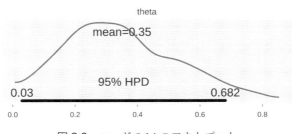

図 2.9　コード 2.14 のアウトプット

第 2 章 確率プログラミング —— PyMC3 入門

▶ 2.3.1 事後分布に基づく判断

事後分布を記述することが十分ではない場合があります。推論の結果に基づいて判断をしなければならないことがあります。連続型の推定結果を二分法的な推定（はい/いいえ、汚染/安全など）に変換しなければならないことがあるのです。先の問題に戻って、コインが公正であるか否かを決める必要があるとしましょう。公正なコインの θ は、正確に 0.5 になります。厳密に言えば、このような結果となる可能性はゼロです（0.5 の右側にゼロが無限に続く数値を考えてみてください）。したがって、実際には、公正さの定義については気楽に考えることができ、公正なコインは θ の値が 0.5 近辺であると言うことができます。近辺という言葉が正確に何を意味しているのかは、文脈に依存します。すべての人の意図に合致する、魔法のようなルールは存在しないのです。判断は本質的に主観的であり、目標に応じて情報が最も良く与えられ、可能性の高い判断を行うことが必要です。

直観的には、質の良い情報に基づく判断をするための一つの方法は、関心のある数値（ここでは 0.5）と HPD を比較することです。先の図 2.9 では、HPD の区間が 0.03 近辺から 0.68 近辺までであり、0.5 がこの HPD に含まれています。この事後分布によれば、分布の広がりに偏りがあるように見えますが、コインが公正であるという可能性を完全に排除することはできません。もっとはっきりした答えを望むのでしたら、事後分布の広がりを減らすためにより多くのデータを集める必要があるでしょう。あるいは、より適切な情報をもたらす事前分布の定義に使えたはずの重要な情報を見逃しているのかもしれません。

[1] 実質同値域（ROPE）

事後分布に基づく判断をするための一つの選択肢は、**実質同値域**（region of practical equivalence; ROPE）を定義することです。これは、関心のある値近辺についてのある種の区間のことです。例えば、コインの例では、区間 [0.45, 0.55] にあるどの値も実質的には 0.5 に等しい、と見なすことです。もう一度、ROPE は文脈に依存するのだということを述べておきます。ここでは、ROPE を HPD と比較しましょう。私たちは少なくとも三つのシナリオを想定することができます。

- ROPE が HPD と重複せず、コインは公正でないと言える
- ROPE が HPD の全体を含み、コインは公正であると言える
- ROPE が HPD と部分的に重複しており、コインが公正であるともないとも言えない

もちろん、全区間 [0, 1] をカバーするように ROPE を定義すれば、どんなデータを持っていたとしても、常にコインは公平であると言えます。しかし、このように ROPE

2.3 事後分布の要約

を定義することに同意する人はいないでしょう。

関数 plot_posterior は、ROPE をグラフ表示するのにも使われます。ROPE は、両端の数値とともに半透明の極太線で示されます。

コード 2.15　事後分布と ROPE を出力する

```
pm.plot_posterior(chain, kde_plot=True, rope=[0.45,0.55])
plt.savefig('img210.png')
```

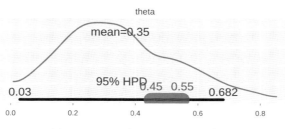

図 2.10　コード 2.15 のアウトプット

関数 plot_posterior に引数として参照点を渡すこともできます。ここでは、事後分布と比較したいので、0.5 を参照点としてみましょう。次のコードによって、図 2.11 のように、緑色（薄いグレー）の縦線で参照点が示され、その参照点よりも大きい場合の事後確率と小さい場合の事後確率も併せて表示されます。

コード 2.16　事後分布と参照点を出力する

```
pm.plot_posterior(chain, kde_plot=True, ref_val=0.5)
plt.savefig('img211.png')
```

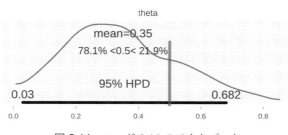

図 2.11　コード 2.16 のアウトプット

ROPE についてもっと詳細を知りたい場合は、John Kruschke による素晴らしい本（この本が素晴らしいと先ほども書きましたが、本当に素晴らしいのです！）、*Doing*

Bayesian Data Analysis の第 12 章を読むとよいでしょう。その章では、ベイジアンの枠組みの中で仮説検定をどのように行うかについての議論もあり、さらに、ベイジアンあるいは非ベイジアンに関わりなく、仮説検定について注意すべきことが説明されています。

[2] 損失関数

　こういった ROPE のルールは少しぎこちない感じがし、もっと数式的なものがあればよいのに、と思うかもしれません。それには損失関数（loss function）が適しているでしょう。良い判断をするために、推定されたパラメータの値に関して、可能な限りの最高の精度を持つことは重要なことです。しかし、誤りを犯すコストを考慮に入れることも重要なことです。利益とコストのトレードオフは、数学的には損失関数を使うことで数式化されます。損失関数は、Y（コインが公正でない）が真であることが明らかになったときの、X（コインが公正である）と予測するコストを捉えようとするものです。多くの問題において、意思決定コストは非対称です。例えば、5 歳未満の子どもにある種のワクチンを投与しないことが安全である、ということが正しいか間違っているかを判断することと同じではありません。間違った判断をすることが数千の命を犠牲にし、比較的安く安全なワクチンを投与することによって避けられる健康危機を引き起こすかもしれません。うまく情報を与えられたもとで判断をするというテーマは、何年も研究されてきました。これは**意思決定理論**（decision theory）として知られるものです。

2.4 ┃ まとめ

　この章では、確率プログラミングについて学び、推論エンジンがベイジアンモデリングのパワーをいかに活性化するかを見てきました。MCMC 法の基礎にある主な概念的アイデアについて議論し、現代のベイジアンデータ分析におけるその中心的役割を見てきました。まず、パワフルで使いやすい PyMC3 ライブラリを使ってみました。前章からコイン投げ問題を引き継ぎ、この章では、モデリング過程の非常に重要な部分となる問題を定義し、それを解き、モデルを実行し、チェックと診断を行うことに、PyMC3 を使いました。

　次の章では、二つ以上のパラメータを持つモデルを扱う方法と、パラメータ同士に互いに情報をやりとりさせる方法を学ぶことによって、ベイジアン分析のスキルを高めていきます。

2.5 | 続けて読みたい文献

- PyMC3 のドキュメント (https://pymc-devs.github.io/pymc3) の Examples セクションをチェックしてください。

- Cameron Davidson-Pilon と数人の貢献者による *Probabilistic Programming and Bayesian Method for Hackers*[5]。もともとこの本およびノートブックは PyMC2 を使って書かれていましたが、今では PyMC3 に移植されています。https://github.com/quantopian/Probabilistic-Programming-and-Bayesian-Methods-for-Hackers を参照してください。

- PyMC3 の中心的開発者である Thomas Wiecki のブログ "While My MCMC Gently Samples"（http://twiecki.github.io/）を参照してください。

- Richard McElreath による *Statistical Rethinking* は、ベイジアン分析に関する非常に素晴らしい入門書です。問題はそのコード例が R/Stan で書かれていることです。この本に含まれるコード例を Python/PyMC3 に移植し、https://github.com/aloctavodia/Statistical-Rethinking-with-Python-and-PyMC3 の GitHub リポジトリに置きましたので、参照してください。

- John K. Kruschke による *Doing Bayesian Data Analysis, Second Edition*[6] は、ベイジアン分析についてのもう一つの素晴らしい入門書です。この本も先の本と同様に、コード例が Python/PyMC3 で書かれていません。この本の第 1 版からのほとんどのコード例が Python/PyMC3 に移植されています。https://github.com/aloctavodia/Doing_bayesian_data_analysis の GitHub リポジトリを参照してください。

2.6 | 演習

1. コード 2.1 のグリッドアプローチで他の事前分布を使ってください。例えば、`prior = (grid <= 0.5).astype(int)` または `prior = abs(grid - 0.5)` を試してください。あるいは、読者自身が常識外れな事前分布を定義してみてください。また、このコードにおいて異なるデータで実験してみてください。例えば、データの総数を増やしたり、観測する表（おもて）の数が概ね半数になるよ

---

[5] 邦訳：玉木徹 訳『Python で体験するベイズ推論』森北出版 (2017)

[6] 邦訳：前田和寛・小杉考司 監訳『ベイズ統計モデリング —— R, JAGS, Stan によるチュートリアル（原著第 2 版）』共立出版 (2017)

うにしたりしてみてください。

2. π を推定するために使ったコード 2.2 において、N の数を固定し、コードを 2 回ほど実行させてみてください。乱数を使っているので結果は異なることに注意してください。誤差はだいたい同程度であることを確認してください。N の数字を変更してコードを再実行してみてください。総数 N と誤差がどの程度関連しているかを推測できますか？　より良い推定のために、誤差を N の関数として計算するようコードを変更したくなるかもしれません。また、同じ総数 N のもとでコードを数回実行し、誤差の平均や誤差の標準偏差を計算することもできます。これらの結果をライブラリ matplotlib の関数 errorbar を使ってグラフ表示することができます。N として 100、1,000、10,000 などの値をセットし、1 桁の違いがどの程度異なる結果を与えるかを調べてみてください。

3. コード 2.3 の関数 metropolis に渡すコード 2.4 の引数 func を変更してみてください。図 1.4 に示された事前分布の値を使ってみてください。このコードとグリッドアプローチを比較してください。ベイジアン推論の問題を解くのに役立つ修正はどちらでしょうか？

4. 演習 3 の答えと、Thomas Wiecki による http://twiecki.github.io/blog/2015/11/10/mcmc-sampling/ にあるコードを比較してみてください。

5. PyMC3 を使い、事前分布のベータ分布のパラメータを前章のコード 1.5 のパラメータとマッチするように変更してみてください。そして、前章の結果と比較してください。コード 2.6 のベータ分布を、区間 $[0, 1]$ を持つ一様分布で置き換えてください。Beta($\alpha = 1$, $\beta = 1$) の結果と同じになりましたか？　サンプリングのスピードはどのように変わりましたか？　例えば $[-1, 2]$ のようなより広い区間の一様分布を使ったらどうなりますか？　モデルは実行できましたか？　どのようなエラーが出たでしょうか？　find_MAP を使わない場合には何が得られましたか（特に、読者が Jupyter/IPython のノートブックで作業しているなら、関数 sample から最初の引数を削除することを忘れないでください）。

6. コード 2.8 のバーンインの数を 0 や 500 に変更してみてください。また、コード 2.7 の関数 find_MAP を使ったり使わなかったりしてみてください。結果はどのように変わるでしょうか？　ヒント：これは非常にシンプルなモデルからサンプルを得るケースです。この演習は、より複雑なモデルを扱うこれ以降の章のためにあることを覚えておいてください。

7. 読者自身のデータを使ってこの章の内容をもう一度同じようにやってみてください。そのデータは読者が関心のあるものにしてください。これは本書の残りの部分でも同様に役立つ演習です。

8. 以下の URL にある炭鉱採掘事故のモデルの資料を読んでみてください。

http://docs.pymc.io/notebooks/getting_started.html#Case-study-2:
-Coal-mining-disasters

これは PyMC3 のドキュメントの一部です。読者自身でこのモデルを実装し、そ
れを実行してみてください。

　各章の最後にある演習のほか、読者が興味を持つ問題や読者が学んだことをその問
題にどのように応用するかについて考えることは常に可能であり、おそらくそうする
べきです。その際、問題を異なる方式で定義する必要があるかもしれません。あるい
は、学んだモデルを拡張したり修正したりする必要があるかもしれません。モデルを変
更してみてください。作業が現在の読者のスキルを超えていると思われるなら、本書
の他の章を読んだあとでやり直すために、その問題をノートに記して持っていてくだ
さい。最後に、読者の疑問の答えが本書から得られないなら、PyMC3 ドキュメントの
Examples（http://docs.pymc.io/examples.html）をチェックしてみてください。ある
いは、PyMC3 タグの Stack Overflow に質問してみてください。

第 **3** 章

複数パラメータの取り扱いと
階層モデル

これまでの二つの章では、ベイジアンアプローチについての中心的なアイデア、ならびにベイジアン推論を行うために PyMC3 をどう使うのかを学んできました。複雑なモデルを構築したい場合（まさに私たちがそうですが）、複数のパラメータを伴うモデルをどのように構築したらよいかを学ぶ必要があります。加えて、現実世界の多くの問題においては、あるパラメータが他のパラメータの値に依存しています。このようなパラメータの依存関係は、ベイジアンの階層モデルによって見事にモデル化することができます。本章では、これらのモデルをどのように構築するのか、これらのモデルを使うことの利点は何なのかについて学びます。これらは、本書の残りの部分で何度も出てくる重要な概念なのです。

本章では次の事項を扱います。

- 迷惑パラメータ（nuisance parameter）[1]と周辺化された分布
- ガウスモデル
- 外れ値のもとでの頑健推定
- グループの比較と効果量の測定
- 階層モデルと収縮

---

[1] 訳注：ほかに、局外パラメータ、撹乱パラメータなどの日本語訳があります。

第3章 複数パラメータの取り扱いと階層モデル

3.1 | 迷惑パラメータと周辺化された分布

私たちが興味を持つモデルは、ほとんどの場合、複数のパラメータを持っています。モデルを構築するために必要なパラメータには、直接的に関心のないものが含まれることもあります。つまり、あるパラメータについて本当は関心がないとしても、モデルを構築するためにそのパラメータを必要に迫られて追加することがあります。私たちが持っている重要な問題に答えるために、正規分布の平均値を推定する必要があるとしましょう。このようなモデルにおいて、正規分布の標準偏差の値が未知である場合、標準偏差に関心がなくてもその値を推定しなければなりません。モデルを構築するために必要なパラメータで、それ自身には関心がないものは、迷惑パラメータと言われます。ベイジアンパラダイムのもとでは、任意の未知なる数量は、すべて同じように扱われます。したがって、それが迷惑パラメータか否かは、パラメータ自身や、モデル、あるいは推論過程といったことよりも、私たちが扱っている問題と強く関連しているのです。

関心のないパラメータを持つモデルを構築する必要があるということは、重荷であると感じられるかもしれません。それどころか、迷惑パラメータをモデルに含めることによって、不確実性をこれらのパラメータに吸収させることができるのです。多くの問題において、私たちは関心のある数量に変換する手段を持っています。例えば、磁気共鳴画像装置（magnetic resonance imaging; MRI）では、ある種の元素（多くの場合、水素）によって吸収され放出される無線周波数を、人体内部の画像へと変換します。通常、これらの変換はいくつかの迷惑パラメータを必要とし、ベイズ統計学はこれらの値（そして不確実性）を事前に調整された値に固定するのではなく、多くの問題でそうであるように、思慮を働かせたり、大雑把な方法を用いたり、実際にはだいたいうまくいくような、推定されるべきものとして扱います。

二つのパラメータを持つベイズの定理は、次のように書くことができます。

$$p(\theta_1, \theta_2 | y) \propto p(y | \theta_1, \theta_2) p(\theta_1, \theta_2)$$

これは、三つ以上のパラメータを持つ場合に簡単に拡張できます。単に θ_s を付け加えればよいのです。ここでは、θ_1 と θ_2 はスカラー（数値）である、つまりベクトルではないと仮定します。これまでの章で見たことと異なる一つ目の点は、θ_1 と θ_2 の同時分布を示す2次元の事後分布を持つということです。さて、しばらくの間、θ_2 が迷惑パラメータであると仮定します。θ_1 のみによって事後分布をどのように表現したらよいのでしょう？ それには θ_2 に関して事後分布を次のように周辺化する必要があります。

$$p(\theta_1 | y) = \int p(\theta_1, \theta_2 | y) d\theta_2$$

つまり、θ_1 によって事後分布を効果的に表現するには、θ_2 のあり得るすべての値に関

して事後分布を積分するわけです。これは θ_2 の不確実性を暗黙的に考慮に入れることです。離散型の変数については、積分ではなく、合計をとることになります。図 3.1 のグラフには、中央部分に θ_1 と θ_2 の同時分布が示され、θ_1 の周辺分布がグラフの上方に、θ_2 の周辺分布がグラフの右側に示されています。したがって、パラメータ x があり、その周辺分布を問題とする場合、他のパラメータの全体の分布に関して x の平均的な分布を考える必要があるのです。

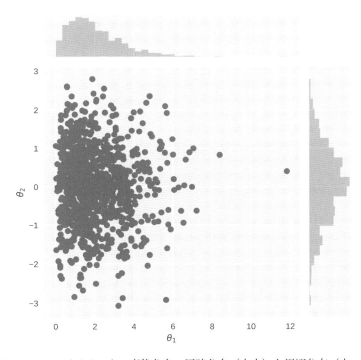

図 3.1 二つのパラメータの事後分布：同時分布（中央）と周辺分布（上・右）

周辺化は多次元の事後分布を 1 次元のスライスにするのに有益です。さらに、数学的および計算的な分析を簡単にしてくれます。事後分布を計算する前に、迷惑パラメータを理論的に周辺化することが可能な場合もあります。これについての例は、第 7 章で見ることになります。

例えば、PyMC3 を用いたシミュレーションによって事後分布を求めることには、モデルの各パラメータに対して別々のベクトルが得られるという優れた特徴があります。すなわち、パラメータはすでに周辺化されているのです。

3.2 | あらゆるところで正規性

　ベイジアンのアイデアを導入し、主にベータ分布と 2 項分布のモデルを使います。その理由は単純だということです。もう一つの非常にシンプルなモデルは、ガウスモデルあるいは正規モデルと呼ばれるものです。これは取り扱いが簡単だという理由で、数学的な見地からは非常に魅力的です。例えば、正規分布の平均についての共役事前分布が正規分布になることを私たちは知っています。加えて、正規分布を使ってうまく近似できる多くの現象が存在します。何かの平均を測定するときはほとんどいつも、十分大きなサンプルサイズがあれば、その平均値は正規分布に従うことになるでしょう。この詳細は**中心極限定理**（central limit theorem; CLT）で扱われます。読者はここで本書を読むのを中断し、統計学のまさに中心的（*central*）な概念である中心極限定理について検索したくなるかもしれません（下手なダジャレです）。多くの現象は平均的だと言いました。決まり文句に従えば、身長の高さは多くの環境要因と遺伝的要因の結果であり、大人の身長はとてもきれいな正規分布になります。もちろん、実際には二つの峰を持った分布になります。それは、女性の身長の分布と男性の身長の分布を重ね合わせた結果です。まとめると、正規分布は取り扱いが容易で、豊かな性質を持っているのです。読者が知っている、あるいは聞いたことがある多くの統計的方法は、正規性の仮定に基づいています。このため、これらのモデルをどのように構築するかを学ぶことは重要です。また、正規性の仮定がどれほど緩やかであるかを学ぶことも等しく重要です。それは、ベイジアンの枠組みと PyMC3 という現代的計算ツールを使えば、驚くほど簡単になります。

▶ 3.2.1　ガウシアン推論

　次の例は、分子や生物（結局のところそれは分子の集まりなので）を研究するテクニックである核磁気共鳴の実験的な測定に対応するものです。この例に関して気に留めておくべきことは、あるグループの人の身長、帰宅するまでの平均時間、スーパーマーケットで買うオレンジの重さ、トッケイヤモリの性的パートナー数など、実際に正規分布に近似できるような何らかの変数を測定したのだということです。さて、この例では、48 個の測定結果があります。

コード 3.1　正規分布風の分布を出力する

```
import matplotlib.pyplot as plt
import numpy as np
from scipy import stats
```

```
import seaborn as sns

import pymc3 as pm
import pandas as pd
plt.style.use('seaborn-darkgrid')
np.set_printoptions(precision=2)
pd.set_option('display.precision', 2)

data = np.array([51.06, 55.12, 53.73, 50.24, 52.05, 56.40, 48.45, 52.34,
55.65, 51.49, 51.86, 63.43, 53.00, 56.09, 51.93, 52.31, 52.33, 57.48,
57.44, 55.14, 53.93, 54.62, 56.09, 68.58, 51.36, 55.47, 50.73, 51.94,
54.95, 50.39, 52.91, 51.50, 52.68, 47.72, 49.73, 51.82, 54.99, 52.84,
53.19, 54.52, 51.46, 53.73, 51.61, 49.81, 52.42, 54.30, 53.84, 53.16])

sns.kdeplot(data)
plt.savefig('img302.png')
```

図 3.2 に、このデータセットのグラフを示します。グラフは、平均から離れたところに二つのデータ点があることを除いて、正規分布風の分布を示しています。

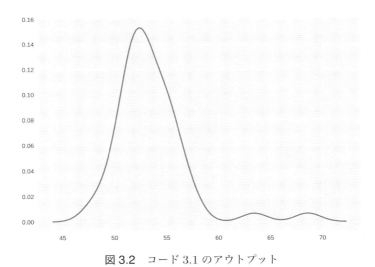

図 3.2　コード 3.1 のアウトプット

しばらくの間、二つのデータ点については忘れ、正規分布を仮定することにしましょう。私たちは平均値と標準偏差を知りませんから、これらの事前分布を用意する必要があります。合理的なモデルは次のようになります。

$$\mu \sim \mathrm{Uniform}(l, h)$$
$$\sigma \sim \mathrm{HalfNormal}(\sigma_\sigma)$$

$$y \sim \text{Normal}(\mu, \sigma)$$

ここで、μ は区間 $[l, h]$ を持つ一様分布に従います。σ は標準偏差 σ_σ を持つ半正規分布に従います。半正規分布というのは、通常の正規分布の横軸が正値のみの部分を指します。つまり、正規分布を平均値のところで二つに折り畳んだ形をしています。最後に、上記のモデルでは、データ y はパラメータとして平均 μ と標準偏差 σ の正規分布に従います。Kruschke のダイアグラムを使うと、このモデルは図 3.3 のように表現できます。

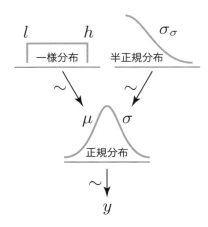

図 3.3　Kruschke のダイアグラムによるモデルの表現

μ と σ の可能な値がわからない場合、その無知を反映する事前分布を設定することができます。一つの選択肢は、一様分布の区間パラメータを $l = 40$ と $h = 75$ に設定することです。この区間は、データの値の範囲よりも大きくとっています。この区間の代わりに、これまでの知識に基づいて、もっと広い範囲を選ぶこともできます。その値が 0 を下回ったり 100 を上回ったりすることが物理的にあり得ないということがわかっているなら、平均値の事前分布を、パラメータが $l = 0$、$h = 100$ の一様分布として設定することができます。半正規分布に関しては、σ_σ の値を 10 としましょう。この値は、上記のデータと比較すると、非常に大きな値になっています。

PyMC3 を使うと、このモデルは次のように書くことができます。

コード 3.2　正規分布の平均と標準偏差の周辺分布とトレースを出力する

```
with pm.Model() as model_g:
    mu = pm.Uniform('mu', 40, 75)
    sigma = pm.HalfNormal('sigma', sd=10)
    y = pm.Normal('y', mu=mu, sd=sigma, observed=data)
```

```
    trace_g = pm.sample(1100)

chain_g = trace_g[100:]
pm.traceplot(chain_g)
plt.savefig('img304.png')
```

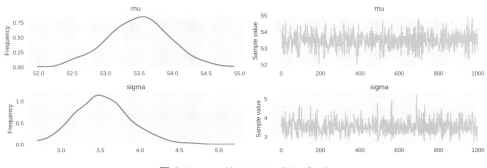

図 3.4　コード 3.2 のアウトプット

図 3.4 のトレースプロットは問題ないように見えるので、分析を続けましょう。しかし、読者が少し疑い深いなら、第 2 章で学んだすべての診断テストを行うのもよいでしょう。すでにお気づきのように、このトレースプロットは 2 段のグラフを持っています。それぞれの段が一つのパラメータに対応しています。左側のグラフは周辺分布です。事後分布はまさに 2 次元だということを思い出してください。

あとで使うために、パラメータの要約統計量を出力しておきましょう。

```
df = pm.summary(chain_g)
```

表 3.1　要約統計量：一様分布と半正規分布を用いたモデル

	mean	sd	mc_error	hpd_2.5	hpd_97.5
mu	53.481	0.467	0.019	52.465	54.323
sigma	3.538	0.361	0.014	2.844	4.224

さて、私たちは事後分布を計算しました。データをシミュレートするためにそれを使うことができます。その後、シミュレートされたデータが観測データとどの程度うまく一致しているのかをチェックします。一般的にこういったタイプの比較を事後予測チェックと呼ぶことを、第 1 章で学んだことから思い出してください。このように呼

ぶのは、事後分布を予測のために用いたり、モデルをチェックするためにこれらの予測を用いたりするからです。PyMC3 の関数 sample_ppc を使うことによって、事後分布の予測的なサンプルを実に簡単に得ることができます。次のコードは、事後分布から 100 組の予測を生成します。1 組のデータサイズは同じです。トレースとモデルを sample_ppc に渡す必要があることに注意してください。他の引数は任意です。

コード 3.3　データの KDE と 100 組の事後予測サンプルの KDE（正規分布）を出力する

```
y_pred = pm.sample_ppc(chain_g, 100, model_g, size=len(data))
sns.kdeplot(data, c='b')
for i in y_pred['y']:
  sns.kdeplot(i, c='r', alpha=0.1)
plt.xlim(35, 75)
plt.title('Gaussian model', fontsize=16)
plt.xlabel('$x$', fontsize=16)
plt.savefig('img305.png')
```

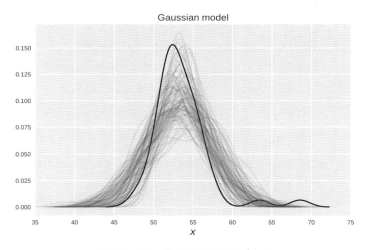

図 3.5　コード 3.3 のアウトプット

　図 3.5 のグラフにおいて、青色（黒色）の線はデータの KDE を示し、半透明の赤色（グレー）の線は 100 組の事後予測サンプルのそれぞれから計算された KDE を示しています。サンプルの平均はわずかに右側に偏って表示されているように見えます。また、分散に関しては、データの分散に比べてサンプルの分散が大きいように見えます。次の項では、データともっと適合するようにモデルを改良しましょう。

▶ 3.2.2 頑健推論

先のモデルに対して読者が抱くかもしれない疑問は、分布の右端に二つのデータ点があるのになぜ正規分布を仮定しているか、ということでしょう。そう、それは実際正規分布のようには見えません。正規分布は平均から離れるにつれて急速に下降します。これら二つのデータ点は、正規分布の標準偏差を大きくすることになります。つまり、これらのデータ点が正規分布のパラメータを規定するのに過度の影響を与えていると考えられます。それでは、どうしたらよいでしょうか？ 一つの選択肢は、これらのデータ点を外れ値として宣言し、それらをデータから取り除くことです。これらのデータ点を破棄できる適切な理由があるかもしれません。これらのデータ点を測定している間に、装置や人的エラーといった機能不全が起こっていた可能性もあります。これらのデータ点は、データクリーニングをしている中で生じたコーディング問題だということで、時には、これらを取り除いてしまうこともあります。また、多くの場合において、数ある外れ値ルール（outlier rule）の一つを使って、外れ値を排除する過程を自動化したくなります。外れ値ルールを二つ紹介しましょう。

- 下側四分位数[*2]から四分位数の幅の 1.5 倍よりも下にあるすべての点、また、上側四分位数から四分位数の幅の 1.5 倍よりも上にあるすべての点を外れ値と見なす
- データの標準偏差の 2 倍を超えた上下のすべての点を外れ値と見なす

[1] スチューデントの t 分布

こうしたルールを使ったり、データを変更したりする代わりに、モデルを変更することもできます。ベイジアンでは通常、外れ値削除ルールのようなその場しのぎのヒューリスティクスを使うよりも、異なる事前分布や尤度を用いてモデル内に直接的に仮定を組み入れることを好みます。

外れ値を取り扱う際の非常に有益な一つの選択肢は、正規分布をスチューデントの t 分布（Student's t-distribution）と取り替えることです。この分布は、平均、（標準偏差に類似した）スケール、自由度（degree of freedom）という三つのパラメータを持っています。自由度は通常 ν と表記され、区間 $[0, \infty]$ の幅を持ちます。ν は正規分布にどれほど似ているかをコントロールする役目を持っているので、Kruschke の命名法により、ν を正規性パラメータと呼ぶことにします。$\nu = 1$ の場合には、正規分布より

[*2] 訳注：データの個数が奇数の場合、データをその値の大きさの順に並べ替えたとき、データを 4 等分する位置にある値を四分位数と呼びます。データの中央の位置にある値は中央値であり、これは第 2 四分位数とも呼ばれます。中央値より下側半分のデータの中央に位置する値が第 1 四分位数、ここで言う下側四分位数となります。中央値より上側半分のデータの中央に位置する値は第 3 四分位数で上側四分位数とも呼ばれます。なお、データの個数が偶数の場合、中央の前後に位置する二つの値の平均値を四分位数とします。

第 3 章　複数パラメータの取り扱いと階層モデル

も両端が厚くなり、研究分野によってコーシー（Cauchy）分布と呼ばれたりローレンツ（Lorentz）分布と呼ばれたりします。広い両端によって、正規分布と比べて平均から離れた値が生じる可能性がより高くなります。言い換えると、両端が薄い正規分布などとは違い、平均の周りには値が集中しないということです。例えば、コーシー分布の95% 点は -12.7 と 12.7 となります。標準偏差が 1 の正規分布の 95% 点は、-1.96 と 1.96 となります。一方で、ν が無限大に近づくと、スチューデントの t 分布は正規分布に近似していきます。スチューデントの t 分布の興味深い特徴は、$\nu \leqq 1$ の場合に平均が定義されないということです。もちろん、理論的な分布それ自身は定義された平均を持ちませんが、経験的な平均を計算することが常に可能であることから、実際には、スチューデントの t 分布からのサンプルは数値の集まりとなります。直観的には、これは次のように理解することができます。常に分布の両端が厚いので、実数直線上のほとんどどこからでもサンプル値を得ることができるということです。数値を抽出し続けても、決して定数に収束せず、さまざまに変化し続けるでしょう。次のコードを何回か実行してみてください。その後、df*3の値を大きな数値、例えば 100 に変更してみてください。

```
np.mean(stats.t(loc=0, scale=1, df=1).rvs(100))
```

同様に、この分布の分散は $\nu > 2$ の場合にのみ定義されます。ですから、スチューデントの t 分布のスケールは標準偏差と同じではないことに注意してください。$\nu \leqq 2$ の場合には、この分布の分散および標準偏差は定義されません。ν が無限大に近づくにつれて、スケールと標準偏差は互いに近づいていきます。

コード 3.4　スチューデントの t 分布（$\nu = [1, 2, 5, 30]$）と正規分布（$\nu = \infty$）を出力する

```
x_values = np.linspace(-10, 10,200)
for df in [1, 2, 5, 30]:
  distri = stats.t(df)
  x_pdf = distri.pdf(x_values)
  plt.plot(x_values, x_pdf, label=r'$\nu$ = {}'.format(df))

x_pdf = stats.norm.pdf(x_values)
plt.plot(x_values, x_pdf, label=r'$\nu = \infty$')
plt.xlabel('$x$')
plt.ylabel('$p(x)$')
plt.legend(loc=0, fontsize=14)
```

---

*3 訳注：「自由度」の英語 "degree of freedom" を略して変数名にしています。

```
plt.xlim(-7, 7)
plt.savefig('img306.png')
```

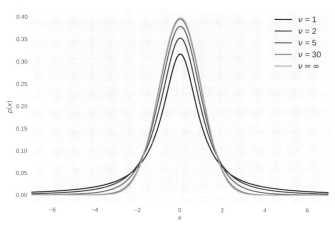

図 3.6　コード 3.4 のアウトプット

スチューデントの t 分布を使うと、先ほどのモデルは次のように表現することができます。

$$\mu \sim \text{Uniform}(l, h)$$
$$\sigma \sim \text{HalfNormal}(\sigma_\sigma)$$
$$\nu \sim \text{Exponential}(\lambda)$$
$$y \sim \text{StudentT}(\mu, \sigma, \nu)$$

先の正規分布を使ったモデルとの主な違いは、尤度がスチューデントの t 分布になり、それにより新しいパラメータと、そのための事前分布を用意する必要が生じたことです。ここでは平均値が 30 の指数分布（exponential distribution）を使うことにしましょう。図 3.6 のグラフより、スチューデントの t 分布は正規分布と非常によく似ており、比較的小さい ν の値でも、そう言えることがわかります。したがって、平均値が 30 の事前指数分布は、ν がおおよそ 30 の辺りだろうという想像を反映した、少しばかり情報を与えてくれる事前分布なのです。しかし、指数分布は簡単に小さな値から大きな値まで動くことができます。このモデルをグラフで表現すると、図 3.7 のようになります。

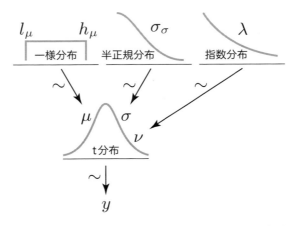

図 3.7 Kruschke のダイアグラムによるモデルの表現

いつものように、PyMC3 は、ほんの数行のコードを付け加えるだけでモデルを修正してくれます。ここでの注意すべきことは、PyMC3 における指数分布は、パラメータをその分布の平均値の逆数で指定する必要があるということです。

コード 3.5　スチューデントの t 分布を含むモデルの KDE とトレースプロットを出力する

```
with pm.Model() as model_t:
    mu = pm.Uniform('mu', 40, 75)
    sigma = pm.HalfNormal('sigma', sd=10)
    nu = pm.Exponential('nu', 1/30)
    y = pm.StudentT('y', mu=mu, sd=sigma, nu=nu, observed=data)
    trace_t = pm.sample(1100)

chain_t = trace_t[100:]
pm.traceplot(chain_t)
plt.savefig('img308.png')
```

出力されるグラフを図 3.8 に示します。

ここで、要約統計量を表示してみましょう。以下のコードから、表 3.2 に示すような結果が得られます。

```
pm.summary(chain_t)
```

3.2 あらゆるところで正規性

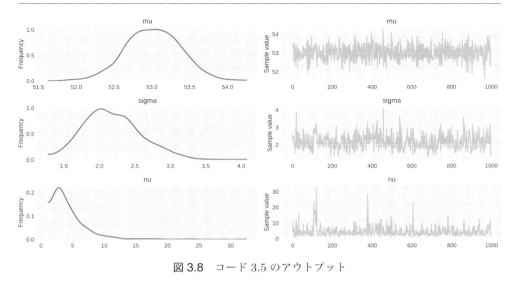

図 3.8　コード 3.5 のアウトプット

表 3.2　要約統計量：一様分布、半正規分布、指数分布によるモデル

	mean	sd	mc_error	hpd_2.5	hpd_97.5
mu	53.011	0.367	0.014	52.335	53.758
sigma	2.184	0.406	0.021	1.480	3.001
nu	4.473	3.090	0.174	1.225	9.837

先へ読み進む前に、以前のモデルの結果（表 3.1）との違いについて、少し考えてください。何か興味深いことに気づきましたか？

μ の平均値は両モデルの間で 0.5 程度の違いとなっており、よく似ています。σ の平均値は約 3.5 から約 2.1 と、大きく違っています。これは、スチューデントの t 分布を用いたことにより、平均から離れた値の影響が小さくなった結果です。また、ν の値がおよそ 4 であり、正規分布よりかなり厚い両端を持った分布が得られたことがわかります。

さて、スチューデントの t 分布を使ったモデルについて、事後予測チェックを行うことにしましょう。それと先の正規分布のモデルとを比較してみましょう。

コード 3.6　データの KDE と 100 組の事後予測サンプルの KDE（スチューデントの t 分布）を出力する

```
y_pred = pm.sample_ppc(chain_t, 100, model_t, size=len(data))
sns.kdeplot(data, c='b')
for i in y_pred['y']:
    sns.kdeplot(i, c='r', alpha=0.1)
plt.xlim(35, 75)
plt.title("Student's t model", fontsize=16)
```

```
plt.xlabel('$x$', fontsize=16)
plt.savefig('img309.png')
```

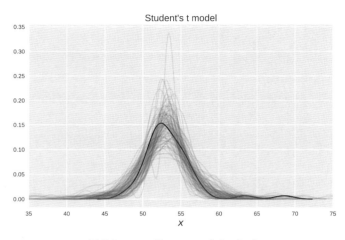

図 3.9　コード 3.6 のアウトプット

　分布のピーク位置や分布の広がりに着目すると、スチューデントの t 分布を使ったことにより、予測サンプルとデータがより良くフィットしているように思われます。また、サンプルがデータのかたまり部分からかなり離れて広がっている様子にも注意してください。これは、スチューデントの t 分布を用いたことの直接的な結果ですし、分布の両端においては、データのかたまり部分からかなり離れたデータ点も見られます。このモデルにおけるスチューデントの t 分布は**頑健推定**[*4]（robust estimation）をできるようにしてくれるのです。というのも、平均値を外れ値の方向に引っ張り、標準偏差を大きくしてしまう一方で、ν を減少させる効果を持つからです。したがって、平均値とスケールは、データ点のかたまり部分から、より大きな重みをもって推定されることになります。もう一度、スケールは標準偏差とは別物であることを思い出してください。それにもかかわらず、スケールはデータの広がりと関係があります。スケールの値が小さければ、分布は中心領域により集中します。また、ν の値がおよそ 2 よりも大きい場合、スケールの値は外れ値を削除した後の推定値に（少なくともあらゆる実践的な目的において）非常に近い値になります。大雑把に言えば、小さくない ν の値においては、理論的には正しくないにせよ、スチューデントの t 分布のスケールは、外れ値を削除した後のデータの標準偏差の実用上合理的な代用品と見なせるわけです。

[*4] 訳注：通常、モデルはデータに対して何らかの仮定を置き、その上で統計的な推定が行われます。データが外れ値を含むなど、その仮定を充足しない場合でも推定結果が大きく影響を受けない推定方法を頑健推定と言います。

3.3 | グループ間の比較

統計的分析における一つの共通の課題は、グループを比較することです。例えば、患者がある種の薬剤にどれほど反応するか、新しい交通規制を導入することによって自動車事故がどれほど減少するのか、異なる教育方法のもとで生徒のテスト結果がどれほど異なるのか、といったことに関心があるとしましょう。このタイプの問題は、統計的に有意であると結論づけることを目指して、しばしば仮説検定のシナリオのもとで定式化されます。統計的有意性にのみ依存することは、多くの理由で問題があります。まず、統計的有意性は必ずしも実用上の有意性を表すわけではありません。一方で、十分なデータを収集すれば、実に小さな効果であっても有意と判定されてしまいます。また、統計的有意性のアイデアは、p 値の計算と関連づけられています。毎日の研究活動の中で統計学を使う科学者たちでさえ、p 値を間違った方法で使い、解釈してきた長い歴史があるのです。ベイジアンの枠組みのもとでは、p 値を計算する必要はありません。したがって、p 値は脇に置いておきましょう。代わりに、どれほど二つのグループが異なっているのかに焦点を当てることにしましょう。結局、実用上、私たちが本当に知りたいことは、**効果量**（effect size）なのです。それは、研究中の現象の強さや大きさを数量的に推定したものです。

グループ間を比較する際に、コントロールグループやトリートメントグループについて話題にします（二つ以上のコントロールグループやトリートメントグループもあり得ます）。例えば、新薬をテストする際、偽薬効果や他の理由によって、通常は新薬を処方されるグループ（これをトリートメントグループと呼びます）を、新薬を処方されないグループ（コントロールグループと呼びます）と比較したいと考えます。つまり、新薬を与えられた場合の病気の治癒と、新薬を与えられない場合の病気の治癒を比較して、どれほどうまく新薬が作用するのかを調べようとします（一般的には新薬が与えられる場合と偽薬が与えられる場合の効果が比較されます）。

もう一つの興味深い問題は、ある病気に対してすでに承認されていて最もよく使われる薬と新薬を比較して、新薬がどれほど優れているかという調査でしょう。この場合には、コントロールグループに与えられるのは偽薬ではなく、既存の他の薬となるわけです。

統計学を使って、偽りのコントロールグループを用いることは、人を騙すには都合の良い方法となります。例えば、邪な乳製品メーカーで読者が働いていると想像してください。その会社は、子ども向けの過度に砂糖の入ったヨーグルトを販売したいと考え、そのヨーグルトは免疫システムを強化すると、子どもたちの親に宣伝しようとします。このとき、研究によってこの会社の主張を正当化する一つの方法は、コントロールグ

第 3 章　複数パラメータの取り扱いと階層モデル

ループとしてミルクや水を使うことです。あるいは代わりに、より安く、砂糖の少ない、あまり売れていないヨーグルトを使うことです。このようなことは愚かなことに思えるかもしれません。しかし、何かがより難しい、より良い、より速い、より強いなどと誰かが言うとき、どのような比較対象が基準として使われているのかを尋ねることを忘れないでください。

▶ 3.3.1　チップのデータセット

　本項で述べる概念を理解するために、レストランで客が払うチップの合計と曜日の関係を調べたいとしましょう。これには、Python ライブラリの seaborn に付属しているチップ（tips）のデータセットを使います。この例では、実際にはコントロールグループが存在せず、トリートメントグループが存在するだけということに注意してください。これはまさに観測的な研究であり、医薬品の例のような実験的な研究とは異なります。たとえ私たちが何もコントロールグループとして設定していなくても、参照基準としてある日（例えば木曜日）を勝手に決めたとしたら、これはコントロールグループになります。観測的な研究を行う際の一つの注意点は、確立できるのは相関関係だけであり、因果関係は確立できないということです。実際、データから因果関係をいかにして把握するかという研究は、非常に活発に行われています。これについては、第 4 章でもう一度取り扱います。

　まず、たった 1 行のコードを使って Pandas ライブラリのデータフレームとしてデータセットを読み込み、分析を始めましょう。以下の tail コマンドはデータフレームの最後の数行を表示するだけのものです（head コマンド[*5]を使うこともできます）。

```
tips = sns.load_dataset('tips')
tips.tail()
```

表 3.3　チップのデータセットにおける最後の 5 行分のデータ

	total_bill	tip	sex	smoker	day	time	size
239	29.03	5.92	Male	No	Sat	Dinner	3
240	27.18	2.00	Female	Yes	Sat	Dinner	2
241	22.67	2.00	Male	Yes	Sat	Dinner	2
242	17.82	1.75	Male	No	Sat	Dinner	2
243	18.78	3.00	Female	No	Thur	Dinner	2

[*5] 訳注：データセットの初めの数行を表示させるコマンドです。

80

このデータフレームから、day と tip の列のみを使います。このデータを、seaborn の violinplot 関数を使ってグラフ表示しましょう。

コード 3.7　チップのデータセットのヴァイオリンプロット[*6]を出力する

```
sns.violinplot(x='day', y='tip', data=tips)
plt.savefig('img310.png')
```

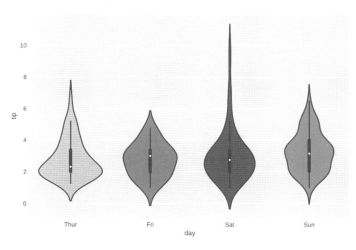

図 3.10　コード 3.7 のアウトプット

処理を単純にするために、二つの変数を作ることにしましょう。tip の合計を y とし、カテゴリーを表すダミー変数あるいはインデックスを idx とします。つまり、木曜 (Thur)、金曜 (Fri)、土曜 (Sat)、日曜 (Sun) などの文字列を扱う代わりに、それぞれを数値の 0、1、2、3 に置き換えて扱うわけです。

コード 3.8　チップのデータセットの KDE とトレースプロットを出力する (1)

```
y = tips['tip'].values
idx = pd.Categorical(tips['day']).codes
```

この問題に関するモデルは、これまでのものとほとんど同じです。唯一異なる点は、μ と σ がスカラーの確率変数ではなく、ともにベクトルだということです。言い換えると、事前分布からサンプルを得るとき、以前のモデルではそれぞれ一つでしたが、今回

[*6] 訳注：描かれる図がヴァイオリンのように見えることから、そう呼ばれます。

のモデルでは、μ も σ も、それぞれ常に四つの値を得るということです。このような状況においては、PyMC3 の構文は非常に手助けになります。通常なら for 文でループを書きますが、PyMC3 を使うと、ベクトル風にモデルを書けるのです。以前のモデルとの違いは、このモデルが最小のものになっているということです。事前分布に関しては、形状 shape を表す引数を渡す必要があります。そして尤度に関しては、μ と σ に対して適切なインデックスを与える必要があります。これが idx 変数を作った理由です。

コード 3.9　チップのデータセットの KDE とトレースプロットを出力する (2)

```
with pm.Model() as comparing_groups:
    means = pm.Normal('means', mu=0, sd=10, shape=len(set(idx)))
    sds = pm.HalfNormal('sds', sd=10, shape=len(set(idx)))

    y = pm.Normal('y', mu=means[idx], sd=sds[idx], observed=y)

    trace_cg = pm.sample(5000)
chain_cg = trace_cg[100::]
pm.traceplot(chain_cg)
plt.savefig('img311.png')
```

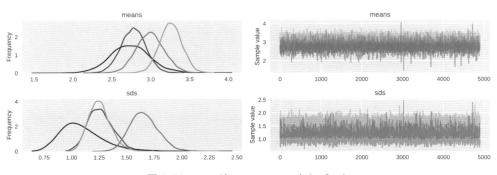

図 3.11　コード 3.8, 3.9 のアウトプット

いつものように、summary 関数によって要約統計量を表示しておくのがよいでしょう。ここではそれらを省略しますが、すでに読者はそれができるでしょうし、診断テストもできるでしょう。与えられたデータとモデルのもとで、ベイジアン分析は信用値（credible value）の完全な分布を返します。これによって事後分布を使うことができ、合理的だと考えられるすべての問題をこの事後分布に尋ねることができるのです。例えば、グループ間の分布の平均値の差について問うかもしれません。これを次に行いましょう。

3.3　グループ間の比較

　参照値（ref_val）として 0 を指定し、PyMC3 の関数 plot_posterior を使うこと
にしましょう。この 0 はグループ間の平均に差がないことを意味する値です。次のコー
ドは、何度も同じような比較を繰り返さずに、差のグラフをひとまとめに表示するため
の一つのやり方です。すべての組み合わせのグラフを行列方式で示す代わりに、ここで
は上三角部分だけをグラフ表示しています。コードの中で奇妙に思われる部分は、**コー
エンの d**（Cohen's d）と呼ばれるものであったり、**優越率**（probability of superiority;
ps）と呼ばれるものでしょう。これらはすぐあとで説明されます。とにかくそれらは効
果量を表現する方法に過ぎないのです。

コード 3.10　曜日間のチップ額の差の参照点 0 と HPD を出力する

```
dist = dist = stats.norm()
_, ax = plt.subplots(3, 2, figsize=(16, 12))

comparisons = [(i,j) for i in range(4) for j in range(i+1, 4)]
pos = [(k,l) for k in range(3) for l in (0, 1)]

for (i,j), (k,l) in zip(comparisons, pos):
  means_diff = chain_cg['means'][:,i]-chain_cg['means'][:,j]
  d_cohen = (means_diff / np.sqrt((chain_cg['sds'][:,i]**2 + chain_cg['sds'
][:,j]**2) / 2)).mean()
  ps = dist.cdf(d_cohen/(2**0.5))

# KDEプロットを表示させる場合は次の行を使う
  pm.plot_posterior(means_diff, ref_val=0, ax=ax[k,l], color='skyblue',
kde_plot=True)
# ヒストグラムを表示させる場合は次の行を使う
# pm.plot_posterior(means_diff, ref_val=0, ax=ax[k,l], color='skyblue')
  ax[k,l].plot(0, label="Cohen's d = {:.2f}\nProb sup = {:.2f}".format(d_cohen
, ps), alpha=0)
  ax[k,l].set_xlabel('$\mu_{}-\mu_{}$'.format(i,j), fontsize=18)
  ax[k,l].legend(loc=0, fontsize=14)
plt.savefig('img312.png')
```

　出力されるグラフを図 3.12 に示します。
　先の例で結果を解釈する一つの方法は、参照値と HPD 区間とを比較することです。
図 3.12 によると、95%HPD が参照値の 0 を外しているのはたった一つの場合だけです
（左側 2 段目のグラフ）。それは、木曜と日曜のチップの差です[7]。木曜から日曜までの
他のすべての曜日の組み合わせに関しては、差が 0 であるということを否定できません。

---

[7] 訳注：グラフ中の μ_0 は木曜、μ_1 は金曜、μ_2 は土曜、μ_3 は日曜の平均チップ額を表しています。

83

第 3 章　複数パラメータの取り扱いと階層モデル

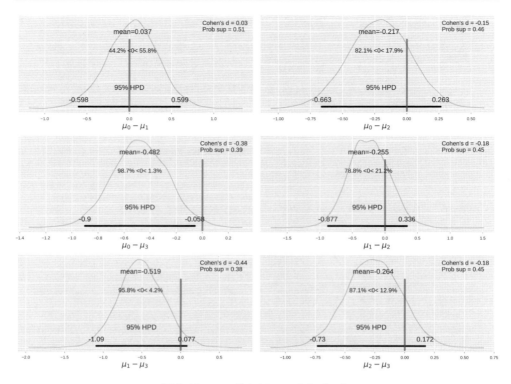

図 3.12　コード 3.10 のアウトプット

この判断は HPD 参照値重複基準（HPD-reference-value-overlap criterion）によるものです。差がありそうだという場合であっても、平均的な差が 0.5 ドル程度だというのは十分大きな差だと言えるでしょうか？　そのことは、家族や友人たちと過ごすのをやめて日曜日に働くのに十分な差でしょうか？　4 日間のチップの総額をすべてのウェイターやウェイトレスで均等に分けることを正当化するのに十分な差でしょうか？　この種の問題は統計学によって答えが与えられるものではありません。統計学は情報を提供するのみなのです。

効果量を測定する方法は、いくつかあります。ここでは、そのうちの二つを見ることにしましょう。その二つとは、コーエンの d と優越率です。

▶ 3.3.2　コーエンの d

効果量を測定する一般的な方法は、次のような**コーエンの d** と呼ばれるものです。

$$\delta = \frac{\mu_1 - \mu_2}{\sqrt{\frac{\sigma_1^2 + \sigma_2^2}{2}}}$$

効果量は、二つのグループの平均値の差を両グループの分散の平均値で割ったものを

意味します。先のコードでは、推定された平均値と標準偏差を使ってコーエンの d を計算しています。したがって、コーエンの d によって平均値だけでなく、その分布も示すことができるのです。

グループを比較する際に重要なことは、例えば標準偏差を使って、各グループの変動性（variability）を考慮に入れることです。あるグループから他のグループへの x 単位の変化は、個々のデータ点のちょうど x 単位の変更によって説明されます。あるいは、それら x 単位の半分が 0 に変更され、それ以外の半分は $2x$ 単位の変更によって説明されたり、同様に多くの他の組み合わせによって説明されたりします。

効果量はコーエンの d によって計算され、これは Z スコア（標準化された値）として解釈することができます。したがって、コーエンの d が 0.5 であるということは、一つのグループの標準偏差ともう一つのグループの標準偏差との差が 0.5 である、と解釈できます。

コーエンの d の問題点は、解釈しやすいような数値にはあまり思えないということです。与えられた値が大きいとか小さいとか普通だとかと言えるように運用調整する必要があります。もちろん、この運用調整は経験によって獲得されるものですが、もう一度言っておきますと、何が大きな効果なのかは文脈に依存するということです。同じタイプの問題を何度も分析してみると、コーエンの d を使うことに慣れてきて、その値が 1 ならどうで、2 ならどうなのだと、何が重要なのかがわかるようになるでしょう（間違う人もいるでしょうが）。コーエンの d のさまざまな値が一体何なのかを説明している、とても素晴らしい Web ページがあります。http://rpsychologist.com/d3/cohend を参照してみてください。このページでは、効果量を表現する他の方法についても知ることができます。それらのいくつかは、優越率のようにもっと直観的なものです。

▶ 3.3.3　優越率

優越率は効果量を測定するもう一つの方法で、一つのグループからの一つのデータ点の値が、他のグループから得られた一つのデータ点の値よりも大きい確率として定義されます。二つのグループがともに正規分布に従うと仮定すると、コーエンの d から優越率を計算することができます（先のコードではすでに計算してあります）。優越率は次の式で表されます。

$$\mathrm{ps} \;=\; \Phi\left(\frac{\delta}{\sqrt{2}}\right)$$

ここで、Φ は累積正規分布、δ はコーエンの d を表します。優越率の点推定値や、その分布の全体を計算することができます。また、コーエンの d から優越率を計算するために、正規性を仮定してこの公式を使うことができ、事後分布からそれを計算することもできます（章末の演習 4 を参照）。このことは、MCMC 法を使う場合の非常に素晴

第 3 章　複数パラメータの取り扱いと階層モデル

らしい利点と言えます。事後分布からサンプルを一度得てしまえば、分布に関する仮定に依存することなく、優越率や多くのその他の数値をそこから計算することができるのです。

3.4 | 階層モデル

都市における水質を分析したいとしましょう。都市のあちこちの水域から採取したサンプルのデータを分析する方法は、以下の二つが考えられます。

- 各水域について、別々に水質変数を推定する
- 各水域のデータをプーリング（pooling）[8]し、一つの大きなグループとして都市の水質を推定する

それぞれの考え方は、私たちが知りたいことに基づけば、理に適っていると言えます。この問題についてより詳細な視点を得たいと考えるのであれば、第一の考え方が正当化されます。データを平均化してしまうと、詳細が見えなくなってしまう可能性があるからです。第二の考え方は、データをプーリングすることで大きなサンプルサイズが得られ、したがってより正確な推定をすることができる、という点で正当化されます。それぞれが理に適っています。

しかし、何かほかのこと、両者の中間的なことができるかもしれません。各水域の水質を推定するモデルを構築しつつ、それと同時に都市全体の水質を推定するモデルも構築することができるのです。階層構造、つまり多層を使ってデータをモデル化することで、階層モデル（hierarchical model）あるいは、多層モデル（multilevel model）として知られるモデルを構築できます。それでは、階層モデルはどのように構築したらよいのでしょう？簡単に言うと、事前分布に対してさらに事前分布を設定するのです。事前分布のパラメータを定数に固定してしまうのではなく、それらについてさらに事前分布を設定することによって、データから直接推定するわけです。こういった高次の事前分布は、しばしば**ハイパー事前分布**（hyper-prior）と呼ばれ、さらにそれらのパラメータは**ハイパーパラメータ**（hyper-parameter）と呼ばれます。ハイパーというのは、ギリシア語で「覆う」「被さる」（over）を意味しています。もちろん、ハイパー事前分布に対してさらに事前分布を設定し、望むだけ多くの階層を作ることができます。この場合、モデルは急速に理解が困難になります。研究対象が本

---

[8] 訳注：主に、同じ特徴変数を持ついくつかのデータセットを縦方向に連結して、一つの大きなデータセットにまとめ上げることを指します。

3.4 階層モデル

当に多くの構造を必要とするのでない限り、多くの階層を追加しても良い推論をするのに役立つわけではありません。推論に役立たないどころか、ハイパー事前分布のクモの巣の中に迷い込み、ハイパーパラメータのそれぞれに意味ある解釈を与えることができず、モデルベースの統計学の利点を部分的に害してしまうことになりかねません。結局、モデリングする際に大事なことは、データを理解するということなのです。

階層モデルの主な概念を描き出すために、この節の冒頭で議論した水質に関するちょっとしたモデルと、人工的に合成されたデータを使うことにしましょう。同じ都市の異なる三つの水域から水のサンプルを採取し、鉛の濃度を測定したとします。世界保健機関（WHO）による鉛濃度の推奨値を上回っているサンプルには 0 が、下回っているサンプルには 1 がつけられています。これは説明のためのただの例であり、より現実的な例では、鉛濃度は連続的な測定値を持つでしょうし、おそらくもっと多くの水域グループが必要になるでしょう。しかし、ここでの目的、すなわち、階層モデルの詳細を明らかにするにはこの例で十分です。

次のような人工的なデータを生成します。

コード 3.11　階層モデルの KDE とトレースプロットを出力する (1)

```
N_samples = [30, 30, 30]
G_samples = [18, 18, 18]

group_idx = np.repeat(np.arange(len(N_samples)), N_samples)
data = []
for i in range(0, len(N_samples)):
  data.extend(np.repeat([1, 0], [G_samples[i], N_samples[i]- G_samples[i]]))
```

ここでは一つの実験をシミュレートします。その実験では、それぞれ一定の数のサンプルから構成される三つのグループを測定します。各グループについてのサンプルの総数を、N_samples というリストで保持します。G_samples というリストを使うことで、それぞれのグループにおける良好な水質のサンプル数をこれに記録しておきます。コードの残りの部分は data リストを生成するためのもので、それは 0 と 1 で構成されています。

本質的には、このモデルはコイン投げ問題で扱ったモデルと同じです。ただし、今回はハイパーパラメータを指定しなければならず、これが事前分布であるベータ分布に影響を与える点が異なります。

$$\alpha \sim \text{HalfCauchy}(\beta_\alpha)$$
$$\beta \sim \text{HalfCauchy}(\beta_\beta)$$

87

$\theta \sim \text{Beta}(\alpha, \beta)$
$y \sim \text{Bern}(\theta)$

図 3.13 に示す Kruschke のダイアグラムを見ると、これまでのすべてのモデルと比較して、この新しいモデルに層が一つ追加されていることがすぐにわかります。

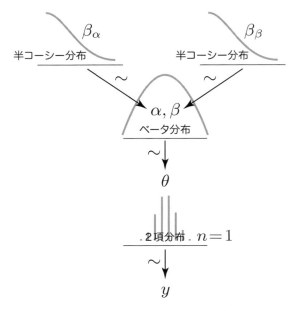

図 3.13　Kruschke のダイアグラムによる階層モデルの表現

コード 3.12　階層モデルの KDE とトレースプロットを出力する (2)

```
with pm.Model() as model_h:
    alpha = pm.HalfCauchy('alpha', beta=10)
    beta = pm.HalfCauchy('beta', beta=10)
    theta = pm.Beta('theta', alpha, beta, shape=len(N_samples))
    y = pm.Bernoulli('y', p=theta[group_idx], observed=data)

    trace_h = pm.sample(2000)
chain_h = trace_h[200:]
pm.traceplot(chain_h)
plt.savefig('img314.png')
```

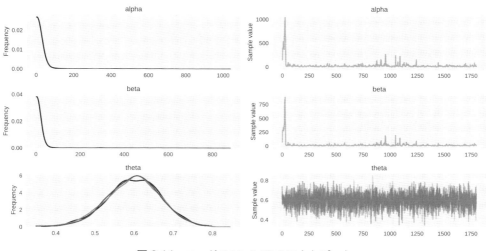

図 3.14 コード 3.11, 3.12 のアウトプット

▶ 3.4.1 収縮

さて、続いて小さな実験に参加してください。まずは、先の実験の要約統計量を印刷し、結果を保存しておいてください。その後、そのモデルを以下のようにあと 2 回再実行し、それぞれの要約統計量をすべて記録しておいてください。まず、G_samples リストのすべての要素を 3 に設定し、次に、一つの要素を 18 にセットし、残りの二つの要素を 3 にセットします。

これらの結果を表にまとめる場合、表 3.4 のようにするとよいでしょう。小さな変動は NUTS サンプラーの確率的な性質によるものであることを思い出してください。

先へ進む前に、この実験の結果についてしばらく考えてみてください。各実験における推定された theta の平均値に焦点を当てましょう。このモデルの初めの 2 回の実行結果から、3 回目の実験の結果を予測できますか？

表 3.4 G_samples 別の実験結果

G_samples	theta（平均）
18, 18, 18	0.6, 0.6, 0.6
3, 3, 3	0.1, 0.1, 0.1
18, 3, 3	0.53, 0.14, 0.14

1 行目において、30 サンプルのうち水質良好なサンプルが 18 あり、その θ の平均の推定値は 0.6 であることがわかります。ここで、θ の太字はベクトルを意味するこ

第3章　複数パラメータの取り扱いと階層モデル

とに注意してください。三つのグループがあり、各グループについて一つずつ平均値を持っているためです。続いて2行目を見ると、30サンプルのうち、たった三つしか水質良好なサンプルがなく、θ の平均は0.1であることがわかります。最後の3行目を見ると、なんとも興味深く、おそらくは予期していなかった結果になっています。0.53、0.14、0.14といった異なる値が得られました。これは、他の行の θ の推定平均値をミックスした0.6、0.1、0.1とは異なる値です。一体何が起こったのでしょう？　これは、トレースの収束上の問題か、あるいは、モデルの仕様に関する何らかのエラーが原因なのでしょうか？　いいえ、そうではありません。ここで得られた推定値は、共通の平均値に向かって収縮しているのです。これは全体的には問題ありません。事実、これはハイパーパラメータを組み込んだことによって生じたこのモデルの帰結に過ぎないのです。つまり、推定にあたって、各グループは残りのグループに情報を与え、翻って、他のグループの推定によって情報が与えられることで、データそれ自体からベータ分布の事前分布の値を推定しているのです。言い換えると、各グループはハイパー事前分布を通じて効果的に情報を共有し、**収縮**（shrinkage）として知られる現象を起こしているのです。この効果はデータを部分的にプーリングしたことによります。

　私たちがモデリングしたグループは、各グループが互いに独立しているのではなく、全体が一つの大きなグループをなしているのでもありません。両者の中間的な取り扱いをしています。その一つの帰結が収縮効果というわけです。

　これが有益なのはなぜでしょうか？　収縮することは、より安定した推論に貢献するからです。これは、スチューデントのt分布と外れ値で見たことと多くの点で似ています。両端が厚い分布を使うことにより、モデルは平均値から遠く離れた点にはあまり反応しなくなり、より頑健な推定が可能になります。ハイパー事前分布を導入することは、高次での推論がより穏やかなモデル、つまり、個々のグループにおける極端な値に対してはあまり反応しないモデルが得られるのです。これを具体的に示すために、水域のサンプル数を変えて考えてみましょう。サンプルサイズが小さいと間違った結果を得やすくなります。一つの極端な例として、ある水域にたった一つのサンプルしかない場合、たまたま古い鉛のパイプに当たるかもしれませんし、ポリ塩化ビニールのパイプに当たるかもしれません。これにより、その水域全体が悪い水質であると過剰推定されたり、逆に過少推定されたりするわけです。階層モデルのもとでは、他のグループからもたらされる情報によって、このような誤推定が改善されるのです。もちろん、より大きなサンプルサイズには同様の効果がありますが、いつもサンプルサイズを大きくできるわけではありません。

収縮の規模は、もちろんデータに依存します。一つのグループがより多くのデータを持っているなら、他のグループの推定値を持ち上げてくれるでしょう。より多くのデータがあるグループは、データ点が少ないグループの推定をより困難にしてしまいます。いくつかのグループが類似していて、一つのグループが異なる場合を考えてみましょう。似ているグループは、その似ている他のグループに情報を与え、共通の推定を強化します。その一方で、似ていないグループの推定を似ているグループの推定に近づけてしまいます。これは、まさに先の例で見たことです。ハイパー事前分布は、収縮の規模を調整する役割も部分的に持っているのです。グループレベルの分布について信頼できる情報を持っているなら、情報を付加してくれる事前分布を効果的に使うことで、ある種の合理的な値に推定値を収縮させることができるのです。

階層モデルの構築にあたっては、グループがたった二つだけでも問題はありません。しかし、もっと多くのグループを扱うほうが一般的でしょう。直観的には、収縮を得ることは、各グループが一つのデータ点を持ち、グループ間での標準偏差を計算することを考えるのに似ています。多くの情報を与える事前分布を推定に使わない限り、一般的には少数のデータによる推定を信用しません。同様のことが階層モデルにも当てはまります。

推定された事前分布の見た目にも、興味があるかもしれません。それをする一つの方法は次のとおりです。

コード 3.13　θ の事前分布を出力する

```python
x = np.linspace(0, 1, 100)
for i in np.random.randint(0, len(chain_h), size=100):
  pdf = stats.beta(chain_h['alpha'][i], chain_h['beta'][i]).pdf(x)
  plt.plot(x, pdf, 'g', alpha=0.05)


dist = stats.beta(chain_h['alpha'].mean(), chain_h['beta'].mean())
pdf = dist.pdf(x)
mode = x[np.argmax(pdf)]
mean = dist.moment(1)
plt.plot(x, pdf, label='mode = {:.2f}\nmean = {:.2f}'.format(mode, mean))


plt.legend(fontsize=14)
plt.xlabel(r'$\theta_{prior}$', fontsize=16)
plt.savefig('img315.png')
```

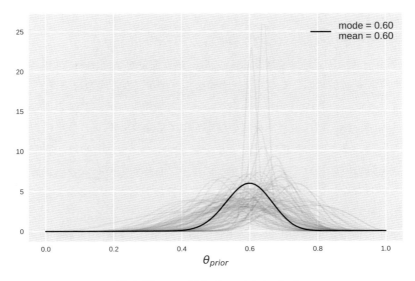

図 3.15　コード 3.13 のアウトプット

Zen of Python[*9] の言い換えになりますが、「階層モデルは素晴らしいアイデアの一つです。さあ、それ以上のことをしよう！」と言えることは間違いありません。これ以降の章でも、階層モデルを引き続き扱い、より良いモデリングをするために階層モデルをどう使うかについて学びます。第 6 章においては、これとともに、モデリングする際の過剰適合や過少適合の問題について、もっと詳細に議論します。

3.5　まとめ

本章では最後の二つの節を通じて、複数パラメータのモデルを扱えるようにモデル構築力を拡大しました。これは、PyMC3 の助けを借りると、非常に簡単に行えることがわかりました。例えば、事後分布から周辺分布を求めることは、トレースを適切に指標化するだけのことでした。

また、事後分布から関心のある数量を引き出すために、事後分布を使っていくつかの例を調べてみました。それは、人工データだったり、あるいはデータをよりうまく説明する指標だったりしました。私たちはまず正規分布モデルを理解しましたが、それがす

[*9] 訳注：原文には、"hierarchical models are one honking great idea – let's do more of those!" とあります。これは Zen of Python という 20 のプログラミング格言の中の一つ "Namespaces are one honking great idea — let's do more of those!"（名前空間は素晴らしいアイデアの一つです。さあ、それ以上のことをしよう！）を言い換えたものになっています。例えば、https://en.wikipedia.org/wiki/Zen_of_Python を参照してください。

べてではなく、データ分析の柱の一つに過ぎません。正規分布モデルを称賛する一方で、データに含まれる潜在的な外れ値によって正規分布モデルの限界を明らかにしました。そして、スチューデントの t 分布を使うことによって正規性の仮定を緩めることを学びました。スチューデントの t 分布は、頑健モデルの概念を私たちに与え、問題により良く適合するモデルにするにはどう変更したらよいのかを教えてくれました。

また、正規分布モデルをグループ間の比較という、さまざまな状況でよくあるデータ分析課題の文脈の中で使いました。さらに、グループ間でどれほど異なるのかを数量化するのに役立つ「効果量」という指標について議論しました。

素敵なデザートを最後に回すように、本章で最後にとっておいたのは、最も重要な概念の一つ、階層モデルです。これは、グループからの情報を部分的にプーリングすることによって、より良い推論をし、収縮した推定値を得るために問題をいかに階層化するかというものでした。

次の章では、データを理解するために線形モデルをどのように使うのかを学びます。

3.6 | 続けて読みたい文献

- John Kruschke: *Doing Bayesian Data Analysis, Second Edition*, 第 9 章
  【邦訳】前田和寛・小杉考司 監訳『ベイズ統計モデリング —— R, JAGS, Stan によるチュートリアル（原著第 2 版）』共立出版 (2017)
- Richard McElreath: *Statistical Rethinking*, 第 12 章
- Andrew Gelman et al.: *Bayesian Data Analysis, Third Edition*, 第 5 章

3.7 | 演習

1. 本章の最初のモデル（コード 3.2）で、平均値の事前分布を正規分布に変更してください。その正規分布は経験的な平均値で中心化されています。また、その事前分布は一組の合理的な標準偏差の値を持っています。この変更によって、どれほど頑健あるいは敏感になるでしょうか？ ここでのデータのように境界のあるデータをモデル化するのに、境界のない分布である正規分布を用いることについて、読者はどう考えますか？ 以前、0 を下回る値や、100 を上回る値を得ることは不可能だと述べたことを思い出してください。

2. 最初の例（コード 3.1）のデータを用いて、外れ値がある場合とない場合とで、経験的な平均値と標準偏差を計算してください。これらの結果を、正規分布を使っ

た場合のベイジアン推定結果、ならびにスチューデントの t 分布を使った場合の
ベイジアン推定結果と比較してください。次に、この演習を、もっと外れ値を付
け加えた上でもう一度やり直してみてください。

3. チップの例（コード 3.9）を、外れ値に対して頑健となるように修正してくださ
   い。まず、すべてのグループにわたって一つの ν を共有する方法を試してみてく
   ださい。次に、それぞれのグループで別々の ν を使う方法を試してみてください。
   これらの三つのモデルを評価するために、事後予測チェックを行ってください。

4. コード 3.10 で、（コーエンの d を計算しないで）事後分布から直接、優越率を計
   算してください。各グループからサンプルを取るために、関数 `sample_ppc` を使
   うことができます。正規性を仮定した計算結果と異なりますか？ また、その結果
   について説明してください。

5. コード 3.11 とコード 3.12 の水質の例で行ったモデリングをもう一度、今度は階
   層構造を使わないで行ってください。$\alpha = 1$、$\beta = 1$ のベータ分布のような、平坦
   な事前分布を使ってみてください。そして、両モデルの結果を比較してください。

6. チップの例で、曜日に関するデータを部分的にプーリングすることによって、階
   層モデルを作り、階層モデルを使わないで得られた結果と比較してください。

7. 本章のすべての例で、サンプリングを関数 `find_MAP` を使って初期化してくださ
   い。同じ推論結果が得られましたか？ `find_MAP` を使うことで、バーンインの大
   きさはどの程度変わりますか？ 計算の速さはどう変わりますか？

8. 本章のすべてのモデルの診断テストを行ってください。必要ならもっと多くのス
   テップを経て診断テストを行ってください。

9. 本章で使った少なくとも一つのモデルで、読者自身が持っているデータを分析し
   てください。第 1 章で学んだ三つのモデリングステップを思い出してください。

第 **4** 章

線形回帰モデルによる
データの理解と予測

　本章では、統計学や機械学習において最も広範に使われているモデルの一つを見ることにしましょう。それは線形回帰モデルです。このモデルはそれ自体が非常に有益ですし、他の方法の基礎と考えることもできます。読者が統計学のコース（非ベイズ統計を含む）を履修したことがあるなら、単回帰や線形重回帰、ロジスティック回帰、ANOVA（分散分析）、ANCOVA（共分散分析）などの名前を聞いたことがあるでしょう。これらすべての方法は、同じ主題のもとにある線形回帰モデルの変種なのです。これが本章の主たる話題となります。

　本章では、次の事項を取り扱います。

- 線形回帰モデル
- 線形単回帰
- 頑健線形回帰
- 階層線形回帰
- 多項式回帰
- 線形重回帰
- 相互作用

4.1 ｜ 線形単回帰

　科学、工学、およびビジネスの分野で見つけられる多くの問題は、次のような形式でしょう。ある連続型の変数があります。ここで、連続型というのは、実数（float 型）によって表現されることを意味します。この変数を**従属変数**（dependent variable）、**被予**

第4章　線形回帰モデルによるデータの理解と予測

測変数（predicted variable）、あるいは**結果変数**（outcome variable）と呼び、この従属変数が一つあるいは複数の変数にどれほど依存しているかをモデルとして表します。この依存元に当たる変数は、**独立変数**（independent variable）、**予測変数**（predictor variable）、あるいは**入力変数**（input variable）と呼びます。独立変数は連続型であることも、カテゴリカル[*1]であることもあります。これらのタイプの問題は、線形回帰を使ってモデル化することができます。独立変数が一つだけの場合、線形単回帰モデルを使い、二つ以上の独立変数がある場合、線形重回帰モデルを使います。線形回帰モデルが使われる主な状況は、例えば次のとおりです。

- 穀物の生産性に対する雨、土壌塩分、肥料の有無といった要因の関係性をモデル化。その後、例えば、その関係性は線形か、強さはどの程度か、どの要因が最も強い効果を持っているか、などのような疑問に答えます。
- 国ごとのチョコレートの平均消費量と、その国のノーベル賞受賞者数の関係の調査。その後、そこに見つかる関係性がなぜ偽りのものなのかを理解します。
- 家庭で暖房や料理に使われるガス料金の、天気予報から計算した日照時間に基づく予測。この予測はどの程度正確なのでしょうか？

▶ 4.1.1　機械学習への橋渡し

Kevin P. Murphy の言葉を借りれば、**機械学習**（machine learning）はデータの中からパターンを自動的に学習する各種方法の寄せ集めに対して与えられている総称です。そして、それは将来のデータを予測するための学習や、不確実性のもとでの意思決定に使われます。機械学習と統計学は実に絡み合った領域であり、Kevin Murpy が彼の素晴らしい本の中で述べているように、確率的な見方をとればその関係はより明らかになるでしょう。両者は概念的にも数学的にも深く関連していますが、それぞれで使われる用語が関連性を不透明にすることがあります。そこで、機械学習の用語を本章の問題に当てはめてみましょう。

機械学習の用語を使うと、回帰の問題は教師あり学習の一つの例ということになります。機械学習の枠組みのもとでは、x から y への写像を学習したいとしたら、回帰問題を扱うことになります。なお、この場合の y は連続型変数です。x と y のペアの値がわかっているので、学習過程は教師ありと言われます。つまり、ある意味で、x と y の対応関係について正しい答えを知っているのです。残りの疑問は、既存の観測値（データセット）を将来のあり得る観測値へとどのように一般化するか、ということです。これはすなわち、x を知っているけれども y はまだ知らない、という状況に該当します。

[*1] 訳注：離散型、質的とも言われます。

▶ 4.1.2 線形回帰モデルのコア

ここまでで、線形回帰についていくつかの一般的なアイデアを議論しました。また、統計学と機械学習における用語の橋渡しも行いました。次に、線形モデルをどのように構築するかを学ぶことにしましょう。

読者はすでに以下の式をよく知っていると思います。

$$y_i = \alpha + \beta x_i$$

この式は変数 x と変数 y の間に線形関係が存在することを述べています。パラメータ β は直線の傾きを制御するもので、これによって正確な形が与えられます。傾きは、変数 x の 1 単位当たりの変化がどの程度の変数 y の変化に対応しているかを表すものと解釈できます。それ以外のパラメータ α は切片と呼ばれ、$x_i = 0$ のときの y_i の値を与えます。グラフで表現すると、切片は回帰直線が y 軸と交差する点を指します。

線形モデルのパラメータを求めるには、いくつかの方法が存在します。それらの方法の一つは、最小 2 乗法として知られます。何らかのソフトウェアを使って直線を当てはめるときは、たいてい目に見えないところでこの最小 2 乗法が使われています。最小 2 乗法は、観測された y と（x の値に基づいて）予測された y との間の平均 2 乗誤差が最小となるような α と β の値を返します。α と β を推定する問題をこのように表現することは、最適化問題と言われます。すなわち、これはある種の関数を最小化（または最大化）する問題なのです。

最適化は、回帰モデルに対する解を見つけるための唯一の方法というわけではありません。同じ問題を、確率的な（ベイジアンの）枠組みのもとで述べることもできます。確率的に考えることは、私たちに利点を与えてくれます。これらのパラメータについての不確実性を推定するとともに、（最適化の方法と同様に）α と β についての最良の値を得ることができるのです。最適化の方法は、この情報を与えるために追加の作業を要求してきます。ベイジアンメソッドでは、柔軟性が得られます。このことは、モデルをさまざまな固有の問題に適用できることを意味します。例えば、正規性の仮定を外したり、4.3 節で見るように、階層的な線形モデルを構築したりすることができるのです。

確率的には、線形回帰モデルは次のように表現されます。

$$\boldsymbol{y} \sim N(\mu = \alpha + \beta\boldsymbol{x}, \, \sigma = \varepsilon)$$

すなわち、データベクトル $\boldsymbol{y}$ は、平均 $(\alpha + \beta\boldsymbol{x})$、標準偏差 ε の正規分布に従うと仮定されます。α と β および ε はわかりませんから、それらについて事前分布を設定する必要があります。合理的なその選択は、次のようになるでしょう。

$$\alpha \sim N(\mu_\alpha, \, \sigma_\alpha)$$

第 4 章　線形回帰モデルによるデータの理解と予測

$$\beta \sim N(\mu_\beta, \sigma_\beta)$$
$$\varepsilon \sim U(0, h_s)$$

α の事前分布として、データの尺度と比較して大きな値を σ_α に設定することで、非常に平坦な正規分布を使うことができます。同じことが傾きにも言えますが、多くの問題で少なくとも傾きの符号は事前にわかっているとしましょう。ε に関しては、変数 y の尺度に対して十分大きな値、例えば、変数 y の標準偏差の 10 倍になるように h_s を設定します。これらの非常に曖昧な事前分布は、データにはほとんど影響を与えません。十分に平坦な事前分布を持つ線形単回帰に関するこのベイジアンモデルのもとでは、本質的に最小 2 乗法を使った場合と同じ推定値を得ることになります。一様分布の代わりに、半正規分布あるいは半コーシー分布を使うこともできるでしょう。半コーシー分布は、一般的には、適切に正則化された事前分布としてうまく働きます（第 3 章を参照）。標準偏差に対して、特別な数値で強い事前分布を使いたい場合には、ガンマ分布が利用できます。多くのパッケージに含まれるガンマ分布のデフォルトのパラメータ設定は初め少々混乱しますが、幸いなことに、PyMC3 では形状と尺度のパラメータ、あるいは平均と標準偏差を使うことによってガンマ分布を定義することができます。

　線形回帰について先に進む前に、ガンマ分布にさまざまなパラメータをセットして、それらの形を調べておきましょう。

コード 4.1　さまざまなガンマ分布を出力する

```python
import pymc3 as pm
import numpy as np
import pandas as pd
import scipy.stats as stats
import matplotlib.pyplot as plt
import seaborn as sns
plt.style.use('seaborn-darkgrid')
np.set_printoptions(precision=2)
pd.set_option('display.precision', 2)

rates = [1, 2, 5]
scales = [1, 2, 3]

x = np.linspace(0, 20, 100)
f, ax = plt.subplots(len(rates), len(scales), sharex=True, sharey=True)
for i in range(len(rates)):
  for j in range(len(scales)):
    rate = rates[i]
    scale = scales[j]
```

```
        rv = stats.gamma(a=rate, scale=scale)
        ax[i,j].plot(x, rv.pdf(x))
        ax[i,j].plot(0, 0, label="$\\alpha$ = {:3.2f}\n$\\theta$ = {:3.2f}".format
(rate, scale), alpha=0)
        ax[i,j].legend()

ax[2,1].set_xlabel('$x$')
ax[1,0].set_ylabel('$pdf(x)$')
plt.savefig('img401.png')
```

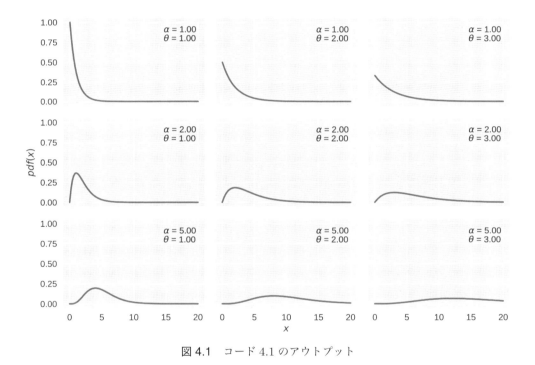

図 4.1　コード 4.1 のアウトプット

　線形回帰モデルを続けるため、図 4.2 の Kruschke のダイアグラムを見ておきましょう。

　もちろん、モデルにデータを与える必要があります。このモデルに対する直観を得るために、もう一度人工データを使ってみることにしましょう。まず、パラメータの値がわかっていることにして、データセットを生成します。そのあとでパラメータの値を求めることにします。

第 4 章 線形回帰モデルによるデータの理解と予測

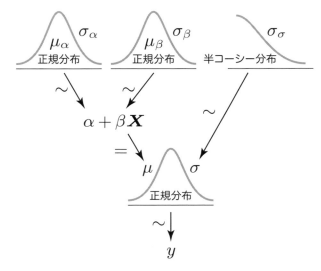

図 4.2　Kruschke のダイアグラムによる線形回帰モデルの表現

コード 4.2　回帰直線を既知として人工データを生成する

```
np.random.seed(314)
N = 100
alfa_real = 2.5
beta_real = 0.9
eps_real = np.random.normal(0, 0.5, size=N)

x = np.random.normal(10, 1, N)
y_real = alfa_real + beta_real * x
y = y_real + eps_real

plt.figure(figsize=(10, 5))
plt.subplot(1, 2, 1)
plt.plot(x, y, 'b.')
plt.xlabel('$x$', fontsize=16)
plt.ylabel('$y$', fontsize=16, rotation=0)
plt.plot(x, y_real, 'k')
plt.subplot(1, 2, 2)
sns.kdeplot(y)
plt.xlabel('$y$', fontsize=16)
plt.savefig('img403.png')
```

4.1 線形単回帰

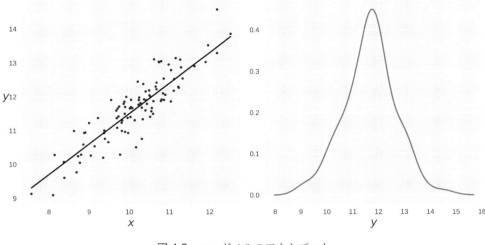

図 4.3　コード 4.2 のアウトプット

さて、モデルに当てはめるために PyMC3 を使います。ここに新しいことは何もありません。いや、一つ新しいことがあります！ μ はモデルの中で決定論的変数として表現されています。私たちがこれまで見てきたすべての変数は確率的でした。したがって、実行するたびに異なる数値を得たわけです。一方、決定論的変数はその引数によって完全に規定されています。その引数が次のコードにあるように確率的であったとしてもです。

コード 4.3　ベイジアン線形回帰モデルのパラメータの KDE とトレースを出力する (1)

```
with pm.Model() as model:
    alpha = pm.Normal('alpha', mu=0, sd=10)
    beta = pm.Normal('beta', mu=0, sd=1)
    epsilon = pm.HalfCauchy('epsilon', 5)

    mu = pm.Deterministic('mu', alpha + beta * x)
    y_pred = pm.Normal('y_pred', mu=mu, sd=epsilon, observed=y)

    start = pm.find_MAP()
    step = pm.Metropolis()
    trace = pm.sample(11000, step, start, njobs=1)
```

あるいは、コード 4.3 において、y_pred に含まれる決定論的変数を取り除いた次のコードを使うこともできます。

```
y_pred = pm.Normal('y_pred', mu = alpha + beta * x, sd=epsilon, observed=y)
```

図 4.4 のトレースプロットを見ると、少々妙な感じになっています。α と β のトレースが、ゆっくりと上下にさまよっています。これと ε のトレースを KDE とともに比較すると、ε のほうがうまくサンプルが混合している様子がわかります。α と β のサンプリングが問題を抱えていることは明らかです。

コード 4.4　ベイジアン線形回帰モデルのパラメータの KDE とトレースを出力する (2)

```
trace_n = trace[1000:]
pm.traceplot(trace_n)
plt.savefig('img404.png')
```

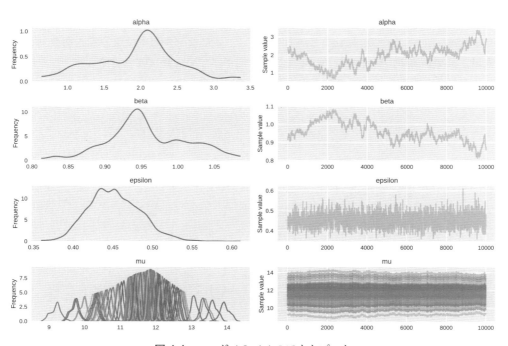

図 4.4　コード 4.3, 4.4 のアウトプット

図 4.5 に示す自己相関のグラフは、α と β の自己相関が高く、ε はそうではないことを示しています。次の項で見るように、これは線形モデルに現れる典型的なトレースの振る舞いです。なお、ここでは、関数 autocorrplot に varnames を引数として渡すことによって、決定論的変数 μ のグラフ表示を省略しています。

コード 4.5　ベイジアン線形回帰モデルのパラメータのトレースにおける自己相関を出力する

```
varnames = ['alpha', 'beta', 'epsilon']
pm.autocorrplot(trace_n, varnames)
plt.savefig('img405.png')
```

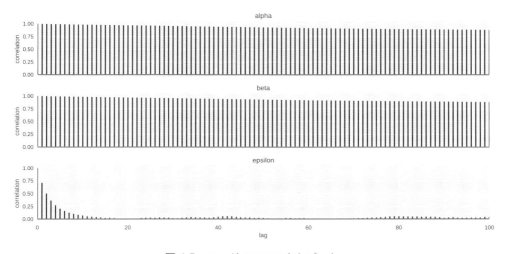

図 4.5　コード 4.5 のアウトプット

▶ 4.1.3　線形モデルと高い自己相関

　前項のモデルの α と β には、非常に激しい自己相関があります。それゆえ、実際のサンプル数に対して有効なサンプル数が少なく、非常に貧弱なサンプルになっています。この診断は合っていますが、では、一体何が起こっているのでしょうか？　私たちは、私たち自身の仮定の犠牲になっているのです。このデータにどのような直線をフィットさせても、そのすべての直線は一つの点を必ず通ります。それは、変数 x と変数 y の平均値です。したがって、直線当てはめ過程は、データの中心に 1 点を固定された直線を回転させるのにいくらか似ています。傾きの増加は切片の減少を意味します。二つのパラメータには、モデルの定義によって相関が生み出されているのです。このことは、ε を除いて単純化した事後分布をグラフ表示すると、はっきりわかります。

コード 4.6　パラメータ α と β の事後分布の KDE を出力する

```
sns.kdeplot(trace_n['alpha'], trace_n['beta'])
plt.xlabel(r'$\alpha$', fontsize=16)
plt.ylabel(r'$\beta$', fontsize=16, rotation=0)
plt.savefig('img406.png')
```

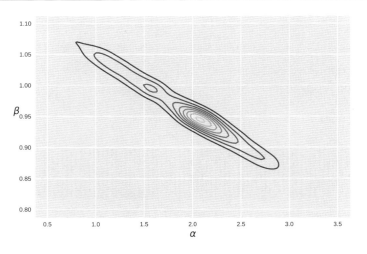

図 4.6　コード 4.6 のアウトプット

さて、ε を除いた事後分布は、対角線にとてもよく似た形になります。メトロポリス–ヘイスティングスのようなアルゴリズムでは、これは非常に問題になります。なぜなら、個々のパラメータに対して膨大なステップを提案すると、提案されたほとんどの値は、確率が高い領域から外れます。また、小さなステップを提案すると、とても少ないサンプルしか得られないでしょう。いずれにせよ、自己相関が高いサンプリングとなってしまい、非常に貧弱なパラメータの組み合わせになるのです。データの次元が多くなると、この問題はますます深刻になります。パラメータの全空間が、現実的なパラメータ空間に比べて急速に大きくなるからです。この問題はデータ分析ではよく知られており、次元の呪い（curse of dimensionality）と呼ばれます。その詳細については、Wikipedia の記事をチェックしてください。

先へ進む前に、ポイントを整理しましょう。データの平均値を直線が通過するように制約されているという事実は、最小 2 乗法（およびその仮定）においてのみ当てはまります。ベイジアンメソッドを使うと、この制約は緩和されます。後の例では、一般的に、x と y の平均値の周辺を通る直線、つまり、正確に平均値を通るわけではない直線が得られます。さらに強い事前分布を使うなら、x と y の平均値から遠く離れた直線が得られるでしょう。それにもかかわらず、自己相関が、ある程度規定された 1 点の周りを回転する直線と関係しているというアイデアは、正しいままなのです。このすぐあとで、二つの異なるアプローチを使うとわかりますが、自己相関問題について理解し、始末をつけておくべきことは、それだけです。

[1] 実行前のデータの調整

この自己相関問題に対する一つの簡単な解決方法は、データベクトル x を中心化することです。データ点 x_i のそれぞれに関して、変数 x の平均 $\bar{x}$ を引き算します。ベクトルを使ってこのことを表現すると、次のようになります。

$$x' = x - \bar{x}$$

これによって、x' は 0 に中心化されます[*2]。なお、$\bar{x}$ は、平均 $\bar{x}$ をすべての要素に持ったベクトルです。傾きが変化する場合の中心点が切片となり、あり得るパラメータ空間がより円形に近くなって、自己相関が低くなります。

データの中心化は、計算上のトリックではなく、むしろデータの解釈を手助けしてくれます。切片は $x_i = 0$ の場合の y_i の値です。多くの問題に関して、この解釈は実質的な意味を持ちません。例えば、身長と体重のような数量に関して、0 という数値は意味を持ちません。したがって、切片はデータに意味を与えるのにまったく役立ちません。一方で、変数を中心化した場合、切片は常に x_i の平均値に対応する y_i の値となります。ある種の問題では、実験的に $x_i = 0$ の値を得ることは不可能なので、このことは切片を正確に解釈するために役立ちます。推定された切片は、価値ある情報を提供してくれます。ただし、外挿[*3]することには注意が必要です。実際に外挿する場合には気をつけてください。

問題のタイプや分析目的によって、中心化されたデータから推定されたパラメータを報告することもあれば、中心化されていないデータから推定されたパラメータを報告することもあるでしょう。もともとのデータ尺度で推定されたかのようにパラメータを報告する必要があるとき、次のようにすることで、元の尺度に戻せます[*4]。

$$\alpha = \alpha' - \beta'\bar{x}$$

この調整が成立するのは、次のような代数的な理由によります[*5]。

$$x' = x - \bar{x}$$
$$y = \alpha' + \beta'x' + \varepsilon$$
$$y = \alpha' + \beta'(x - \bar{x}) + \varepsilon$$
$$y = \alpha' - \beta'\bar{x} + \beta'x + \varepsilon$$

[*2] 訳注：ベクトル x' のすべての成分にわたる平均値が 0 になるという意味です。

[*3] 訳注：データ範囲の外側の値を使って予測すること。

[*4] 訳注：中心化された x、すなわち x' で推定された切片を α'、傾きを β' としています。

[*5] 訳注：次式の 1 行目は x を中心化した変数を x' とおいています。2 行目は中心化した x、つまり x' に傾き β' を掛け、切片 α' と誤差項 ε を加えています。3 行目は 1 行目を使って 2 行目を書き換えています。4 行目は括弧を外し、β' を持つ項の並び順を入れ替えています。

第 4 章　線形回帰モデルによるデータの理解と予測

ここで、次のように α と β に置き換えます[*6]。

$$\alpha = \alpha' - \beta' \bar{x}$$
$$\beta = \beta'$$

モデルを実行する前に、データを標準化することによって、さらなるデータ変換をすることもできます。データが標準化された場合にも多くのアルゴリズムがうまく動くので、標準化は統計学や機械学習における線形回帰モデルでは頻繁に行われます。この標準化というデータ変換は、データを平均値で中心化し、さらにその標準偏差で割り算することによって行われます。数学的には次のように表すことができます[*7]。

$$x' = \frac{x - \bar{x}}{x_{\mathrm{sd}}}$$
$$y' = \frac{y - \bar{y}}{y_{\mathrm{sd}}}$$

データを標準化することの一つの利点は、データ尺度について悩まされることなく、情報の少ない同一の事前分布を常に使うことができるということです。データを標準化することは、再尺度づけすることです。データを標準化すると、切片は常にゼロになり、傾きは -1 から 1 の範囲の数値になります。標準化されたデータは、私たちに Z スコアとして、つまり標準偏差を基準にして、話ができるようにしてくれるのです。あるパラメータの値が Z スコアを単位として -1.3 であると語るとき、実際の平均値や標準偏差に関係なく、この値は標準偏差の 1.3 倍だけ平均値の下にあることが機械的にわかります。元データの尺度が何であっても、1 単位の変化が 1 標準偏差の変化となります。複数の変数を扱うときには、このことはとても役に立ちます。すべての変数を同じ尺度にしてしまうと、データの解釈が単純化されるためです。

[2]　サンプリング方法の変更

自己相関問題を改善するもう一つの方法は、異なるサンプリング法を使うことです。対角線状に制限された空間内でサンプリングする際、NUTS はメトロポリス法よりも容易に利用できます。その理由は、NUTS が事後分布の曲率に沿って移動し、それゆえ、対角線状の空間に沿って移動することが容易になるからです。これまで見てきたように、NUTS はステップごとの処理がメトロポリス法よりも遅くなりますが、通常、事後分布の良き近似を得るために必要なステップ数は、かなり少なくて済みます。

続く項では、メトロポリス法ではなく、NUTS サンプラーを使ってこれまでのモデルを分析します。

[*6] 訳注：次式の置き換えによって、$y = \alpha + \beta x + \varepsilon$ を得ます。この式は、データを中心化しない場合の切片 α と傾き β を持っています。

[*7] 訳注：次式中の x_{sd} は x の標準偏差、y_{sd} は y の標準偏差を表しています。

4.1.4　事後分布の解釈と視覚化

すでに見たように、PyMC3 の関数 traceplot や summary を使って事後分布を調べることができます。あるいは、ユーザー定義の関数を使うこともできます。線形回帰においては、α と β の平均値とともに、データにフィットする平均的な直線を描くと役立ちます。

コード 4.7　平均 α と平均 β による平均的回帰直線を描く

```
plt.plot(x, y, 'b.');
alpha_m = trace_n['alpha'].mean()
beta_m = trace_n['beta'].mean()
plt.plot(x, alpha_m + beta_m * x, c='k', label='y = {:.2f} + {:.2f} * x'.
    format(alpha_m, beta_m))
plt.xlabel('$x$', fontsize=16)
plt.ylabel('$y$', fontsize=16, rotation=0)
plt.legend(loc=2, fontsize=14)
plt.savefig('img407.png')
```

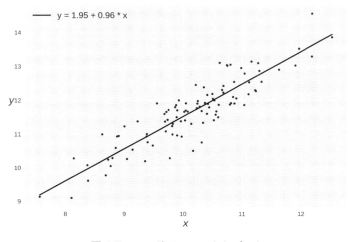

図 4.7　コード 4.7 のアウトプット

また、事後分布からサンプリングされた直線に加え、半透明の帯を使って事後分布の不確実性を表したグラフを描くこともできます。

コード 4.8　平均 α と平均 β による回帰直線の不確実性を示す

```
plt.plot(x, y, 'b.');
idx = range(0, len(trace_n['alpha']), 10)
plt.plot(x, trace_n['alpha'][idx] + trace_n['beta'][idx] * x[:,np.newaxis], c=
'gray', alpha=0.5);

plt.plot(x, alpha_m + beta_m * x, c='k', label='y = {:.2f} + {:.2f} * x'.
format(alpha_m, beta_m))
plt.xlabel('$x$', fontsize=16)
plt.ylabel('$y$', fontsize=16, rotation=0)
plt.legend(loc=2, fontsize=14)
plt.savefig('img408.png')
```

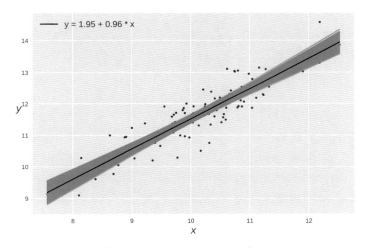

図 4.8　コード 4.8 のアウトプット

　不確実性は中央付近では小さくなりますが、一つの点にまで小さくなるわけではありません。すでに述べたように、事後分布は、データの平均値を正確に通るわけではない直線とうまく適合しています。

　半透明の直線を描くだけでも非常に素晴らしいですが、グラフに見栄えの良い要素をさらに追加することができます。μ の**最高事後密度（HPD）**を具体的に示すために半透明の帯を使うことができるのです。mu をこのモデルでは決定論的な変数として定義していましたが、そのように定義した主な理由はこれを描くためだったのです。次のようなコードで簡単に実装することができます。

コード 4.9　回帰直線の最高事後密度（HPD）を示す

```
plt.plot(x, alpha_m + beta_m * x, c='k', label='y = {:.2f} + {:.2f} * x'.
format(alpha_m, beta_m))

idx = np.argsort(x)
x_ord = x[idx]
sig = pm.hpd(trace_n['mu'], alpha=0.02)[idx]
plt.fill_between(x_ord, sig[:,0], sig[:,1], color='gray')

plt.xlabel('$x$', fontsize=16)
plt.ylabel('$y$', fontsize=16, rotation=0)
plt.savefig('img409.png')
```

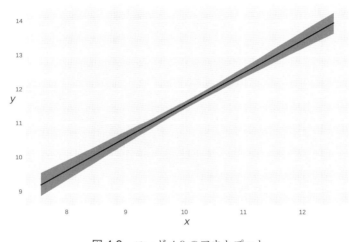

図 4.9　コード 4.9 のアウトプット

もう一つの選択肢は、予測されたデータ $\hat{y}$ の HPD（例えば 95% および 50%）をグラフ表示することです。そのグラフでは、モデルによって予測された 95% 幅および 50% 幅で、あり得る将来のデータが表示されます。以下で出力するグラフでは、50%HPD については濃いグレーを使い、95%HPD については薄いグレーを使っています。事後予測サンプルを得ることは、PyMC3 では簡単です。sample_ppc 関数を使えばよいのです。

コード 4.10　線形回帰モデルによる予測データの 95%HPD と 50%HPD を出力する (1)

```
ppc = pm.sample_ppc(trace_n, samples=1000, model=model)
```

では、HPD のグラフを表示させてみましょう。

コード 4.11　線形回帰モデルによる予測データの 95%HPD と 50%HPD を出力する (2)

```
plt.plot(x, y, 'b.')
plt.plot(x, alpha_m + beta_m * x, c='k', label='y = {:.2f} + {:.2f} * x'.
format(alpha_m, beta_m))

sig0 = pm.hpd(ppc['y_pred'], alpha=0.5)[idx]
sig1 = pm.hpd(ppc['y_pred'], alpha=0.05)[idx]
plt.fill_between(x_ord, sig0[:,0], sig0[:,1], color='gray', alpha=1)
plt.fill_between(x_ord, sig1[:,0], sig1[:,1], color='gray', alpha=0.5)

plt.xlabel('$x$', fontsize=16)
plt.ylabel('$y$', fontsize=16, rotation=0)
plt.savefig('img410.png')
```

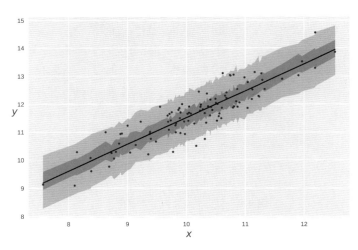

図 4.10　コード 4.10, 4.11 のアウトプット

図 4.10 の HPD について、その境界線が不規則に見えます。これは、連続的な実数ではなく、x の観測値から事後予測サンプルをとってグラフを描いているために生じていることです。また、関数 fill_between が連なったデータ点間を単純に線形補間していることもその原因です。グラフをもっとギザギザにするためには、もっと多くのデータが必要です。ギザギザ状態は、y_pred からのサンプルをもっと多くすることによって最小化できます。例えば、10,000 サンプルをとるなど、試してみてください。

▶ 4.1.5 ピアソンの相関係数

二つの変数間の（線形）従属関係を測定したいと思うことはよくあります。二つの変数間の線形相関を測定する最も一般的な方法は、ピアソンの相関係数 (Pearson correlation coefficient) です。これは、しばしばアルファベットの小文字 r で表されます。r の値が $+1$ であるときは、完全な正の線形相関となり、一つの変数の値が大きいとき、もう一つの変数の値も大きくなっています。r が -1 に等しいとき、完全な負の線形相関となり、一つの変数の値が大きいとき、もう一つの変数の値は小さくなっています。r が 0 であるとき、線形相関はありません。ピアソンの相関係数は、非線形相関については何も語りません。

r と回帰直線の傾きを混同してしまうことがよくあります。この二つの数値が必ずしも同じものではないことを示すとても良い説明が Wikipedia にあります。https://commons.wikipedia.org/wiki/File:Correlation_examples2.svg をチェックしてみてください。

混同してしまうのは、次のような関係性によって部分的に説明できます。

$$r = \beta \frac{\sigma(\boldsymbol{x})}{\sigma(\boldsymbol{y})}$$

これは、$\boldsymbol{x}$ の標準偏差 $\sigma(\boldsymbol{x})$ と $\boldsymbol{y}$ の標準偏差 $\sigma(\boldsymbol{y})$ が等しいときにのみ、傾き β とピアソンの相関係数 r が同じ値になることを表しています。例えば、データが標準化されている場合には、回帰直線の傾きとピアソンの相関係数は等しくなります。

- ピアソンの相関係数は、二つの変数間の相関度を測定するものであり、その値は常に区間 $[-1, 1]$ に制約されます。データの測定尺度には無関係です。
- 回帰直線の傾きは、$\boldsymbol{x}$ の 1 単位当たりの変化がどの程度の $\boldsymbol{y}$ の変化に対応しているかを表し、任意の実数をとります。

ピアソンの相関係数は、決定係数（determination coefficient）と呼ばれる数値と関係があります。線形単回帰モデルに関しては、決定係数はピアソンの相関係数の 2 乗に等しくなります。すなわち、r^2（あるいは R^2）です。決定係数は、従属変数の分散に占める独立変数から予測される分散の比率として解釈することができます。

では、線形単回帰モデルを拡張することによって、PyMC3 で r や r^2 をどのように計算するのかを見ていきましょう。ここでは、これを行うために二つの異なる方法を使うことにします。

- 一つ目の方法は、少し前に見た式、すなわち、回帰直線の傾きとピアソンの相関係数の関係式を使うことです。以下のコード中の決定論的な変数 rb を見てください。

第 4 章　線形回帰モデルによるデータの理解と予測

● 二つ目の方法は、最小 2 乗法と関係します。導出の詳細については、ここでは省略します。決定論的な変数 rss を見てください。コードを見ると、変数 ss_reg が目に留まるでしょう。ss_reg はフィットされた直線とデータの平均値との散らばりを表す測度で、これはモデルの分散に比例します。この公式は、分散の公式とよく似ていることに注意してください。両者の違いは、ss_reg がデータ数で割り算をしていないことです。変数 ss_tot は予測変数の分散に比例します。

コードの全体像は次のとおりです。

コード 4.12　線形回帰モデルにおける回帰係数、相関係数、決定係数を出力する

```
np.random.seed(314)
N = 100
alfa_real = 2.5
beta_real = 0.9
eps_real = np.random.normal(0, 0.5, size=N)

x = np.random.normal(10, 1, N)
y_real = alfa_real + beta_real * x
y = y_real + eps_real

with pm.Model() as model_n:
  alpha = pm.Normal('alpha', mu=0, sd=10)
  beta = pm.Normal('beta', mu=0, sd=1)
  epsilon = pm.HalfCauchy('epsilon', 5)

  mu = alpha + beta * x
  y_pred = pm.Normal('y_pred', mu=mu, sd=epsilon, observed=y)

  rb = pm.Deterministic('rb', (beta * x.std() / y.std()) ** 2)

  y_mean = y.mean()
  ss_reg = pm.math.sum((mu - y_mean) ** 2)
  ss_tot = pm.math.sum((y - y_mean) ** 2)
  rss = pm.Deterministic('rss', ss_reg/ss_tot)

  start = pm.find_MAP()
  step = pm.NUTS()
  trace_n = pm.sample(2000, step=step, start=start)

pm.traceplot(trace_n)
plt.savefig('img411.png')
```

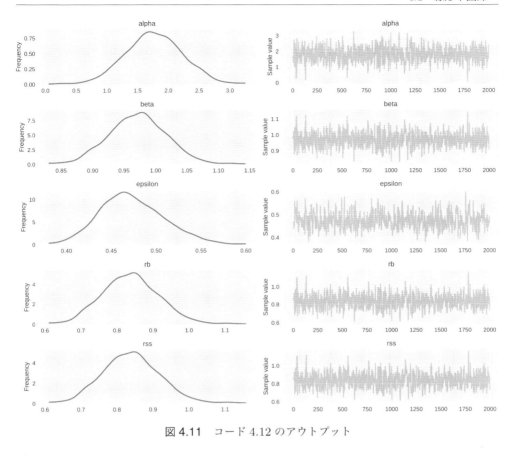

図 4.11 コード 4.12 のアウトプット

続いて、要約統計量を次のようにして求めておきます。

コード 4.13　回帰係数、相関係数の 2 乗、決定係数の要約統計量を出力する

```
varnames = ['alpha', 'beta', 'epsilon', 'rb', 'rss']
pm.summary(trace_n, varnames)
```

表 4.1　コード 4.13 から得られる統計量

	mean	sd	mc_error	hpd_2.5	hpd_97.5
alpha	1.764	0.468	0.020	0.884	2.685
beta	0.971	0.046	0.002	0.882	1.057
epsilon	0.473	0.035	0.002	0.406	0.542
rb	0.838	0.079	0.003	0.689	0.991
rss	0.840	0.079	0.003	0.686	0.988

第4章　線形回帰モデルによるデータの理解と予測

■ 多変量正規分布からのピアソンの係数　　ピアソンの相関係数を計算するもう一つの
方法は、多変量正規分布の共分散行列を推定することです。多変量正規分布は、2 次元
以上へと正規分布を一般化したものです。2 次元の場合に焦点を当ててみましょう。そ
れはまさしく今私たちがやろうとしていることだからです。高次元への一般化は、2 変
量の場合に学ぶこととほとんど同じなのです。2 変量の場合の正規分布を説明するため
には、二つの平均値（あるいは、二つの要素を持ったベクトル）が必要になります。そ
れぞれの平均値は、それぞれの周辺正規分布に対応しています。ここで、二つの標準偏
差が必要でしょうか？　正確には違います。必要とするのは 2 × 2 の共分散行列で、それ
は次のようなものです。

$$
\Sigma = \begin{bmatrix} \sigma_{x_1}^2 & \rho\sigma_{x_1}\sigma_{x_2} \\ \rho\sigma_{x_2}\sigma_{x_1} & \sigma_{x_2}^2 \end{bmatrix}
$$

Σ はギリシア文字の大文字シグマです。一般的に、この文字は共分散行列を表すのに使
われます。この行列における主対角要素は各変数に対応した分散を表し、それはそれぞ
れの標準偏差 σ_{x_1} や σ_{x_2} の 2 乗となります。また、この行列の非対角要素は共分散（変
数間の分散）で、これは二つの変数のそれぞれの標準偏差とそれらの変数間のピアソン
の相関係数 ρ によって表されます。今は変数が二つしかないので、ρ は一つだけである
ことに注意してください。変数が三つある場合には、ピアソンの相関係数は 3 種類にな
り、4 変数の場合には 6 種類になります。ピアソンの相関係数が何種類になるかを計算
するためには、2 項係数を使うことができます。第 1 章で取り上げた 2 項分布の定義を
思い出してください。

　次のコードは、2 変量正規分布の等高線グラフを生成します。平均を (0, 0) に固定し、
一つの標準偏差を 1 に、もう一つの標準偏差を 1 または 2 に固定し、さらにさまざまな
ピアソンの相関係数のもとでの 2 変量正規分布を表示します。

コード 4.14　さまざまなピアソンの相関係数のもとで 2 変量正規分布を出力する

```
sigma_x1 = 1
sigmas_x2 = [1, 2]
rhos = [-0.99, -0.5, 0, 0.5, 0.99]

x, y = np.mgrid[-5:5:0.1, -5:5:0.1]
pos = np.empty(x.shape + (2,))
pos[:, :, 0] = x; pos[:, :, 1] = y

f, ax = plt.subplots(len(sigmas_x2), len(rhos), sharex=True, sharey=True)
```

```
for i in range(2):
  for j in range(5):
    sigma_x2 = sigmas_x2[i]
    rho = rhos[j]
    cov = [[sigma_x1**2, sigma_x1*sigma_x2*rho], [sigma_x1*sigma_x2*rho,
sigma_x2**2]]
    rv = stats.multivariate_normal([0, 0], cov)
    ax[i,j].contour(x, y, rv.pdf(pos))
    ax[i,j].plot(0, 0, label="$\\sigma_{{x2}}$ = {:3.2f}\n$\\rho$ = {:3.2f}".
format(sigma_x2, rho), alpha=0)
    ax[i,j].legend()
ax[1,2].set_xlabel('$x_1$')
ax[1,0].set_ylabel('$x_2$')
plt.savefig('img412.png')
```

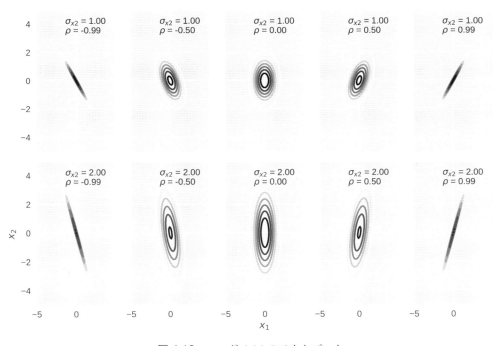

図 4.12　コード 4.14 のアウトプット

さて、多変量正規分布について知るところとなりましたので、ピアソンの相関係数を推定するためにそれを使うことができます。共分散行列がわからないので、これに対して事前分布を設定しなければなりません。一つの解決法はウィシャート（Wishart）分布を使うことです。これは、多変量正規分布の共分散行列の逆行列に対する共役事前分

第 4 章　線形回帰モデルによるデータの理解と予測

布です。ウィシャート分布は、以前に見たガンマ分布の高次元への一般化と考えることができます。また、カイ 2 乗分布の一般化と考えることもできます。

2 番目の解決法は、LKJ 事前分布[*8] を使うことです。これは相関行列に対する事前分布であり、共分散行列に対するものではありません。相関を考えることが役に立つ場面では、この事前分布は便利でしょう。

ここでは、3 番目の解決策を探ることにしましょう。それは、σ_{x_1} と σ_{x_2}、そして ρ に対して、直接的に事前分布を設定することです。そして、共分散行列を作る際にそれらの値を使うのです。

コード 4.15　二つの平均値、二つの標準偏差、相関係数の KDE とトレースを出力する

```python
np.random.seed(314)
N = 100
alfa_real = 2.5
beta_real = 0.9
eps_real = np.random.normal(0, 0.5, size=N)

x = np.random.normal(10, 1, N)
y_real = alfa_real + beta_real * x
y = y_real + eps_real

data = np.stack((x, y)).T

with pm.Model() as pearson_model:

  mu = pm.Normal('mu', mu=data.mean(0), sd=10, shape=2)

  sigma_1 = pm.HalfNormal('simga_1', 10)
  sigma_2 = pm.HalfNormal('sigma_2', 10)
  rho = pm.Uniform('rho', -1, 1)

  cov = pm.math.stack(([sigma_1**2, sigma_1*sigma_2*rho], [sigma_1*sigma_2*rho
, sigma_2**2]))

  y_pred = pm.MvNormal('y_pred', mu=mu, cov=cov, observed=data)

  start = pm.find_MAP()
```

[*8] 訳注：次の文献で提案された事前分布を指します。3 人の著者の頭文字をとって、LKJ 事前分布と呼ばれます。Lewandowski, D., Kurowicka, D., and Joe, H. (2009), "Generating random correlation matrices based on vines and extended onion method", *Journal of multivariate analysis*, 100, pp.1989–2001

```
    step = pm.NUTS(scaling=start)
    trace_p = pm.sample(1000, step=step, start=start, njobs=1)

pm.traceplot(trace_p)
plt.savefig('img413.png')
```

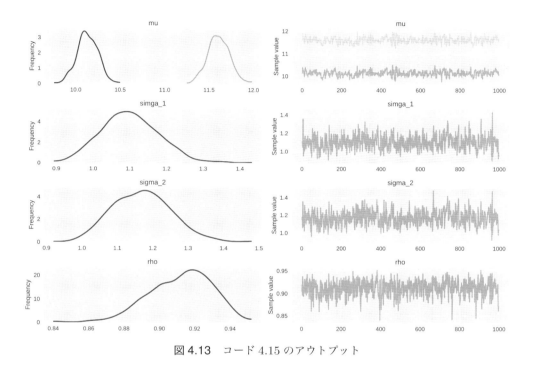

図 4.13　コード 4.15 のアウトプット

図 4.13 では、ピアソンの相関係数 ρ が得られていることに注意してください。先の例（図 4.11）では、ピアソンの相関係数の 2 乗を得ていました。これを考慮すると、ここで得られた値が先の例で得られた値と非常に近い値になっていることがわかるでしょう。

4.2　頑健線形回帰

データが正規分布に従うと仮定することは、多くの場合、非常に理に適っています。正規性を仮定することによって、データが実際に正規分布になっている必要はなくなります。代わりに、現在の問題に対しては正規分布の合理的な近似になっていると言えればよいのです。これまでの章で見てきたように、この正規分布の仮定は、時にうまくい

第 4 章　線形回帰モデルによるデータの理解と予測

かないことがあります。例えば、外れ値が存在するような場合です。すでに学んだように、スチューデントの t 分布を使うことは、外れ値をうまく扱って、より頑健な推論を行う一つの方法です。これとまさに同じアイデアを線形回帰に応用することができるのです。

スチューデントの t 分布が線形回帰にもたらす頑健性を具体的に示すために、非常に単純で素敵なデータセットを使うことにしましょう。それは、アンスコムのカルテット（Anscombe quartet）に含まれる 3 番目のデータセットです。もし読者がアンスコムのカルテットについて知らないのでしたら、あとで Wikipedia を調べてみてください[*9]。このデータセットは、Python ライブラリの seaborn から入手できます。

コード 4.16　アンスコムのカルテット（3 番目のデータセット）を出力する (1)

```
ans = sns.load_dataset('anscombe')
x_3 = ans[ans.dataset == 'III']['x'].values
y_3 = ans[ans.dataset == 'III']['y'].values
```

この小さなデータセットがどのようなものなのかを確認しておきましょう。

コード 4.17　アンスコムのカルテット（3 番目のデータセット）を出力する (2)

```
plt.figure(figsize=(10,5))
plt.subplot(1,2,1)
beta_c, alpha_c = stats.linregress(x_3, y_3)[:2]
plt.plot(x_3, (alpha_c + beta_c* x_3), 'k', label='y ={:.2f} + {:.2f} * x'.
format(alpha_c, beta_c))
plt.plot(x_3, y_3, 'bo')
plt.xlabel('$x$', fontsize=16)
plt.ylabel('$y$', rotation=0, fontsize=16)
plt.legend(loc=0, fontsize=14)
plt.subplot(1,2,2)
sns.kdeplot(y_3);
plt.xlabel('$y$', fontsize=16)
plt.savefig('img414.png')
```

[*9] 訳注：音楽におけるカルテット（弦楽四重奏団）ではなく、統計学者アンスコムが用意した特徴のある 4 種類のデータ例を指します。例えば https://ja.wikipedia.org/wiki/アンスコムの例　を参照してください。

118

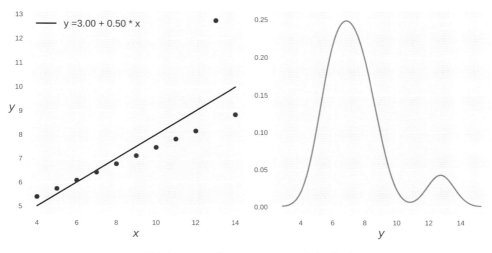

図 4.14　コード 4.16, 4.17 のアウトプット

では、正規分布ではなく、スチューデントの t 分布を使ったモデルに書き換えることにしましょう。この変更によって、正規性のパラメータである ν の値を特定する必要が生じます。このパラメータの役割について忘れてしまった読者は、先へ進む前に、前の章に戻って確認しておいてください。

また、続くモデルにおいては、ν が 0 に近い値にならないようにするために、シフトした[*10]指数分布を使います。シフトしていない指数分布は、過度の重みをつけて、ν を 0 に近づけてしまうのです。著者の経験によれば、アンスコムの 3 番目のデータセットのように、中程度の外れ値を持ったデータならこれはうまくいきますが、極端な外れ値を持っている場合（あるいは、ひとまとまりになっているデータ点が少ない場合）にはうまくいきません。このようなまとまりの良くない値を避けることが賢明です。他の事前分布を推奨することを含め、これをそのまま信じないでください。一般的に推奨されるのは、ある種のデータセット（および諸問題）に基づいた観測値です。このデータセットや問題は、著者などが属している研究領域のものであり、読者が持っているものには適さないかもしれません。ν に対する他の一般的な事前分布は、`gamma(2, 0.1)` または `gamma(mu=20, sd=15)` です。

なお、PyMC3 の変数の末尾に下線 "_" を追加して、例えば `nu_` のようにすると、その変数はユーザーに隠されることになります。

[*10] 訳注：分布の位置をずらしたという意味です。後のコード 4.18 の 5 行目に含まれる +1 で指数分布の位置をずらしています。なお、シフトしていない指数分布は、著者の GitHub サイトからダウンロードできる本書付属のコードに含まれる `model_t2` にコメントとして示されています。

第 4 章　線形回帰モデルによるデータの理解と予測

コード 4.18　アンスコムのデータに対して頑健推定された直線と非頑健推定の直線を描く (1)

```python
with pm.Model() as model_t:
  alpha = pm.Normal('alpha', mu=0, sd=100)
  beta = pm.Normal('beta', mu=0, sd=1)
  epsilon = pm.HalfCauchy('epsilon', 5)
  nu = pm.Deterministic('nu', pm.Exponential('nu_', 1/29) + 1)

  y_pred = pm.StudentT('y_pred', mu=alpha + beta * x_3, sd=epsilon, nu=nu,
observed=y_3)

  start = pm.find_MAP()
  step = pm.NUTS(scaling=start)
  trace_t = pm.sample(2000, step=step, start=start, njobs=1)
```

　ここで、紙面を節約するために、いくつかのコードとグラフを省略しようと思います。本書ではトレースプロットや自己相関のグラフを省略しますが、読者はそうすべきではありません。代わりに本書では、データにフィットさせた平均的な直線をグラフで表示します。頑健ではない直線を描くために、SciPy パッケージの（頻度主義的な）linregress メソッドも使います。先の例のベイジアンメソッドを使って直線を描いてみましょう。

コード 4.19　アンスコムのデータに対して頑健推定された直線と非頑健推定の直線を描く (2)

```python
beta_c, alpha_c = stats.linregress(x_3, y_3)[:2]

plt.plot(x_3, (alpha_c + beta_c * x_3), 'k', label='non-robust', alpha=0.5)
plt.plot(x_3, y_3, 'bo')
alpha_m = trace_t['alpha'].mean()
beta_m = trace_t['beta'].mean()
plt.plot(x_3, alpha_m + beta_m * x_3, c='k', label='robust')

plt.xlabel('$x$', fontsize=16)
plt.ylabel('$y$', rotation=0, fontsize=16)
plt.legend(loc=2, fontsize=12)
plt.savefig('img415.png')
```

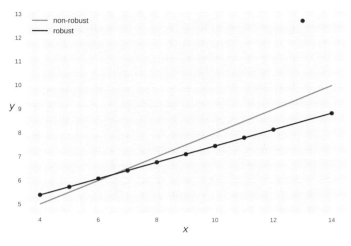

図 4.15 コード 4.18, 4.19 のアウトプット

モデルがどれほどうまくデータを捉えているかを調べるために、事後予測チェックを行ってみましょう。事後分布からサンプリングするという重労働を PyMC3 にしてもらいます。

コード 4.20 アンスコムのデータに対して事後予測チェックをする

```
ppc = pm.sample_ppc(trace_t, samples=200, model=model_t, random_seed=2)
for y_tilde in ppc['y_pred']:
  sns.kdeplot(y_tilde, alpha=0.5, c='g')
sns.kdeplot(y_3, linewidth=3)
plt.savefig('img416.png')
```

例えば図 4.16 のようなグラフが表示されるでしょう。データのひとまとまりの部分に関しては、私たちのモデルは非常に良くフィットしています。このモデルがひとまとまりのデータから外れた値をも予測していること、そして、その予測値はひとまとまりのデータのほんの少し上方にあるのではないことに注意してください。現在の目的に照らしてみると、このモデルは非常にうまく振る舞っており、これ以上の変更は必要ないように思えます。それにもかかわらず、予測値が負の値になることを避けたいなど、いくつかの問題があることを知っておいてください。このような場合には、おそらく、前に戻ってモデルを変更し、y を正の値に制限する必要があるでしょう。

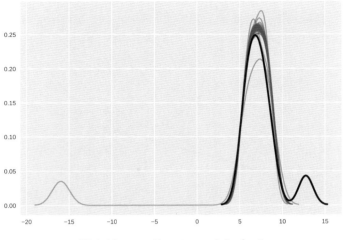

図 4.16　コード 4.20 のアウトプット

4.3　階層線形回帰

　前章では、階層モデルの初歩を学びました。それらの概念は、線形回帰に適用することができます。また、個々のグループレベルでの推定やグループ全体レベルでの推定を含め、いくつかのグループを同時にモデル化することができます。これまで見てきたように、これらはハイパー事前分布を導入することによって行われます。

　ここでは、データ点が一つしかないグループを含む、8 種類の関連したデータグループを作りましょう。

コード 4.21　8 種類のデータグループを描く (1)

```
N = 20
M = 8
idx = np.repeat(range(M-1), N)
idx = np.append(idx, 7)
np.random.seed(314)

alpha_real = np.random.normal(2.5, 0.5, size=M)
beta_real = np.random.beta(6, 1, size=M)
eps_real = np.random.normal(0, 0.5, size=len(idx))

y_m = np.zeros(len(idx))
x_m = np.random.normal(10, 1, len(idx))
y_m = alpha_real[idx] + beta_real[idx] * x_m  + eps_real
```

以下のコードにより、これらのデータを視覚的に表現しましょう。

4.3 階層線形回帰

コード 4.22　8 種類のデータグループを描く (2)

```
plt.figure(figsize=(16,8))
j, k = 0, N
for i in range(M):
    plt.subplot(2,4,i+1)
    plt.scatter(x_m[j:k], y_m[j:k])
    plt.xlabel('$x_{}$'.format(i), fontsize=16)
    plt.ylabel('$y$', fontsize=16, rotation=0)
    plt.xlim(6, 15)
    plt.ylim(7, 17)
    j += N
    k += N
plt.tight_layout()
plt.savefig('img417.png')
```

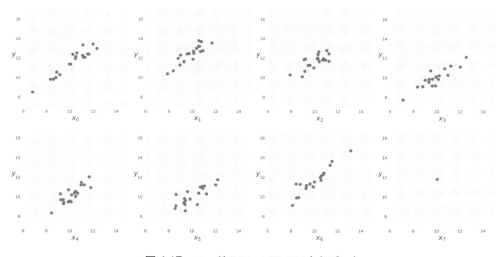

図 4.17　コード 4.21, 4.22 のアウトプット

さて、データをモデルに与える前に、データからその平均値を引き算して中心化しておきましょう。

コード 4.23　非階層モデルにパラメータをフィットさせる (1)

```
x_centered = x_m - x_m.mean()
```

まずは、すでに見てきたように、非階層モデルにフィットさせます。唯一の違いは、今回は元の尺度に対して α を再尺度づけするコードを含んでいることです。

第 4 章 線形回帰モデルによるデータの理解と予測

コード 4.24　非階層モデルにパラメータをフィットさせる (2)

```
with pm.Model() as unpooled_model:
    alpha_tmp = pm.Normal('alpha_tmp', mu=0, sd=10, shape=M)
    beta = pm.Normal('beta', mu=0, sd=10, shape=M)
    epsilon = pm.HalfCauchy('epsilon', 5)
    nu = pm.Exponential('nu', 1/30)
    y_pred = pm.StudentT('y_pred', mu= alpha_tmp[idx] + beta[idx] * x_centered, sd=epsilon, nu=nu, observed=y_m)
    alpha = pm.Deterministic('alpha', alpha_tmp - beta * x_m.mean())

    start = pm.find_MAP()
    step = pm.NUTS(scaling=start)
    trace_up = pm.sample(2000, step=step, start=start, njobs=1)
```

では、結果を確認しましょう。

コード 4.25　非階層モデルにパラメータをフィットさせる (3)

```
varnames=['alpha', 'beta', 'epsilon', 'nu']
pm.traceplot(trace_up, varnames)
plt.savefig('img418.png')
```

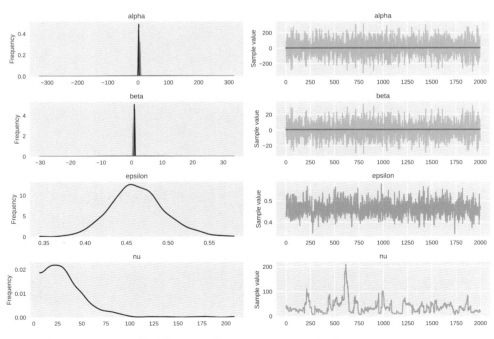

図 4.18　コード 4.23〜4.25 のアウトプット

124

図 4.18 のグラフによると、パラメータ α と β を除いてすべてがうまくいっているように見えます。トレースを見ると、`nu` のトレースが収束しておらず、さまよっていることがわかります。

読者は何が起こっているのかすでにわかっているかもしれません。もちろん、一つしかないデータ点に一意の直線を当てはめることは、意味がありません。少なくとも二つのデータ点が必要です。そうでなければ、`alpha` と `beta` の二つのパラメータに縛りを与えることができません。何らかの追加的情報を与えない限り、これは完全に正しいことです。しかし、事前分布を使うと、これを行えます。α に強い事前分布を与えると、データが一つだけの場合でも、質の良い直線が得られます。

情報を与えるもう一つの方法は、階層モデルを定義することです。その理由は、階層モデルにより、グループ間で情報を共有できるからです。これは、データ点がまばらな (sparse) グループがデータに含まれる場合には、非常に有益です。つまり、データ点が一つしかないような極端にまばらなグループを含むデータを扱うことができるのです。

さて、ハイパー事前分布が含まれることだけが通常の線形回帰モデルと異なる階層モデルを実装してみましょう。具体的には、図 4.19 の Kruschke のダイアグラムに示すようなモデルです。

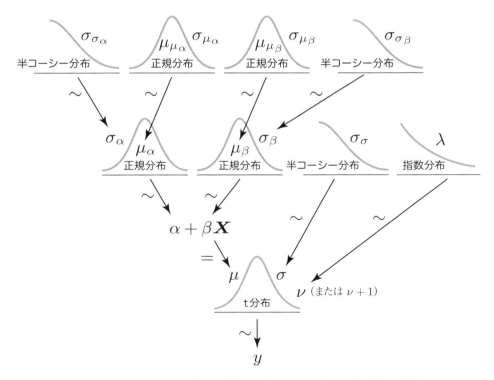

図 4.19　Kruschke のダイアグラムによる階層線形回帰モデルの表現

第 4 章　線形回帰モデルによるデータの理解と予測

以下にコードを示す PyMC3 のモデルと以前のモデルとの主な違いは、次のとおりです。

- ハイパー事前分布を組み込んでいること。
- 中心化されていない元のデータ尺度にパラメータを戻すために、いくつかの直線を追加していること。これは必須ではなく、中心化された尺度のままでも構いませんが、その場合、結果を解釈する際に注意する必要があります。

コード 4.26　8 グループのデータセットに対する階層モデルの KDE とトレースを出力する (1)

```
with pm.Model() as hierarchical_model:
    alpha_tmp_mu = pm.Normal('alpha_tmp_mu', mu=0, sd=10)
    alpha_tmp_sd = pm.HalfNormal('alpha_tmp_sd', 10)
    beta_mu = pm.Normal('beta_mu', mu=0, sd=10)
    beta_sd = pm.HalfNormal('beta_sd', sd=10)

    alpha_tmp = pm.Normal('alpha_tmp', mu=alpha_tmp_mu, sd=alpha_tmp_sd, shape=M
)
    beta = pm.Normal('beta', mu=beta_mu, sd=beta_sd, shape=M)
    epsilon = pm.HalfCauchy('epsilon', 5)
    nu = pm.Exponential('nu', 1/30)

    y_pred = pm.StudentT('y_pred', mu=alpha_tmp[idx] + beta[idx] * x_centered,
sd=epsilon, nu=nu, observed=y_m)

    alpha = pm.Deterministic('alpha', alpha_tmp - beta * x_m.mean())
    alpha_mu = pm.Deterministic('alpha_mu', alpha_tmp_mu - beta_mu * x_m.mean())
    alpha_sd = pm.Deterministic('alpha_sd', alpha_tmp_sd - beta_mu * x_m.mean())

    trace_hm = pm.sample(1000, njobs=1)
```

ここで、たった一つのデータ点しかない場合を含めて、トレースプロットとデータフレームの要約を見ておきましょう。

コード 4.27　8 グループのデータセットに対する階層モデルの KDE とトレースを出力する (2)

```
varnames=['alpha', 'alpha_mu', 'alpha_sd', 'beta', 'beta_mu', 'beta_sd', '
epsilon', 'nu']
pm.traceplot(trace_hm, varnames)
plt.savefig('img420.png')
```

4.3 階層線形回帰

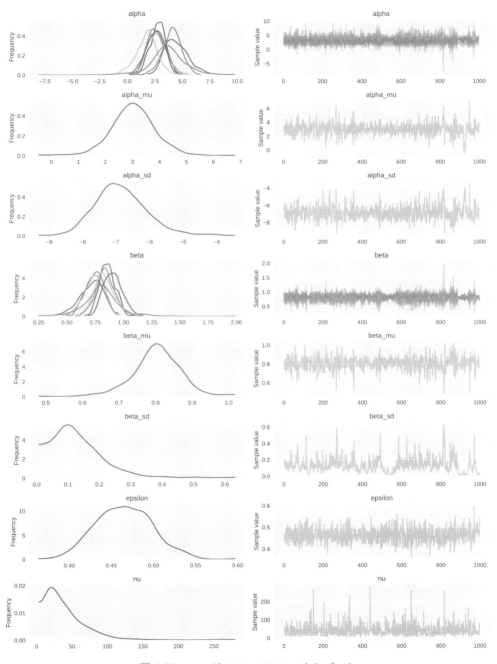

図 4.20 コード 4.26, 4.27 のアウトプット

127

データにフィットさせた直線をグラフ化してみましょう。たった一つのデータ点しかない場合も含めてです！ もちろん、その直線は残りの 7 グループのデータ点から情報を得ているのです。

コード 4.28　8 グループのデータセットに対する階層モデルにより回帰直線を描く

```
plt.figure(figsize=(16,8))
j, k = 0, N
x_range = np.linspace(x_m.min(), x_m.max(), 10)
for i in range(M):
  plt.subplot(2,4,i+1)
  plt.scatter(x_m[j:k], y_m[j:k])
  plt.xlabel('$x_{}$'.format(i), fontsize=16)
  plt.ylabel('$y$', fontsize=16, rotation=0)
  alfa_m = trace_hm['alpha'][:,i].mean()
  beta_m = trace_hm['beta'][:,i].mean()
  plt.plot(x_range, alfa_m + beta_m * x_range, c='k', label='y = {:.2f} + {:.2f} * x'.format(alfa_m, beta_m))
  plt.xlim(x_m.min()-1, x_m.max()+1)
  plt.ylim(y_m.min()-1, y_m.max()+1)
  j += N
  k += N
plt.tight_layout()
plt.savefig('img421.png')
```

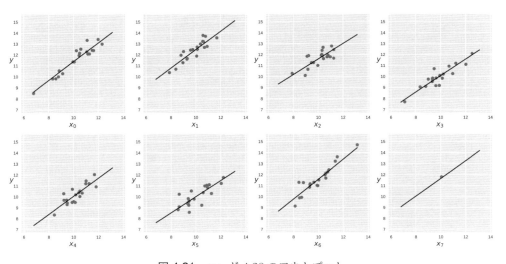

図 4.21　コード 4.28 のアウトプット

▶ 4.3.1 相関、因果、および複雑な現象のモデル化

冬の間、家の暖房費がいくらになるのかを予測したいとしましょう。ただし、総日照時間がわかっているものとします。この例は、日照時間が独立変数 x で、暖房費が従属変数 y と考えられます。この関係を逆にして、暖房費から日照時間を求めることも可能です。このことは重要です。この問題の線形関係（あるいは何らかの他の関係）を確立するとき、x から y に向かうことも、その逆も、どちらも可能なのです。

独立変数を「独立」と呼ぶのは、独立変数はモデルの入力であり、従属変数は出力であって、独立変数の値はモデルの予測対象ではないからです。このような依存関係を特定するモデルを構築するとき、ある変数の値が別の変数の値に依存している、と言います。変数間に因果関係を構築しているのではありません。x が y を引き起こす、というようには言わないのです。次の格言を常に覚えていてください。「相関関係は因果関係を意味しない」。

この考えを少し発展させましょう。日照時間から家の暖房費を予測することは可能ですし、家の暖房費から日照時間を予測することも可能です。しかしながら、日照時間が長いことが暖房費を引き下げることに関係することは確かです。

それゆえ、私たちが作る統計モデルは、諸変数が関連している物理的なメカニズムとは別物だと覚えておくことは重要なのです。相関関係が因果関係によって解釈される場合には、その問題の説明に対してもっともらしい物理的なメカニズムを付け加える必要があります。相関だけでは十分ではないのです。相関している変数同士が因果関係を持っていないということを明確に示してくれる非常に素晴らしく楽しい Web ページがあります。http://www.tylervigen.com/spurious-correlations を参照してください。

因果関係を確立できるなら、相関は役に立たないものでしょうか？ まったく違います。実際、注意深く設計された実験を行う場合には、相関は因果関係を支えることになるのです。例えば、私たちは地球温暖化と大気中の二酸化炭素レベルの上昇との間に高い相関関係があることを知っています。この観測のみからでは、高い気温は二酸化炭素レベルの上昇を引き起こすとも、二酸化炭素レベルの高さが気温を上昇させるとも、結論づけることはできません。さらに、考慮に入れていない第三の変数、すなわち、高い気温と高い二酸化炭素レベルの両方を生み出すような変数が存在するかもしれません。このことを調べるためには、さまざまな量の二酸化炭素を含んだいくつかのガラスタンクを作って実験を行います。一つのガラスタンクに通常の空気（二酸化炭素はおよそ 0.04%）を入れ、それ以外のガラスタンクでは二酸化炭素の濃度をさまざまに変えます。そして、それぞれのタンクに日光を 3 時間ほど当てます。その上で、二酸化炭素の濃度が高いガラスタンクが高い温度になっているかどうかを確認するわけです。こうすることで、実際に二酸化炭素が温室効果ガスであると結論づけられます。同様のガラスタンクで、実験の最後に二酸化炭素の濃度を測定するやり方にすれば、温度が二酸化炭素レ

第 4 章　線形回帰モデルによるデータの理解と予測

ベルを上昇させないことを確認することができます。

　実際には、高い温度は高い二酸化炭素レベルを招きます。なぜなら、海水は二酸化炭素の貯蔵庫であり、温度が高くなると二酸化炭素の可溶性が低くなるからです。一言で説明すると、夏が来るとこの自己膨張問題を十分に解くことができなくなるのです。

　この例に関連して日照時間と暖房費の問題について議論すべきもう一つの重要な側面は、日照時間と暖房費が関連していたとしても、さらに、日照時間が暖房費の予測に使えるとしても、その関係はもっと複雑で、他の変数が関係しているかもしれない、ということです。日照時間の長さは、より多くのエネルギーが家に与えられることを意味します。そのエネルギーの一部は反射され、また一部は熱に変換されます。その熱の一部は家に吸収され、また一部は環境に消えていきます。熱の損失総量は、外気温や風速などのいくつかの要因に依存します。さらに、暖房費が石油やガスの国際価格や企業の収支（企業の利潤追求）など、他の要因からも影響を受けるという事実があります。私たちはこのような複雑なことを直線で、すなわち二つの変数でモデル化しようとしているわけです！！！　問題の文脈を考慮に入れることは常に必要ですし、そのことはより良い解釈をもたらし、無意味な説明をするリスクを減らし、より質の高い予測を与えてくれるのです。文脈を考慮に入れると、モデルをどう改良したらよいかについてヒントが得られる場合もあります。

4.4 ｜ 多項式回帰

　本章のこれまでに学んだスキルに対して、読者は興奮しているのではないでしょうか。次に、線形回帰を使って曲線にフィットさせる方法を学ぶことにしましょう。線形回帰モデルを使って曲線にフィットさせる一つの方法は、次のような多項式を構築することです。

$$\mu = \beta_0 \boldsymbol{x}^0 + \beta_1 \boldsymbol{x}^1 + \beta_2 \boldsymbol{x}^2 + \beta_3 \boldsymbol{x}^3 + \cdots + \beta_n \boldsymbol{x}^n$$

注意して見ると、この多項式には単純な線形モデルが潜んでいることがわかるでしょう。それを明らかにするために必要なことは、1 よりも大きい添え字を持った β をすべて 0 に置き換えてしまうことです。すると、次のように簡略化されます。

$$\mu = \beta_0 \boldsymbol{x}^0 + \beta_1 \boldsymbol{x}^1$$

多項式回帰（polynomial regression）は今なお線形回帰なのです。このモデルの線形性は、変数がモデルにどのように組み込まれているかではなく、パラメータがモデルにどのように組み込まれているかに関係しています。

130

単純な多項式として、放物線による多項式回帰モデルを構築してみましょう。

$$\mu = \beta_0 \boldsymbol{x}^0 + \beta_1 \boldsymbol{x}^1 + \beta_2 \boldsymbol{x}^2$$

第3項は曲率をコントロールします。

アンスコムのカルテットの2番目のグループをデータセットとして使うことにしましょう。seabornからデータを取り出し、それをグラフ表示してみます。

コード 4.29　アンスコムの2番目のグループのデータセットを表示する

```
ans = sns.load_dataset('anscombe')
x_2 = ans[ans.dataset == 'II']['x'].values
y_2 = ans[ans.dataset == 'II']['y'].values
x_2 = x_2 - x_2.mean()
y_2 = y_2 - y_2.mean()

plt.scatter(x_2, y_2)
plt.xlabel('$x$', fontsize=16)
plt.ylabel('$y$', fontsize=16, rotation=0)
plt.savefig('img422.png')
```

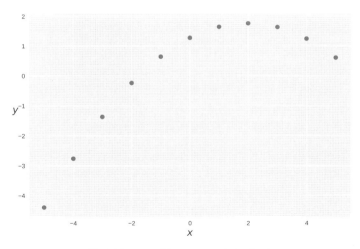

図 4.22　コード 4.29 のアウトプット

コード 4.30　多項式回帰モデルのパラメータの KDE とトレースを出力する

```
with pm.Model() as model_poly:
    alpha = pm.Normal('alpha', mu=0, sd=10)
    beta1 = pm.Normal('beta1', mu=0, sd=1)
    beta2 = pm.Normal('beta2', mu=0, sd=1)
```

```
    epsilon = pm.HalfCauchy('epsilon', 5)

    mu = alpha + beta1 * x_2 + beta2 * x_2**2

    y_pred = pm.Normal('y_pred', mu=mu, sd=epsilon, observed=y_2)

    trace_poly = pm.sample(2000, njobs=1)

pm.traceplot(trace_poly)
plt.savefig('img423.png')
```

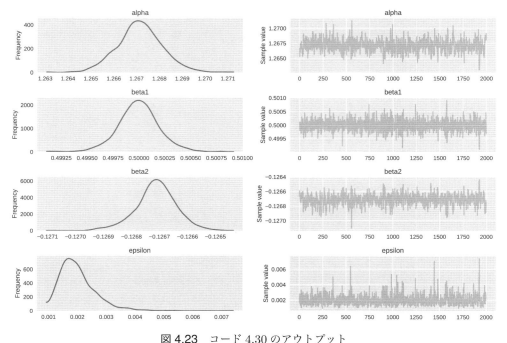

図 4.23　コード 4.30 のアウトプット

　ここではいくつかのチェックと要約統計量の表示を省略し、結果のみをグラフ化しました（図 4.23）。続いて以下のコードから得られる図 4.24 のグラフを見ると、きれいな曲線がほとんど誤差なしにデータにフィットしています。データセットを最小限に表現したこの特徴を確認しておいてください。

コード 4.31　アンスコムのデータに多項式回帰をフィッティングする

```
x_p = np.linspace(-6, 6)
y_p = trace_poly['alpha'].mean() + trace_poly['beta1'].mean() * x_p +
trace_poly['beta2'].mean() * x_p**2
plt.scatter(x_2, y_2)
plt.xlabel('$x$', fontsize=16)
plt.ylabel('$y$', fontsize=16, rotation=0)
plt.plot(x_p, y_p, c='r')
plt.savefig('img424.png')
```

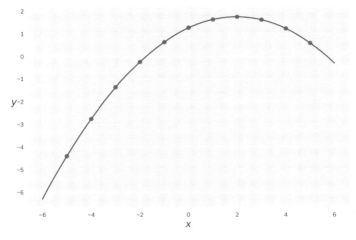

図 4.24　コード 4.31 のアウトプット

▶ 4.4.1　多項式回帰のパラメータ解釈

　多項式回帰の一つの問題は、パラメータの解釈にあります。変数 x の単位当たりの変化によって変数 y がどれほど変化するのかを知りたいとしましょう。その場合、β_1 の値だけをチェックすることはできないのです。というのも、β_2（それより高次の係数が存在するなら、それらも含めて）は β_1 の大きさに影響を与えるからです。つまり、β 係数はもはや傾きではなく、何か別のものなのです。先の例では、β_1 は正の値であり、したがって、曲線は正の傾きをもって始まっています。しかし、β_2 は負の値であり、したがって、最終的には曲線は下降することになります。これはまるで二つの力が作用しているかのようです。一つの力は線を押し上げ、もう一つの力は線を押し下げるわけです。この相互作用は、x の値に依存しています。x_i がおよそ 2 より小さい場合には β_1 に由来する影響が支配的であり、x_i がおよそ 2 より大きい場合には β_2 に由来する影響が支

第4章　線形回帰モデルによるデータの理解と予測

配的です。

　パラメータを解釈する問題は、単なる数学上の問題ではありません。というのも、この問題は注意深くモデルを調べて理解することによって解決されるものだからです。多くの場合、私たちが持っている知識の中で、パラメータを意味ある数値として解釈することはできないのです。パラメータの値を細胞の代謝率と関連づけることはできませんし、星の放出エネルギーや、家の寝室数と関連づけることもできません。それらは単なるパラメータであり、はっきりした物理的な意味を持っていないのです。このようなモデルは予測のためには役立ちますが、データを生成する隠れた過程を理解するのにはまったく役に立ちません。実用上、多項式の次数が2または3よりも高いモデルは、あまり有益ではありません。そのような場合には、第8章で学ぶような他のモデルがふさわしいでしょう。

▶ 4.4.2　多項式回帰 —— 究極のモデル？

　先に見たように、β_2 が0に等しいとき、放物線のモデルの特殊ケースとして直線を考えることができます。また、β_2 と β_3 が0であるとき、3次元モデルの特殊ケースとして直線を考えることができます。もちろん、放物線は β_3 が0のときの3次元モデルの特殊ケースと考えることもできます。この先は省略しますが、読者はすでにこのパターンに気づいていることでしょう。このことは、線形回帰モデルが任意の複雑なモデルにフィットさせるアルゴリズムであることを示唆しています。無限の次数を持つ多項式を作り、私たちのデータに完全にフィットするように、できるだけ多くの係数を0にするわけです。簡単な例から始めて、このアイデアを確かめましょう。3番目のアンスコムのデータセットにフィットさせるため、ここでは2次曲線のモデルを使いましょう。これは読者自身でやってみてください。

　できましたか？　読者は、直線に当てはめるために2次曲線のモデルを使えることがわかったでしょう。この簡単な実験が、データに当てはめるために無限次数の多項式を構築するという本項のアイデアの妥当性を示しているように思えるでしょう。しかし、そう考えたい気持ちを抑える必要があります。一般的に、データにフィットさせるために多項式を使うことは、最良のアイデアではありません。なぜでしょう？　私たちがどのようなデータを持っているかが問題ではなくなってしまうためです。原則として、データに完全にフィットする多項式を見つけることは常に可能なのです。なぜこれが問題となるのでしょう？　これは第6章で扱う内容なのですが、先行して少し説明しておきます。現在のデータに完全にフィットするモデルは、一般的に、まだ観測されていないデータをうまく説明できません。その理由は、あらゆる現実のデータセットはノイズとともに時には（運が良ければ）ある種の興味あるパターンを持っているからです。過度に複雑なモデルは必ずノイズにもフィットしてしまい、良い予測を与えてくれなくなるのです。

これは過剰適合（overfitting）として知られ、統計学や機械学習において広く知られた現象です。過剰適合している多項式回帰は、問題を理解し直観を生み出しやすいため、それが過剰適合すると都合の良い道具になってしまいます。モデルが複雑になると、気づかないうちに簡単に過剰適合してしまうのです。データ分析には、モデルが過剰適合していないことを確認する作業も含まれます。この話題については、第6章で詳細に議論しましょう。

過剰適合の問題のほかに、理解可能なモデルが一般的に好まれるという問題もあります。通常は、3次元モデルのパラメータよりも、直線のパラメータのほうが物理的な意味において理解することが容易です。それは、3次元モデルのほうがより良くデータを説明できるとしてもです。

4.5 線形重回帰

これまでのすべての例において、一つの従属変数と一つの独立変数を使ってきましたが、ほとんどの場合は、多くの独立変数をモデルに組み込むことになるでしょう。例えば次のような場合が考えられます。

- 知覚されたワインの品質（従属変数）と酸度、密度、アルコールレベル、残留糖、硫酸塩含量（独立変数）
- 学生の履修科目の平均成績（従属変数）と世帯収入、通学距離、母親の教育水準（独立変数）

このようなケースでは、従属変数の平均値を次のようにモデル化します。

$$\mu = \alpha + \beta_1 \boldsymbol{x}_1 + \beta_2 \boldsymbol{x}_2 + \beta_3 \boldsymbol{x}_3 + \cdots + \beta_m \boldsymbol{x}_m$$

これは、つい先ほど見た多項式回帰の式とはまったく異なります。この式の右辺は、指数が順に増える一つの変数ではなく、m 種類の異なる変数で構成されることに注意してください。

線形代数の表記法を使うと、次のように短く表現することができます。

$$\mu = \alpha + \boldsymbol{\beta X}$$

ここで、$\boldsymbol{\beta}$ は m 次の係数ベクトルで、その次数は独立変数の数となります。変数 $\boldsymbol{X}$ は大きさ $m \times n$ の行列であり、m は独立変数の数、n は観測数を指します。線形代数が苦手な読者は、二つのベクトル間の内積や、ベクトルと行列の積に一般化した内積について、Wikipedia の記事をチェックするとよいでしょう。しかし、基本的に読者が知って

第 4 章　線形回帰モデルによるデータの理解と予測

おくべきことは、次式の左辺のように短くて便利な方法でモデルが表現できるということです。

$$\boldsymbol{\beta X} = \sum_{i=1}^{m} \beta_i \boldsymbol{x}_i = \beta_1 \boldsymbol{x}_1 + \beta_2 \boldsymbol{x}_2 + \beta_3 \boldsymbol{x}_3 + \cdots + \beta_m \boldsymbol{x}_m$$

線形単回帰モデルを使うと、データを説明[11]する直線を求めることになります。線形重回帰モデルを使うと、代わりに、m 次元の超平面[12]を求めることになります。したがって、線形重回帰モデルは本質的に線形単回帰と同じモデルであり、異なるのは、係数 $\boldsymbol{\beta}$ がベクトルであり、独立変数 $\boldsymbol{X}$ が行列であるということだけです。

それではデータを定義しましょう。

コード 4.32　変数間の散布図を描く (1)

```
np.random.seed(314)
N = 100
alpha_real = 2.5
beta_real = [0.9, 1.5]
eps_real = np.random.normal(0, 0.5, size=N)

X = np.array([np.random.normal(i, j, N) for i,j in zip([10, 2], [1, 1.5])])
X_mean = X.mean(axis=1, keepdims=True)
X_centered = X - X_mean
y = alpha_real + np.dot(beta_real, X) + eps_real
```

以下では、三つの散布図を描くために便利な関数 scatter_plot を定義します。初めの二つの散布図は独立変数と従属変数の関係を示し、最後の一つの散布図は独立変数間の関係を示しています。魅力的なグラフを描く関数ではありませんが、本章の残りの部分で何回かこれを使います。

コード 4.33　変数間の散布図を描く (2)

```
def scatter_plot(x, y):
  plt.figure(figsize=(10, 10))
  for idx, x_i in enumerate(x):
    plt.subplot(2, 2, idx+1)
```

---

[11] 訳注：ここで言う「説明」とは、データの変動の仕組みを記述することを指します。

[12] 訳注：従属変数の 1 次元に独立変数の m 次元を加えると、全体で $m+1$ 次元の空間になります。$m+1$ 次元空間における m 次元の平坦な空間を超平面と言います。ここでは前出の線形重回帰モデルが m 次元の超平面となります。より一般的な説明は、5.2.1 項の末尾にあります。

```
        plt.scatter(x_i, y)
        plt.xlabel('$x_{}$'.format(idx+1), fontsize=16)
        plt.ylabel('$y$', rotation=0, fontsize=16)

    plt.subplot(2, 2, idx+2)
    plt.scatter(x[0], x[1])
    plt.xlabel('$x_{}$'.format(idx), fontsize=16)
    plt.ylabel('$x_{}$'.format(idx+1), rotation=0, fontsize=16)
```

scatter_plot を使うと、人工的に合成したデータを視覚的に表現することができます。

コード 4.34　変数間の散布図を描く (3)

```
scatter_plot(X_centered, y)
plt.savefig('img425.png')
```

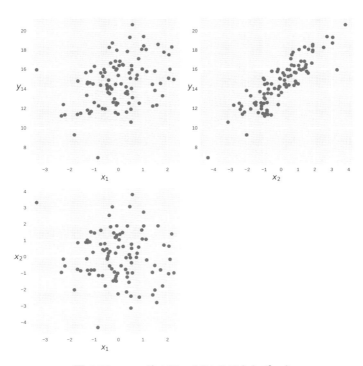

図 4.25　コード 4.32〜4.34 のアウトプット

第 4 章　線形回帰モデルによるデータの理解と予測

　では、線形重回帰に当てはめるモデルを、PyMC3 を使って定義しましょう。読者が予想するとおり、そのコードは線形単回帰で使った以前のコードとかなりよく似ています。主な違いは次のとおりです。

- 変数 beta は独立変数の傾きに対応しており、正規分布に従うこと。また、shape=2 と指定して、2 次元のベクトルとしていること。
- 関数 pm.math.dot を使って変数 mu を定義していること。以前に述べた線形代数の内積あるいは行列積を計算します。

　NumPy に精通した読者は、NumPy が内積の関数を持っていることを知っているかもしれません。Python 3.5（NumPy1.10）から、新しい行列演算子 @が組み込まれました。それにもかかわらず、内積を計算する関数としてここで PyMC3 を使うのは、それが Theano ライブラリの行列積の演算子に置き換えて実行してくれるからです。つまり、変数 beta を NumPy の配列ではなく、Theano のテンソル[*13]にするためにそうしているのです。

コード 4.35　線形重回帰モデルのパラメータの KDE とトレースを出力する

```
with pm.Model() as model_mlr:
  alpha_tmp = pm.Normal('alpha_tmp', mu=0, sd=10)
  beta = pm.Normal('beta', mu=0, sd=1, shape=2)
  epsilon = pm.HalfCauchy('epsilon', 5)
  mu = alpha_tmp + pm.math.dot(beta, X_centered)
  alpha = pm.Deterministic('alpha', alpha_tmp - pm.math.dot(beta, X_mean))
  y_pred = pm.Normal('y_pred', mu=mu, sd=epsilon, observed=y)

  trace_mlr = pm.sample(5000, njobs=1)

varnames = ['alpha', 'beta','epsilon']
pm.traceplot(trace_mlr, varnames)
plt.savefig('img426.png')
```

　出力されるグラフを図 4.26 に示します。

　結果の分析を容易にするために、推論されたパラメータ値の要約統計量を出力しておきましょう。なお、表 4.2 の beta_0 は β_1 に、beta_1 は β_2 に対応していることに注意してください。モデルはどの程度うまくいっているでしょうか？

[*13] 訳注：「テンソル」は線形代数の用語で、行列を拡張したものを指します。スカラー（一つの数値）を拡張したものがベクトル、ベクトルを拡張したものが行列、行列を拡張したものがテンソル、と捉えておいてください。

138

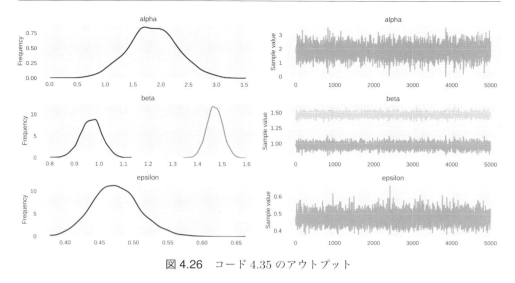

図 4.26　コード 4.35 のアウトプット

コード 4.36　線形重回帰のパラメータの要約統計量を出力する

```
pm.summary(trace_mlr, varnames)
```

表 4.2　コード 4.36 から得られる統計量

	mean	sd	mc_error	hpd_2.5	hpd_97.5
alpha	1.854	0.458	0.007	0.981	2.776
beta_0	0.969	0.044	0.001	0.881	1.053
beta_1	1.470	0.033	0.000	1.406	1.534
epsilon	0.474	0.035	0.001	0.409	0.546

　これを見てわかるように、私たちのモデルには、想定した真なる値を再現する能力があります（人工的な合成データを生成するのに使われた値をチェックしてください）。

　次の項では、重回帰モデルの結果の分析において、特に傾きの解釈において注意すべきいくつかの点に焦点を当てます。一つの重要なメッセージは、線形重回帰では、各パラメータは他のパラメータの文脈においてのみ意味を持つということです。

▶ 4.5.1　交絡変数

　次のような状況を想像してください。予測変数（独立変数）x と関係のある変数 z があるとします。そして同時に、被予測変数（従属変数）y があるとします。例えば、z を産業革命（実に複雑な変数です！）、x を海賊の数、y を二酸化炭素の濃度としましょう。

第 4 章　線形回帰モデルによるデータの理解と予測

　この例の分析において z を無視すると、x と y の間に良き線形関係を見出すことができます。さらに、x から y を予測することさえできるでしょう。しかしながら、私たちの関心が地球温暖化にあるとしたら、z を無視することは、何が実際に起こっているのかを全体的には見誤ることになり、そのメカニズムについて誤解してしまうことになるでしょう。相関が因果を意味しないということは、すでに議論しました。この場合の x と y の線形関係が真実であるはずがないことの一つの理由は、分析から変数 z を省略したことにあります。このような場合、z は**交絡変数**（confounding variable）と呼ばれ、交絡要因となります[*14]。問題は、多くのシナリオにおいて、z は忘れられがちになるということです。それを測定してさえいないかもしれませんし、与えられたデータセットの中には存在していないかもしれません。あるいは、それが私たちの問題と関係あるとは考えてもいないかもしれません。分析において交絡変数を考慮に入れないということは、擬似的な相関関係を把握してしまうことに繋がります。これは何かを説明しようとするとき、常に問題になります。そして、何かを予測しようとする際にも問題になるのです。たとえ、背後に隠れているメカニズムを理解することに関心がないとしてもです。メカニズムを理解すると、学んだことを新しい状況に応用する際に役立ちます。メカニズムの理解がない予測がうまく応用できることは、決してありません。例えば、ある国で生産されたスニーカーの数は、その国の経済力を簡単に測定する指標として使えるでしょう。しかし、このスニーカー生産数という指標は、異なる生産様式や文化的背景を持つ他の国では役に立たない指標になることでしょう。

　交絡変数の問題を調べるために、合成データを使うことにしましょう。以下のコードは、x_1 として交絡変数をシミュレートしています。この変数が x_2 や y にどう影響を与えているかに注意してください。

コード 4.37　交絡変数を持つ線形重回帰モデルの変数間の散布図を描く (1)

```
np.random.seed(314)
N = 100
x_1 = np.random.normal(size=N)
x_2 = x_1 + np.random.normal(size=N, scale=1)
y = x_1 + np.random.normal(size=N)
X = np.vstack((x_1, x_2))
```

[*14] 訳注：z が x と相関があり、かつ、z が y と相関がある場合、本来関係がない x と y の間にも相関が見つかることがあります。このように、無関係な 2 要因を絡めてしまい、関係があるように見せてしまうことを交絡と言います。

4.5 線形重回帰

このような形で変数を作ったことで、これらの変数はすでに中心化されているため、先に作った便利な関数を使って簡単にチェックすることができ、推論過程がスピードアップします。事実、この例では、データは標準化されているのです。

コード 4.38　交絡変数を持つ線形重回帰モデルの変数間の散布図を描く (2)

```
scatter_plot(X, y)
plt.savefig('img427.png')
```

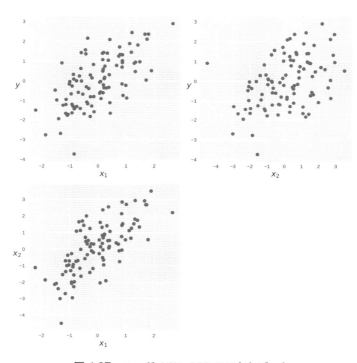

図 4.27　コード 4.37, 4.38 のアウトプット

では、PyMC3 を使ってモデルを構築し、そこからサンプリングしましょう。この時点で、読者には、このモデルが非常に馴染みのあるものになっていることでしょう。

コード 4.39　交絡変数を持つ線形重回帰モデルのパラメータの KDE とトレースを出力する

```
with pm.Model() as model_red:
    alpha = pm.Normal('alpha', mu=0, sd=1)
    beta = pm.Normal('beta', mu=0, sd=10, shape=2)
    epsilon = pm.HalfCauchy('epsilon', 5)
```

```
    mu = alpha + pm.math.dot(beta, X)
    y_pred = pm.Normal('y_pred', mu=mu, sd=epsilon, observed=y)

    trace_red = pm.sample(5000, njobs=1)

pm.traceplot(trace_red)
plt.savefig('img428.png')
```

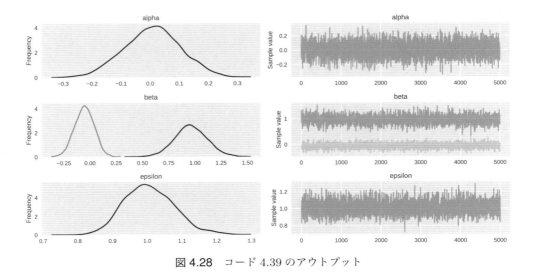

図 4.28　コード 4.39 のアウトプット

Pandas ライブラリのデータフレームとして、この結果の要約統計量を表示しておきましょう。ベータ係数の平均値に注目してください。

コード 4.40　交絡変数を持つ重回帰モデルのパラメータの要約統計量を出力する

```
pm.summary(trace_red)
```

表 4.3　コード 4.40 から得られる統計量

	mean	sd	mc_error	hpd_2.5	hpd_97.5
alpha	0.006	0.098	0.001	-0.185	0.192
beta_0	0.960	0.153	0.004	0.651	1.259
beta_1	-0.055	0.093	0.002	-0.240	0.120
epsilon	1.005	0.072	0.001	0.868	1.144

4.5 線形重回帰

　表 4.3 を見ると、beta_1 はゼロに近い値になっています[*15]。これは変数 x_2 が y を説明するのにほとんど何も貢献していないことを示しています。本当に重要な変数が x_1 であることはすでにわかっているので、これは興味深いことです。いずれにしても、この例の最も興味深いことはこれから記すことです。

　ここで、読者は以下の実験を行ってください。まず、x_1 をモデルに入れて（x_2 を入れないで）モデルを再実行し、その後、x_2 をモデルに入れて（x_1 を入れないで）モデルを再実行してください。著者の GitHub サイトからダウンロードできる付属コードを読者がチェックすれば、一組のコメントつきのコードがあり、これを使えば作業が簡単になるでしょう。さて、質問です。三つのケースで、ベータ係数の平均値にどのような違いがあるでしょうか？

　この実験を通じて、ベータ係数の正確な値が得られたということに加えて、beta_1 は線形単回帰の場合よりも線形重回帰の場合のほうが小さい値になっていることがわかったでしょう。言い換えると、y に対する x_2 の説明力は、モデルに x_1 が組み込まれた場合には小さくなる（場合によってはなくなるかもしれない）ということです。

▶ 4.5.2　多重共線性あるいは相関が高い場合

　先の例では、線形重回帰モデルが交絡変数に対してどのように反応するかに着目し、交絡変数の可能性を考察することの重要性を確認しました。さて、先の例を極端に捉え、二つの独立変数が非常に高い相関を持っている場合に何が起こるのかを調べたいと思います。この問題と、それが推論に及ぼす影響を調べるために、前と同じように合成データとモデルを使うことにしましょう。ただし、今回のデータでは、x_2 を得るために x_1 に加える乱数ノイズを小さくすることによって、x_1 と x_2 の間の相関度を高めることにします。

コード 4.41　強い相関を持つ独立変数が線形重回帰モデルに与える影響を調べる

```
x_2 = x_1 + np.random.normal(size=N, scale=0.01)
```

　データを生成するコードの中で、x_2 の定義をこのように変更します。x_1 の合計が 0 になっているのと同様に、x_2 の合計も 0 になっています。したがって、実際上のあらゆる目的に関して変数 x_1 と変数 x_2 は同等になります。標準的な値を使うと、乱数ノイズのスケール値を大きくすることができますが、今は物事をはっきりさせたいので、このような極端に小さな値（0.01）にしておきます。

[*15] 訳注：表 4.2 と同様に、表 4.3 の beta_0 は β_1 に、beta_1 は β_2 に対応しています。ライブラリの仕様によりゼロ起算で添え字をカウントするため、これらの表では、本文の重回帰モデルに含まれるベータ係数の添え字より 1 少なく表示されますので注意してください。

新しいデータを生成し、その散布図がどのように見えるのかをチェックしてください。x_1 と x_2 の散布図が、実質的な傾きがおよそ 1 の直線になっていることがわかるはずです。モデルを実行し、結果を確認してください。著者の GitHub サイトからダウンロードできる本書の付属コードを見ると、ベータ係数に関する 2 次元の KDE グラフを描くための数行のコードが見つかるでしょう。実行した結果は、図 4.29 と似たようなグラフになっているはずです。

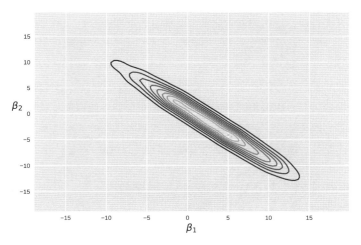

図 4.29　コード 4.41 のアウトプット（ベータ係数の 2 次元 KDE）

独立変数間の相関が高い場合、ベータ係数の HPD は事前分布が許容する限り幅が広くなります（図 4.30 を参照）。なお、図中の beta[0] は β_1 に、[1] は β_2 に対応しています。

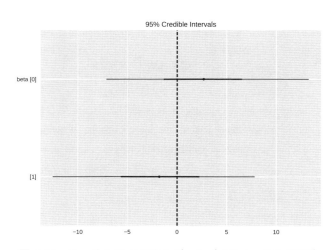

図 4.30　コード 4.41 のアウトプット（パラメータの HPD）

図 4.29 から明らかなように、ベータ係数の事後分布はかなり狭い対角線的な形状になります。一つのベータ係数が大きい値の場合には、もう一つのベータ係数は小さくなります。両者は強く相関しているわけです。これはモデルとデータによって引き起こされた結果なのです。このモデルでは、平均 μ は次のようになります。

$$\mu = \alpha + \beta_1 \boldsymbol{x}_1 + \beta_2 \boldsymbol{x}_2$$

実際には $\boldsymbol{x}_1$ と $\boldsymbol{x}_2$ が等しくなくても、同等であるとすると、次のようにモデルを書き換えることができます。

$$\mu = \alpha + (\beta_1 + \beta_2)\boldsymbol{x}$$

すると、β_1 と β_2 の合計が現れ、別々の値ではなくなります。そして、それが μ に影響を与え、モデルは不確定になります（同様に、データは影響を及ぼさなくなります）。この例では、ベータ係数が区間 $[-\infty, \infty]$ の値を自由にとれない理由が、二つあります。一つ目の理由は、両変数の値はまったく同じではないものの、ほとんど同じである、ということです。二つ目の理由は、ベータ係数がとりうるもっともらしい値を制限する事前分布を使っていることであり、こちらがより重要です。

　この例について知っておくべきことがいくつかあります。第一に、事後分布はデータとモデルからの論理的な帰結であるということです。したがって、ベータ係数がこのように広い分布になることについては、それが何であれ、問題はありません。第二に、予測をするためにこのモデルが使えるということです。この例の事後分布チェックをしてみてください。モデルによって予測された値は、データと一致しています。もう一度述べます。モデルはデータを非常にうまく捉えています。第三に、問題を理解するためには、このモデルは良いモデルではないかもしれない、ということです。モデルからどちらか一つの変数を削除することがより賢明でしょう。そうすることによって、前と同様にデータをうまく予測するモデルが得られ、しかもより簡単に（そして単純に）解釈することができるのです。

　いかなる現実のデータセットにおいても、相関はある程度は存在するものです。二つあるいはそれより多い変数が相関を持っている場合、どれほど強い相関が問題となるのでしょうか？ 0.9845 でしょうか？ いや、これは冗談で、そのような魔法のような数値は存在しません。どのようなベイジアンモデルを実行する前でも、相関行列を求めることが可能です。そして、例えば 0.9 のような、高い相関係数を示している変数をチェックしてください。そうは言うものの、このアプローチには、相関行列において観測される 1 対の相関が問題なのではないという問題があります。問題なのは、モデルの内部における変数間の相関なのです。すでに見てきたように、変数は同時にモデルに組み込まれると、バラバラに孤立的な振る舞いをします。重回帰モデルにおいては、二つ以上の

第4章　線形回帰モデルによるデータの理解と予測

変数間の相関を、それら以外の変数が強めたり弱めたりします。モデル構築において、反復的で批判的なアプローチをとり、自己相関や事後分布などを詳細に検証することは、常に大いに推奨されます。そして、それらは問題を描き出し、データとモデルを理解するのに役立つことでしょう。

独立変数間に高い相関が認められた場合、何をすべきでしょうか？

- 相関が実質的に高い二つの変数がある場合、その片方を分析から削除することができます。両変数が同じような情報を持っている場合は、どちらを削除しても構いません。便利さだけを考えて変数を削除できます。例えば、当該の研究領域においてはあまり知られていなかったり、解釈するのが難しかったり、測定するのが難しかったりするような変数を削除するとよいでしょう。
- 二つ目の対処法は、冗長な変数[16]を平均化して、一つの新しい変数を作ることです。もう少し洗練されたやり方は、例えば、主成分分析（principal component analysis; PCA）[17]のような、変数を削減するアルゴリズムを使うことです。PCAを使う場合の問題点として、PCAによって得られる変数[18]が元の変数の線形結合となり、一般的には結果の解釈を難しくしてしまうことが挙げられます。
- 三つ目の解決策は、強い事前分布を使って、ベータ係数がとりうるもっともらしい値に制約を課すことです。第6章では、**正則化事前分布**と呼ばれるこのような事前分布の選択肢をいくつか簡単に議論します。

▶ 4.5.3　変数のマスキング効果

被予測変数とある予測変数との間に正の相関があり、一方で、他の予測変数と被予測変数との間に負の相関がある場合、先ほどと似たような状況が発生します。これについてちょっとしたデータを作ってみましょう。

コード4.42　線形重回帰モデルにおけるマスキング効果を調べるためにデータ散布図を描く

```
np.random.seed(314)
N = 100
r = 0.8
```

---

[16] 訳注：独立変数間に高い相関がある場合、それら相関のある2変数は、互いに一方が他方に対して冗長な変数（redundant variable）となります。

[17] 訳注：主成分分析は多少なりとも相関のある n 個の変数で表せるデータを、相関のない n 個より少ない変数で表せるデータへと縮約する手法です。Wikipediaなど、インターネットを検索して調べてみてください。

[18] 訳注：主成分得点と呼ばれます。

```
x_1 = np.random.normal(size=N)
x_2 = np.random.normal(loc=x_1 * r, scale=(1 - r ** 2) ** 0.5)
y = np.random.normal(loc=x_1 - x_2)
X = np.vstack((x_1, x_2))

scatter_plot(X, y)
plt.savefig('img431.png')
```

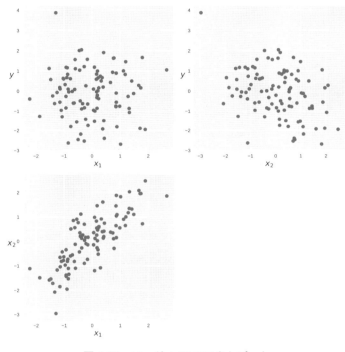

図 4.31 コード 4.42 のアウトプット

コード 4.43 　線形重回帰モデルにおけるマスキング効果を調べるために KDE とトレースを出力する

```
with pm.Model() as model_ma:
    alpha = pm.Normal('alpha', mu=0, sd=10)
    beta = pm.Normal('beta', mu=0, sd=10, shape=2)
    epsilon = pm.HalfCauchy('epsilon', 5)

    mu = alpha + pm.math.dot(beta, X)
    y_pred = pm.Normal('y_pred', mu=mu, sd=epsilon, observed=y)

    trace_ma = pm.sample(5000, njobs=1)
```

```
pm.traceplot(trace_ma)
plt.savefig('img432.png')
```

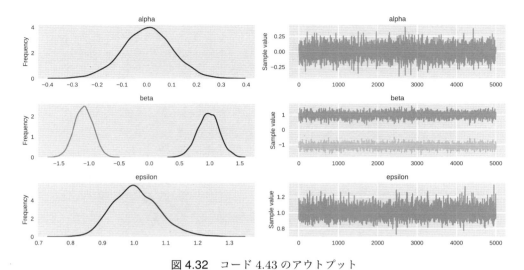

図 4.32　コード 4.43 のアウトプット

コード 4.44　線形重回帰モデルにおけるマスキング効果を調べるためにベータ係数の HPD を出力する

```
pm.forestplot(trace_ma, varnames=['beta']);
plt.savefig('img433.png')
```

なお、図 4.33 の beta[0] は β_1 に、[1] は β_2 に対応しています。

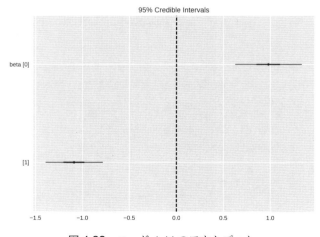

図 4.33　コード 4.44 のアウトプット

4.5 線形重回帰

　事後分布によると、ベータ係数の値は 1 と −1 に近いことがわかります。すなわち、x_1 は y と正の相関があり、x_2 は y と負の相関があります。この分析を繰り返しますが、今度は（おそらく読者はすでに考えていることでしょうが）それぞれの変数を別々にしたモデルを使います。

　それぞれの変数を別々に線形単回帰として扱うと、β は 0 に近くなります。個別化することによって、それぞれの x 変数は y をうまく予測できなくなります。代わりに、変数 x_1 と x_2 を組み合わせると、y を予測できるようになります。x_1 が大きいと x_2 も大きく、x_2 が大きいと y が小さいことになります。したがって、x_2 を省略して x_1 を見ると、x_1 が大きいときに y が大きいと言えることになります。同様に、x_1 を省略して x_2 を見ると、x_2 が大きいときに y が小さいと言えることになります。各独立変数は従属変数に対して反対の効果を持っています。独立変数は相関しており、したがって、分析からそれらのどちらか一つを削除すると、本来の効果を過少に推定することになります[19]。

▶ 4.5.4　相互作用の追加

　これまでの重回帰モデルの定義においては、x_1 が変化したとき、それ以外の予測変数を定数として扱いつつ、y に対して一定の変化が生じるという見方を、暗黙にしてきました。もちろん、これは必ずしも正しくはありません。x_2 の変化が、x_1 の変化に伴って変化した y に影響を与えることがあります。このような振る舞いの古典的な例として、薬剤間の相互作用が挙げられます。例えば、薬剤 A の投与を増やすと、患者に対して正の効果があるとします。これは、薬剤 B を投与しない（あるいは薬剤 B を少ししか投与しない）場合には正しいでしょう。薬剤 A と薬剤 B の間に相互作用がある場合、薬剤 B の投与量が増えると薬剤 A は負の効果（場合によっては致命的）になる場合があります。

　これまで私たちが見てきたすべての例において、独立変数は加法的に従属変数に影響を与えていました。各独立変数はそれぞれの係数を掛け算された上で加算されるわけです。薬剤の例にあるような効果を把握したい場合には、加算による項ではなく乗算による項をモデルに組み込む必要があります。例えば次のようになります。

$$\mu = \alpha + \beta_1 x_1 + \beta_2 x_2 + \beta_3 x_1 x_2$$

ここで、第 4 項は x_1 と x_2 を掛け合わせた第三の変数に β_3 係数を掛けたものになっています。この非加算的な第 4 項は、統計学の領域では**相互作用**（interaction）を表します。つまり、この第 4 項が変数間（私たちの例では薬剤間）の相互作用をモデル化した

---

[19] 訳注：これをマスキング効果と言います。

149

第 4 章　線形回帰モデルによるデータの理解と予測

一つになります。相互作用をモデル化するためのさまざまな計算方法が存在します。掛け算は非常によく用いられる一つの方法なのです。

相互作用を含まない重回帰モデルにおいては、超平面、すなわち、平面を拡張した表面を得ることになります。相互作用項は、このような超平面に曲面を組み入れることになるのです。

4.6　glmモジュール

線形モデルは、統計学や機械学習において広く使われます。そのため、PyMC3 は glm という名前のモジュールを持っています。これは generalized linear model（一般化線形モデル）の頭文字をとったものです。この名前の意味は、5.2.7 項で明らかになります。glm モジュールは線形モデルの記述を簡単にしてくれます。例えば、線形単回帰は次のようにコーディングすることができるのです。

```
with Model() as model:
  glm.glm('y ~ x', data)
  trace = sample(2000)
```

このコードの 2 行目は、切片と傾きに対しては平坦な事前分布を、尤度には正規分布をデフォルトとして設定しています。デフォルトの線形回帰を実行するのであれば、これだけでいいのです。このモデルの最大事後確率（MAP）は、頻度主義の最小 2 乗法（ordinary least square）を用いた場合と本質的に等しい結果を与えます。必要なら、事前分布と尤度を変更して glm モジュールを使うこともできます。R 言語の構文に詳しい読者はわかると思いますが、'y ~ x' という表現は、独立変数 x の線形関数として推定したい結果変数 y を指定しています。glm モジュールには、事後予測グラフを作る関数も含まれています。

4.7　まとめ

線形回帰は統計学や機械学習の領域で最も広く使われているモデルの一つであること、そして、それはより複雑なモデルを構築するための基礎になることを学びました。これはよく利用されるモデルなので、さまざまな人々が同じ概念や対象に異なる名前を与えています。そこで、まず統計学と機械学習で一般的に用いられている用語を紹介しました。線形モデルのコアの部分、すなわち、入力変数と出力変数を関連づけるための表現

150

を学びました。本章では、正規分布とスチューデントのt分布を用いた関連づけを取り扱いましたが、以降の章では、他の分布へと拡張することになります。また、データを中心化したり標準化したりすることによって計算上の問題にうまく対応する方法を学びました。そして、メトロポリスサンプラーに対するNUTSサンプラーの優位性を明らかにすることができました。これまでの章で導入された階層モデルを線形単回帰に採用しました。曲線への当てはめをするために、多項式回帰も調べてみました。併せて、多項式回帰モデルの諸問題についても議論しました。第6章の主な話題を先行して取り上げることもしました。二つ以上の入力変数を持つ線形回帰をどのように行うかについても議論し、さらに、線形モデルを解釈する際の注意事項を学ぶことに時間を割きました。続く章では、データをはっきりと捉えるために、線形回帰モデルをどのように拡張すればよいのかを学びます。

4.8 | 続けて読みたい文献

- Richard McElreath: *Statistical Rethinking*, 第4章, 第5章
- John Kruschke: *Doing Bayesian Data Analysis, Second Edition*, 第17章, 第18章
  【邦訳】前田和寛・小杉考司 監訳『ベイズ統計モデリング —— R, JAGS, Stan によるチュートリアル（原著第2版）』共立出版 (2017)
- Gareth James et al.: *An Introduction to Statistical Learning, second edition*, 第4章
- Andrew Gelman et al.: *Bayesian Data Analysis, Third Edition*, 第14章〜第17章
- Kevin P. Murphy: *Machine Learning: A Probabilistic Perspective*, 第7章
- Andrew Gelman & Jeniffer Hill: *Data Analysis Using Regression and Multilevel/Hierarchical Models*

4.9 | 演習

1. 興味のあるデータセットを選び、線形単回帰モデルに当てはめてください。グラフを作り、ピアソンの相関係数を異なるいくつかの方法を使って計算してください。もしデータセットを持っていないなら、例えば http://data.worldbank.org/ や http://www.stat.ufl.edu/~winner/datasets.html を参照してください。

第 4 章　線形回帰モデルによるデータの理解と予測

2. PyMC3 のドキュメントから http://docs.pymc.io/notebooks/LKJ.html を読ん
で実行してください。

3. コード 4.24 のプーリングしていないモデル（`unpooled_model`）において、`sd` に
関するベータ分布の事前分布を変更し、1 と 100 を試してください。各グループ
について、推定された傾きはどのようになったかを調べてください。この変更に
よってどのグループがより強く影響を受けたでしょうか？

4. 著者の GitHub サイトからダウンロードできる本書に付属のコードの中に含まれ
る `model_t2`（およびそれと関連したデータ）を見てください。シフトしていない
指数分布とガンマ分布の事前分布（これらは付属コードの中で行頭に # をつけて
コメント化してあります）などを使って `nu` の事前分布について実験してくださ
い。事前分布をグラフ表示して、しっかり理解してください。これを行う一つの
簡単な方法は、この付属コードに含まれる尤度のコメントを参照し、トレースプ
ロットをチェックすることです。

5. データを中心化しないで `model_mlr` の例（コード 4.35）を実行してください。中
心化する場合としない場合で、パラメータ α の不確実性を比較してください。こ
れらの結果を説明できますか？　ヒント：α の定義（切片）を思い出してください。

6. PyMC3 のドキュメントから次のノートブックを読み、実行してください。

- http://docs.pymc.io/notebooks/GLM-linear.html
- http://docs.pymc.io/notebooks/GLM-robust.html
- http://docs.pymc.io/notebooks/GLM-hierarchical.html

7. 線形重回帰モデルに関して本文中に提示された実習を、忘れずに実行してくだ
さい。

第5章

ロジスティック回帰による結果変数の分類

　前章では、線形回帰モデルの重要な部分を学びました。そのようなモデルにおいて、被予測変数は量的（計量的）であると仮定していました。本章では、色、性別、生物種、政党/所属など、いくつかの名前をデータとして持つ質的（カテゴリカル）変数をどのように取り扱うかを学びます。ある変数は定性的にコード化されたり定量的にコード化されたりします。例えば、色の名前を表すカテゴリカル変数の値としては、「赤」や「緑」を挙げることができますし、色の波長を表す定量的変数の値としては、「650」nm や「510」nm を挙げることができます。カテゴリカル変数を扱う際の一つの課題は、ある観測データに対してクラスを割り当てることです。この課題は分類（classification）と呼ばれ、すでに決まったクラスがあるならば、教師あり問題となります。分類作業には、新しいデータに対して適切なクラスを予測することや、クラスと特徴変数との関係を記述するモデルのパラメータを学習することが含まれます。

　本章では次の事項を学びます。

- ロジスティック回帰と逆連結関数
- 単純ロジスティック回帰
- 多重ロジスティック回帰
- ソフトマックス関数と多項ロジスティック回帰

第5章　ロジスティック回帰による結果変数の分類

5.1 ロジスティック回帰

著者の母はソパセカというおいしい料理を作ってくれます。それはスパゲッティを基本にした料理で、スペイン語から英語に直訳すると、ドライスープになります。その名前には妙な響きがあり、擬態語のようでもある一方で、その調理法を知ると、この料理の名前の意味がわかります。これと似たようなことがロジスティック回帰にも言えます。その名前にもかかわらず、回帰問題より分類問題を解くためにロジスティック回帰モデルは使われます。このモデルは、以前の章で学んだ線形回帰モデルの拡張であり、そのために、このような名前がつけられています。

回帰モデルを分類にどのように用いるのかを理解するために、線形モデルの重要な部分を書き直すことから始めましょう。しかし、今回は次のように少々ねじれた表現を使います。

$$\mu = f(\alpha + \beta \boldsymbol{X})$$

ここで、f は逆連結関数（inverse link function）として知られる関数を指します。なぜ単なる連結関数ではなく、逆連結関数なのでしょう？　その理由は、伝統的にこの種の関数が、出力変数を線形モデルに連結する関数と見なされてきたことによります。しかし、すぐにわかりますが、ベイジアンモデルを構築する際には、線形モデルから出力変数へと連結すると考えるほうが簡単でしょう。しかし、混乱を避けるために伝統に従い、本書でも逆連結関数と呼ぶことにします。

これまでの章で扱ったすべての線形モデルは、一つの逆連結関数を持っていましたが、それは恒等関数（identity function）だったため、省略していました。恒等関数とは、引数の値と同じ値を返す関数です。恒等関数自体はあまり有用でないかもしれませんが、それは、より一貫した考え方で私たちにさまざまなモデルを考えさせてくれます。原理的には、多くの関数を逆連結関数として使うことができますが、本章のタイトルのとおり、ここではロジスティック関数に焦点を当てることにしましょう。それは次のように表現されます。

$$\text{logistic}(z) = \frac{1}{1 + \exp(-z)}$$

分類を視野に入れると、ロジスティック関数の重要な特徴は、その引数の値 z とは無関係に、常に 0〜1 の値を返す、ということです。つまり、この関数は実数直線全体を区間 $[0, 1]$ に圧縮してくれるのです。また、この関数は**シグモイド関数**（sigmoid function）の一つとしても知られます。ロジスティック関数が S 字を描くからですが、次の数行のコードを実行することでそれを確認できます。

154

コード5.1　ロジスティック関数を出力する

```python
import pymc3 as pm
import numpy as np
import pandas as pd
import scipy.stats as stats
import matplotlib.pyplot as plt
import seaborn as sns
import theano.tensor as tt
plt.style.use('seaborn-darkgrid')
np.set_printoptions(precision=2)
pd.set_option('display.precision', 2)

z = np.linspace(-10, 10, 100)
logistic = 1 / (1 + np.exp(-z))
plt.plot(z, logistic)
plt.xlabel('$z$', fontsize=16)
plt.ylabel('$logistic(z)$', fontsize=16)
plt.savefig('img501.png')
```

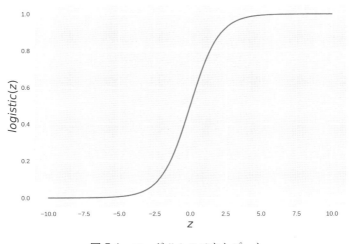

図5.1　コード5.1のアウトプット

▶ 5.1.1　ロジスティックモデル

　さて、ロジスティック関数の形状がわかったので、引き続き、これが結果変数を分類するのにどれほど役立つかを学ぶことにしましょう。単純なケースから始めます。いま二つのクラス、あるいは事項があるとします。例えば、本物/偽物、安全/危険、曇り/晴れ、健康/病気などがそうです。まず、これらのクラスをコード化します。つまり、y を被予

155

測変数とし、これが二つの値として 0 または 1 をとるわけです。すなわち、$y \in \{0, 1\}$ です。このように述べると、最初の二つの章で扱ったコイン投げ問題と似ていると思われるかもしれません。読者は、尤度としてベルヌーイ分布を使ったことを覚えているでしょう。今回は、θ がベータ分布からは生成されず、θ は線形モデルによって定義されるところが違います。線形モデルは、潜在的には、任意の実数値を返しますが、ベルヌーイ分布の引数は区間 [0, 1] の値に制限されます。そこで、線形モデルによって返される値をベルヌーイ分布にふさわしい範囲に押し込めるために、逆連結関数を使います。逆連結関数は、線形回帰モデルを分類問題へと効果的に変換してくれるのです。

$$\theta = \mathrm{logistic}(\alpha + \beta \boldsymbol{X})$$
$$y \sim \mathrm{Bern}(\theta)$$

図 5.2 に示す Kruschke のダイアグラムは、ロジスティック回帰モデルを示しています。そこにはあるべき事前分布が含まれています。線形単回帰モデルとの主な違いは、正規分布（あるいはスチューデントの t 分布）の代わりに、ベルヌーイ分布を用いていることと、ロジスティック関数を用いて、ベルヌーイ分布に値を渡す [0, 1] の範囲のパラメータ θ を生成していることです。

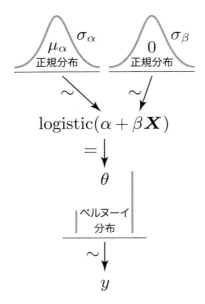

図 5.2　Kruschke のダイアグラムによるロジスティック回帰モデルの表現

▶ 5.1.2 アイリスデータセット

ロジスティック回帰をアイリスデータセットに適用してみましょう。モデルに当てはめる前に、このデータについて少し調べておきましょう。アイリスデータセットは、アイリス属の三つの品種の花に関する情報を含んだ古典的なデータセットです。三つの品種というのは、setosa、versicolor、virginica を指します。これらは従属変数となり、私たちが予測したいと考えているクラスになります。各品種について 50 の個体があり、各個体に四つの変数（あるいは、機械学習の領域で一般的に言うところの特徴変数）が含まれています。これらの四つの変数は独立変数となり、それぞれは、ガク片の長さ（sepal_length）、ガク片の幅（sepal_width）、花弁の長さ（petal_length）、花弁の幅（petal_width）です。ガク片は葉が変形したものであり、芽の状態の花を保護する役目を果たしていると一般的には考えられています。アイリスデータセットは seaborn とともに配布されており、次のようにすることで Pandas ライブラリのデータフレームに読み込むことができます。

コード 5.2　アイリスデータの最初の 5 行を出力する

```
iris = sns.load_dataset('iris')
iris.head()
```

表 5.1　コード 5.2 から得られるデータ

	ガク片の長さ sepal_length	ガク片の幅 sepal_width	花弁の長さ petal_length	花弁の幅 petal_width	品種 species
0	5.1	3.5	1.4	0.2	setosa
1	4.9	3.0	1.4	0.2	setosa
2	4.7	3.2	1.3	0.2	setosa
3	4.6	3.1	1.5	0.2	setosa
4	5.0	3.6	1.4	0.2	setosa

では、seaborn の stripplot 関数を使って、三つの品種と sepal_length とをグラフに表示してみましょう。

コード 5.3　アイリスデータセットから品種別のガク片の長さを出力する

```
sns.stripplot(x="species", y="sepal_length", data=iris, jitter=True)
plt.savefig('img503.png')
```

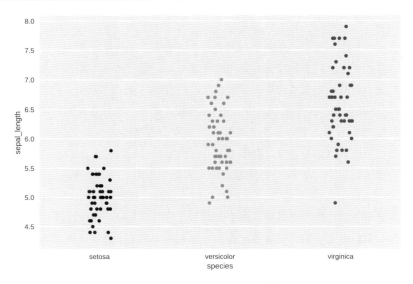

図 5.3 コード 5.3 のアウトプット

　図 5.3 に示す stripplot によるグラフにおいて、y 軸は連続型変数で、x 軸はカテゴリカル変数です。x 軸方向に点が散らばっていますが、その散らばりには何の意味もありません。これは単に、すべての点が直線上に並んで個々のデータがつぶれてしまうのを避けるために、引数として jitter を使ったことによるものです。引数 jitter を False にして再実行してみれば、この意味がわかるでしょう。x 軸から唯一読み取るべきことは、各データ点がどのクラス（setosa、versicolor、virginica）に属しているかという関係性です。このデータに関して、他のグラフ、例えばヴァイオリンプロットを seaborn を使って 1 行で描くこともできます。

　データを調べるもう一つの方法は、pairplot を使って格子状に並んだ散布図を作ることです。アイリスデータセットは四つの特徴を変数として持っているので、4 × 4 の格子状に配置された散布図が得られます。この格子において、左上から右下に向かう対角要素を境とした上三角要素と下三角要素は互いに対称関係にあり、同じ情報を持っています。対角要素にあるグラフは、自分自身の分布に対応しています。各散布図においては、三つの品種（species）が異なる色で表されます。色分けはこれまでのグラフと同じです。

コード 5.4　アイリスデータセットの格子状散布図を描く

```
sns.pairplot(iris, hue='species', diag_kind='kde')
plt.savefig('img504.png')
```

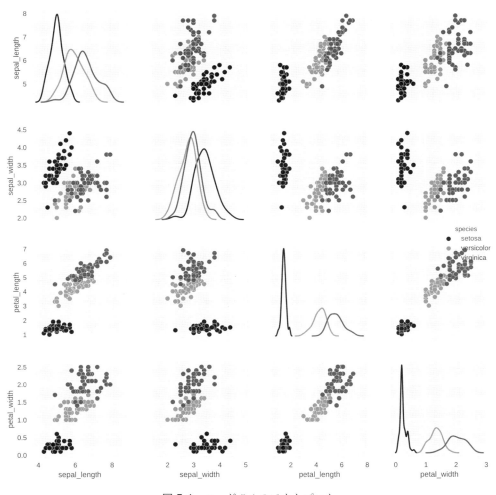

図 5.4 コード 5.4 のアウトプット

先へ進む前に少し時間を取り、これまでのグラフを調べてください。データセットとともに、諸変数とそれぞれのクラスの関連性に、慣れ親しんでおきましょう。

▶ 5.1.3 アイリスデータセットへのロジスティックモデルの適用

最も単純と思われる分類問題から始めましょう。二つのクラスとして setosa と versicolor を取り上げ、一つだけの独立変数としてガク片の長さを取り上げることにします。すでにやったように、カテゴリカル変数の値 setosa と versicolor を、それぞれ数字の 0 と 1 にコード化します。

第 5 章　ロジスティック回帰による結果変数の分類

コード 5.5　単純ロジスティック回帰モデルのパラメータの KDE とトレースを出力する (1)

```
df = iris.query("species == ('setosa', 'versicolor')")
y_0 = pd.Categorical(df['species']).codes
x_n = 'sepal_length'
x_0 = df[x_n].values
```

　これで、適切なフォーマットのデータが得られました。あとは、PyMC3 でモデルを構築すればよいのです。次のモデルの前半部分が、線形回帰モデルとどれほどよく似ているかに注意してください。また、二つの決定論的変数 theta と bd にも注意してください。theta は変数 mu にロジスティック関数を適用した結果であり、bd は境界決定、すなわち、連続的な数値をクラスへと分ける作業に使われる境界値となります。これについては、すぐあとの 163 ページや 5.2.1 項でもっと詳細に議論します。

　ここで述べておくべきもう一つのことは、以下のコード 5.6 のようにロジスティック関数を明示的に書く代わりに、Theano ライブラリの関数 sigmoid を呼び出すことができるということです。この関数は、PyMC3 の中で pm.math.sigmoid という別名で扱われます。

　他の線形モデルと同じように、データを中心化したり標準化したりすることはサンプリングの助けになります。そうすることで、この例に関しては、データに対する追加的な修正なしに作業を進めることができます。

コード 5.6　単純ロジスティック回帰モデルのパラメータの KDE とトレースを出力する (2)

```
with pm.Model() as model_0:
    alpha = pm.Normal('alpha', mu=0, sd=10)
    beta = pm.Normal('beta', mu=0, sd=10)

    mu = alpha + pm.math.dot(x_0, beta)
    theta = pm.Deterministic('theta', 1 / (1 + pm.math.exp(-mu)))
    bd = pm.Deterministic('bd', -alpha/beta)

    yl = pm.Bernoulli('yl', p=theta, observed=y_0)
    trace_0 = pm.sample(5000)

chain_0 = trace_0[1000:]
varnames = ['alpha', 'beta', 'bd']
pm.traceplot(chain_0, varnames)
plt.savefig('img505.png')
```

160

5.1 ロジスティック回帰

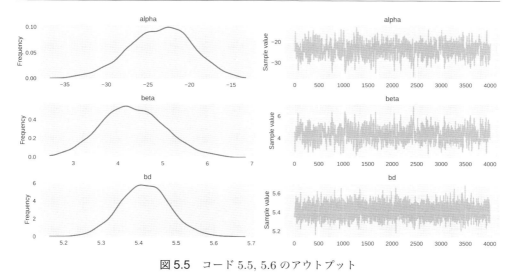

図 5.5 コード 5.5, 5.6 のアウトプット

いつものように、事後分布に関する要約統計量を表示しておきましょう。境界決定に使うこれらの数値は、後に、他のモデルを使って計算された数値と比較されます。

コード 5.7 単純ロジスティック回帰モデルの要約統計量を出力する

```
pm.summary(chain_0, varnames)
```

表 5.2 コード 5.7 から得られる統計量

	mean	sd	mc_error	hpd_2.5	hpd_97.5
alpha	-23.498	3.807	0.171	-31.244	-16.556
beta	4.339	0.704	0.032	3.015	5.738
bd	5.416	0.067	0.001	5.289	5.548

では、データを、それにフィッティングしたシグモイド（S字型）曲線とともにグラフで見てみましょう。

コード 5.8 推定された単純ロジスティック回帰モデルのシグモイド曲線とデータを表示する

```
theta = chain_0['theta'].mean(axis=0)
idx = np.argsort(x_0)
plt.plot(x_0[idx], theta[idx], color='b', lw=3);
plt.axvline(chain_0['bd'].mean(), ymax=1, color='r')
bd_hpd = pm.hpd(chain_0['bd'])
```

161

```
plt.fill_betweenx([0, 1], bd_hpd[0], bd_hpd[1], color='r', alpha=0.5)

plt.plot(x_0, y_0, 'o', color='k')
theta_hpd = pm.hpd(chain_0['theta'])[idx]
plt.fill_between(x_0[idx], theta_hpd[:,0], theta_hpd[:,1], color='b', alpha
=0.5)

plt.xlabel(x_n, fontsize=16)
plt.ylabel(r'$\theta$', rotation=0, fontsize=16)
plt.savefig('img506.png')
```

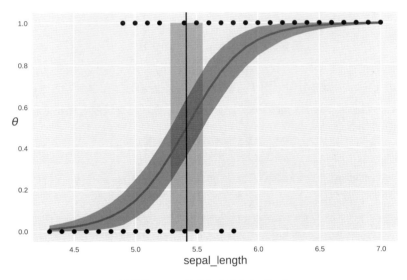

図 5.6 コード 5.8 のアウトプット

図 5.6 のグラフは、ガク片の長さと花の品種（setosa＝0、versicolor＝1）を示しています。青色（濃いグレー）の S 字型曲線は θ の平均を表しています。この線は、ガク片の長さ x がわかった場合に、花の品種が versicolor である確率 θ と解釈できます。このことは、数学的に $p(y=1|x)$ と表記することができます。半透明の青色（濃いグレー）の帯は 95%HPD 区間を表しています。一つの特徴変数（あるいはすぐあとで見るように、いくつかの特徴変数の線形結合）が与えられたもとで、クラス 1 にデータ点が属する確率に回帰させており、ロジスティック回帰はこの意味でまさしく回帰なのです。それにもかかわらず、2 値の変数を観測し、連続型の確率を推論しなければなりません。その後、連続型の確率をクラスとしての 0 と 1 に変換するルールを導入することになります。このグラフにおいては、境界決定が赤色（黒色）の直線で表され、その 95%HPD

が半透明の赤色（薄いグレー）の帯で示されています。境界決定によれば、x の値（この場合はガク片の長さ）が左側にあるとクラス 0（setosa）に対応し、またその値が右側にあるとクラス 1（versicolor）に対応することになります。この境界決定は $y = 0.5$ に対応する x_i の値として規定され、それは $-\frac{\alpha}{\beta}$ となります。これは次のようにして導出できます。

まず、モデルの定義より、次の関係は明らかです。

$$\theta = \text{logistic}(\alpha + \beta \boldsymbol{X})$$

さらに、ロジスティック関数の定義より、ロジスティック回帰の引数が 0 であるとき、$\theta = 0.5$ となります。すなわち、

$$0.5 = \text{logistic}(\alpha + \beta x_i) \iff 0 = \alpha + \beta x_i$$

です。上の右側の式を x_i について解けば、その値を見つけることができます。すなわち、$\theta = 0.5$ のとき、次式のようになります。

$$x_i = -\frac{\alpha}{\beta}$$

境界決定はスカラー、すなわち一つの数値であることに注意してください。このことは、1 次元のデータを扱っている場合に当てはまります。つまり、二つのグループまたはクラスへとデータを分割するには、一つのスカラーがあればよいのです。この境界決定は合理的ですが、0.5 という値が 0 と 1 の間のちょうど真ん中の数字であること以外に特別なことは何もありません。この境界は一方と他方を誤って分類することが問題にならない場合にのみ理に適っているでしょう。言い換えると、setosa を versicolor と誤分類したり、versicolor を setosa と誤分類するのも同じことだと言うのなら、この境界は合理的と言えるでしょう。これが常に当てはまることでないことは、明らかです。誤分類によるコストは、必ずしも対称ではない[*1]からです。

■ 予測の実行　　パラメータ α と β がいったん推定されると、新しいデータを分類するためにそれらを使うことができます。ガク片の長さのデータを与えると、setosa ではなく versicolor の花である確率を返す関数を作ることができます。

[*1] 訳注：setosa を versicolor と間違うコストと、versicolor を setosa と間違うコストが同じではない場合などを指します。例えば、屋外コンサートの運営者にとっては、コンサート当日の天候について、普通の雨を雷雨と誤って判断するコストと、雷雨を普通の雨と誤って判断するコストはまったく異なるものになるはずです。前者の場合、屋外コンサートを開催してもあまり大きな問題にはならないでしょうが、後者の場合、人命に関わる大きな問題になることがあります。この場合、誤分類（誤判断、誤判別）によるコストは非対称になります。

第 5 章　ロジスティック回帰による結果変数の分類

```python
def classify(n, threshold):
    """
    A simple classifying function
    """
    n = np.array(n)
    mu = chain_0['alpha'].mean() + chain_0['beta'].mean() * n
    prob = 1 / (1 + np.exp(-mu))
    return prob, prob >= threshold

classify([5, 5.5, 6], 0.5)
```

　先の例から明らかなように、ガク片の長さのみに基づいて setosa と versicolor の分類を曖昧なく行うことは不可能です。これは驚くべきことではありません。事実、先ほど作成した、データのグラフとロジスティック関数のグラフと境界決定のグラフを結合したグラフ（図 5.6）を注意して見れば明らかです。アイリスデータでは、versicolor の花には 4.9 程度の大きさのガク片を持っているものがあり、setosa の花にはおよそ 5.8 程度の大きさのガク片を持っているものがあります。言い換えると、約 4.9 から約 5.8 の範囲で、setosa と versicolor のガク片の長さの値は重複しているのです。

　他の変数を使った場合に何が起こるでしょうか？ 章末の演習 1 で、この問題を調べてみてください。

5.2 | 多重ロジスティック回帰

　線形重回帰と同様に、多重ロジスティック回帰は二つ以上の独立変数を扱うことができます。ガク片の長さとガク片の幅を組み入れてみましょう。データに対して、次のようなちょっとした前処理が必要になることを思い出してください。

コード 5.9　多重ロジスティック回帰モデルのパラメータの KDE とトレースを出力する (1)

```python
df = iris.query("species == ('setosa', 'versicolor')")
y_1 = pd.Categorical(df['species']).codes
x_n = ['sepal_length', 'sepal_width']
x_1 = df[x_n].values
```

164

▶ 5.2.1 境界決定

多重ロジスティック回帰において境界決定（boundary decision）をどのようにして導くのかにあまり興味がない読者は、この項を飛ばして 5.2.2 項に進んで構いません。

モデルより、次のように表記することができます。

$$\theta = \mathrm{logistic}(\alpha + \beta_0 \boldsymbol{x}_0 + \beta_1 \boldsymbol{x}_1)$$

ロジスティック関数の定義より、ロジスティック回帰の引数が 0 であるとき、$\theta = 0.5$ であることがわかっています。すなわち、

$$0.5 = \mathrm{logistic}(\alpha + \beta_0 \boldsymbol{x}_0 + \beta_1 \boldsymbol{x}_1) \iff 0 = \alpha + \beta_0 \boldsymbol{x}_0 + \beta_1 \boldsymbol{x}_1$$

です。上の右側の式を並べ替えると、$\theta = 0.5$ のときの $\boldsymbol{x}_1$ の値を見つけることができます。

$$\boldsymbol{x}_1 = -\frac{\alpha}{\beta_1} + \left(-\frac{\beta_0}{\beta_1} \boldsymbol{x}_0\right)$$

境界決定に関するこの式は、第 1 項が切片、第 2 項の係数が傾きを表し、数学的には直線の方程式と同じ形をしています。括弧は見やすくするために入れてありますが、省略できます。境界が直線になっていることは、概ね合理的と言ってよいでしょう。一つの特徴変数を取り上げると、1 次元のデータを持つことになり、一つの点を使ってそのデータを二つのグループに分けることができます。もし二つの特徴変数を扱っているのなら、2 次元のデータ空間を持つことになり、1 本の直線で二つのグループに分けることができます。3 次元のデータ空間なら、一つの平面で二つのグループを分けることができます。高次元の場合には、超平面で二つのグループに分けることができます。超平面は一般的に、n 次元のデータ空間における $n-1$ 次元の部分空間と定義されます。ですから、私たちはいつでも超平面について語ることができるのです！

▶ 5.2.2　モデルの実装

PyMC3 を使って多重ロジスティック回帰モデルをコーディングするために、ベクトルの能力を利用しましょう。ベクトルを使うことで、先ほど扱った単純ロジスティックモデルのコードにほんの少しの変更をするだけで、モデルが実装できてしまうのです。

コード 5.10　多重ロジスティック回帰モデルのパラメータの KDE とトレースを出力する (2)

```
with pm.Model() as model_1:
    alpha = pm.Normal('alpha', mu=0, sd=10)
    beta = pm.Normal('beta', mu=0, sd=2, shape=len(x_n))
    mu = alpha + pm.math.dot(x_1, beta)
```

```
    theta = 1 / (1 + pm.math.exp(-mu))
    bd = pm.Deterministic('bd', -alpha/beta[1] - beta[0]/beta[1] * x_1[:,0])
    yl = pm.Bernoulli('yl', p=theta, observed=y_1)
    trace_1 = pm.sample(5000)

chain_1 = trace_1[1000:]
varnames = ['alpha', 'beta', 'bd']
pm.traceplot(chain_1, varnames)
plt.savefig('img507.png')
```

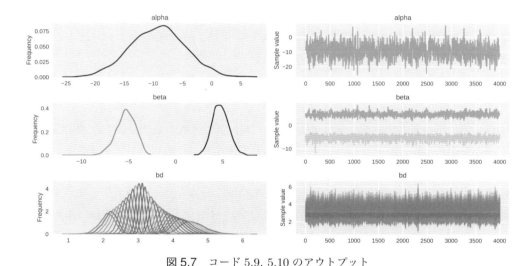

図 5.7　コード 5.9, 5.10 のアウトプット

図 5.7 を見ると明らかなように、先の例とは違って、境界決定の単一の曲線は得られません。各データ点につき一つ、全体で 100 の曲線を得ています。単一の予測変数に対して行ったように、データと境界決定をグラフ表示しましょう。次のコードでは、シグモイド曲線（今回は 2 次元の曲面になります）の描画を省略していますが、もちろん、シグモイド曲線を組み込んだ 3 次元グラフを作ることもできます。

コード 5.11　多重ロジスティック回帰モデル：データと境界決定を表示する

```
idx = np.argsort(x_1[:,0])
ld = chain_1['bd'].mean(0)[idx]
plt.scatter(x_1[:,0], x_1[:,1], c=y_0, cmap='viridis')
plt.plot(x_1[:,0][idx], ld, color='r');


ld_hpd = pm.hpd(chain_1['bd'])[idx]
```

```
plt.fill_between(x_1[:,0][idx], ld_hpd[:,0], ld_hpd[:,1], color='r', alpha
=0.5);

plt.xlabel(x_n[0], fontsize=16)
plt.ylabel(x_n[1], fontsize=16)
plt.savefig('img508.png')
```

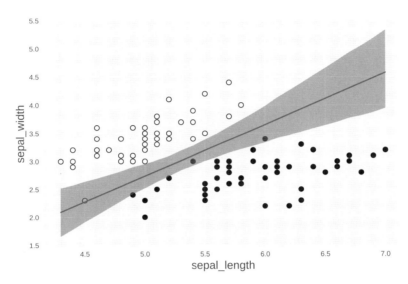

図 5.8　コード 5.11 のアウトプット

すでに述べたように、境界決定は 1 本の直線です。この直線の周囲にある帯状の領域を、95%HPD の帯と混同しないでください。見掛け上は帯状になっていますが、これは中心付近に集中した多数の直線の集合体です。この帯の幅は、大まかには HPD の帯より狭くなります。あまりはっきりしていなかったかもしれませんが、以前の章で同じタイプのグラフ（図 4.8）を見たことを思い出してください。

▶ 5.2.3　相関のある変数の取り扱い

互いに相関の高い変数が独立変数として含まれると、厄介なことが起こることを前の章で学びました。例えば、ガク片の長さとガク片の幅の二つの変数を用いると、先のモデルの実行結果に何が起こるでしょうか？

章末の演習 1 を行うと、ベータ係数が図 5.7 より広くなることに気づくでしょう。また、95% の HPD（グラフ中の帯）がより広くなっていることでしょう。図 5.9 のヒートマップは、最初の例で用いられたガク片の長さ（sepal_length）変数とガク

第 5 章　ロジスティック回帰による結果変数の分類

片の幅（`sepal_width`）変数の間の相関係数が、2 番目の例で用いられた花弁の長さ
（`petal_length`）変数と花弁の幅（`petal_width`）変数の間の相関係数ほどには高くな
いことを示しています。

　すでに見たように、相関のある変数は、データを説明できる係数の組み合わせを曖昧
にしてしまいます。あるいは、補足的な視点に立つと、相関のあるデータはモデルに制
約を課すパワーが少ないと言えます。各クラスが完全に分離可能な場合、すなわち、私
たちのモデルにおいては変数の線形結合のもとで各クラスの間に重複が存在しない場合、
同じような問題が起こります。

　前章で学んだように、一つの解決法は、相関のある変数を避けることです。しかし、
この解決法が適切ではないこともあります。もう一つの解決法は、事前分布にもっと多
くの情報を与えることです。これは、有益な情報がある場合に、それを表現できる事前
分布を使うことに当たります。有益な情報がない場合には、情報が少ない事前分布を使
います。Andrew Gelman と Stan のチームは、ロジスティック回帰を行う際に次のよ
うな事前分布の使用を推奨しています。

$$\beta \sim \text{Student t}(0, \nu, s)$$

ここで、s はスケールに関する平均値の情報を少し与えるように選ぶ必要があります。
正規性パラメータの ν は、およそ 3 から 7 程度が良いでしょう。この事前分布が語って
いるのは、この係数 β が小さい値であると期待されていることです。しかしながら、正
規分布を使った場合よりも頑健なモデルになるので、この事前分布は厚い両端を持ちま
す。第 3 章で頑健モデルについて議論したことを思い出してください。

コード 5.12　多重ロジスティック回帰モデル：独立変数間の相関係数とそのヒートマップを出力する

```
corr = iris[iris['species'] != 'virginica'].corr()
mask = np.tri(*corr.shape).T
sns.heatmap(corr.abs(), mask=mask, annot=True, cmap='viridis')
plt.savefig('img509.png')
```

　このコードから出力されるグラフを図 5.9 に示します。このグラフは、相関行列の対
角要素と上三角要素を省略してあります。というのも、対角要素は情報を持っていませ
んし、上三角要素は冗長だからです。また、ここには相関係数の絶対値が示してあるこ
とに注意してください。今私たちが扱っている問題では、相関係数の符号は関係なく、
その絶対的な大きさだけが重要だからです。

168

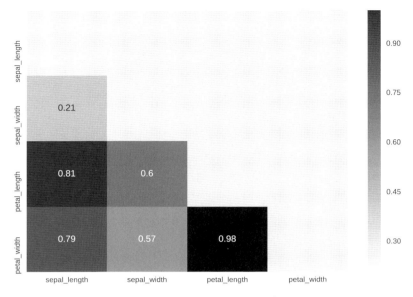

図 5.9　コード 5.12 のアウトプット

▶ 5.2.4　アンバランスなクラスの取り扱い

アイリスデータセットの素晴らしい特徴の一つは、完全にバランスがとれているということです。ここで、バランスがとれているということは、各品種の数が正確に同じ個体数になっているということです。50 の setosa、50 の versicolor、50 の virginica のデータがあります。これはフィッシャーに感謝すべきことですが、p 値の使用が普及したことに対する彼の貢献には筆者は感謝しません;-)[*2]。現実には、多くのデータセットはアンバランスなデータを持っています。つまり、クラスによってデータ点の個数が違うのです。これが起こると、ロジスティック回帰はトラブルに見舞われます。すなわち、バランスのとれたデータを分析した場合と比べて、正確な境界が得られなくなってしまうのです。この様子を見るために、アイリスデータセットを使い、setosa クラスから任意にいくつかのデータ点を削除してみましょう[*3]。

[*2] 訳注：ロナルド・フィッシャーは、伝統的な統計学において革新的な業績を挙げた最重要人物です。一方で、彼はベイズ統計学を強烈に批判した人でもあります。p 値は伝統的な統計学を象徴する用語で、ベイズ統計学では使われません。本書で用いているアイリスデータはエドガー・アンダーソンが収集し、フィッシャーが 1936 年の論文でこのデータを用いたことにより有名になりました。フィッシャーによる本書への貢献と本書が扱うベイズ統計学への負の貢献を、この一文で皮肉っています。

[*3] 訳注：ここでは setosa の 50 個のデータから 45 個を削除し、5 個だけを使います。

第 5 章　ロジスティック回帰による結果変数の分類

コード 5.13　多重ロジスティック回帰モデル：データがアンバランスな場合の境界を表示する (1)

```
df = iris.query("species == ('setosa', 'versicolor')")
df = df[45:]
y_3 = pd.Categorical(df['species']).codes
x_n = ['sepal_length', 'sepal_width']
x_3 = df[x_n].values
```

その後、少し前に行ったように多重ロジスティック回帰を実行します。実際に読者のコンピュータでやってみてください。ここではパラメータの KDE やトレースのグラフを省略し、その代わりに、その結果の境界決定をグラフ化することにしましょう。

コード 5.14　多重ロジスティック回帰モデル：データがアンバランスな場合の境界を表示する (2)

```
idx = np.argsort(x_3[:,0])
ld = trace_3['ld'].mean(0)[idx]
plt.scatter(x_3[:,0], x_3[:,1], c=y_3, edgecolor='black', linewidth='1')
plt.plot(x_3[:,0][idx], ld, color='r');

ld_hpd = pm.hpd(trace_3['ld'])[idx]
plt.fill_between(x_3[:,0][idx], ld_hpd[:,0], ld_hpd[:,1], color='r', alpha=0.5);

plt.xlabel(x_n[0], fontsize=16)
plt.ylabel(x_n[1], fontsize=16)
plt.savefig('img510.png')
```

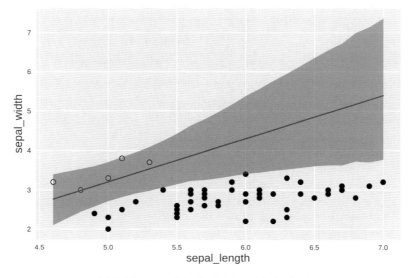

図 5.10　コード 5.13, 5.14 のアウトプット

今回、境界決定は少ないデータ数のクラスの方向にシフトし、不確実性が以前より大きくなっています。これは、アンバランスなデータを扱った場合のロジスティックモデルの典型的な振る舞いです。クラス間にこの例のようなちょうど良い隔たりがなく、クラス間で重複が多い場合には、もっと悪くなることさえあります。しかし、ちょっと待ってください！　大きな不確実性は、versicolor よりも setosa のデータ数が単に少ないことによるのではなく、全データの不足によるものだと、著者が騙しているのではないかと読者は疑うかもしれません。それはまさにそうです。そこで、図 5.10 が示していることはアンバランスなデータによるものだということを確認するために、章末の演習 5 をやってみてください。

▶ 5.2.5　この問題をどう解くか？

はっきりした解決策は、どのクラスもほぼ同数のデータ点を持ったデータセットを用意することです。読者がデータを収集したり生成したりするのであれば、このことを心に留めておくことは重要です。データセットをコントロールできないのであれば、アンバランスなデータの分析結果を解釈する際に、注意が必要です。モデルの不確実性をチェックしてください。そして、その結果が有益であるかを調べるために、事後予測チェックをいくつか行ってください。もう一つの解決策は、より多くの事前情報を与えることです。あるいは、もし可能ならば、本章の後半で説明するような代替モデルを実行することも挙げられます。

▶ 5.2.6　ロジスティック回帰の係数解釈

ロジスティック逆連結関数は非線形となるため、ロジスティック回帰の係数を解釈する際には注意が必要です。

$$\theta = \mathrm{logistic}(\alpha + \boldsymbol{\beta}\boldsymbol{X})$$

ロジスティック関数の逆関数はロジット関数であり、それは次のようになります。

$$\mathrm{logit}(z) = \log\left(\frac{z}{1-z}\right)$$

したがって、本項の最初の式を使い、両辺にロジット関数を適用すると、次式を得ます。

$$\mathrm{logit}(\theta) = \alpha + \boldsymbol{\beta}\boldsymbol{X}$$

あるいは、次式も上式と等価です。

$$\log\left(\frac{\theta}{1-\theta}\right) = \alpha + \boldsymbol{\beta}\boldsymbol{X}$$

第 5 章　ロジスティック回帰による結果変数の分類

さて、θ は $y = 1$ の場合の確率であることを思い出すと、次のようにも表記できます。

$$\log\left(\frac{p(y=1)}{1-p(y=1)}\right) = \alpha + \boldsymbol{\beta X}$$

ここで、数値 $\frac{p(y=1)}{1-p(y=1)}$ は**オッズ**（odds）として知られます。オッズは確率を表すもう一つの方法です。公正なサイコロを一つ転がして 2 が出る確率は 1/6 であり、そのオッズは 0.2 となります。ちなみに、2 以外の 1、3、4、5、6 のそれぞれが出る場合についても同様に 1/6 の確率であり、それらのオッズは 0.2 となります。この場合、一つの望ましい事象があり、五つの望ましくない事象があることを示します。それに加えて、賭け事について考える際、オッズはそのままの確率よりも直観的な道具となるので、しばしばギャンブラーによって使われます。

ロジスティック回帰に戻りましょう。係数 β は、変数 x の 1 単位の増加が、オッズの対数のどれだけの増加に対応しているかを示しています。変数 x と $p(y = 1)$ の関係は線形ではないので、β は変数 x の増加がどの程度 $p(y = 1)$ の増加に対応しているかを示すものではありません。β が正であるとき、x の増加はある程度は $p(y = 1)$ の増加に対応しますが、その増加量は x の値に依存して異なります。このことは、図 5.1 におけるＳ字型曲線を反映したものです。オッズの対数に対する x の傾きは線形関数なのですが、y に対する x の傾きはそうではなく、x の値によって異なるのです。

▶ 5.2.7　一般化線形モデル

本章でこれまで行ってきたことが、前の章で見てきた線形回帰とどのような関係にあるのかを要約しておきましょう。ここで行ったのは、量的データではなくカテゴリカルなデータを扱うようにモデルを拡張したことです。逆連結関数の概念を導入し、正規分布を別の分布（ベルヌーイ分布）と置き換えることによってこれを行いました。要するに、尤度や事前分布、それらを結びつける逆連結関数に変化を与えることにより、前章からの単純な線形モデルを、異なるデータや問題へと適用したわけです。

ロジスティックモデルは、線形回帰モデルの単なる拡張ではありません。事実、線形モデルの一般化と考えられる一連のモデルが含まれ、それらは**一般化線形モデル**（GLM）として知られます。GLM のいくつかは、統計学において頻繁に用いられます。

- ソフトマックス回帰（すぐ次に学びます）。三つ以上のクラスを扱えるようにロジスティック回帰を拡張したものです。
- **分散分析**（analysis of variance; ANOVA）。一つの量的な被予測変数と、いくつかのグループを表す一つ以上のカテゴリカルな予測変数を扱います。ANOVA は、第 3 章で扱ったのと同じような様式でグループ間を比較するために用いられるモデルです。ただし、そこでは線形回帰として位置づけられる ANOVA モデル

172

を使いました。

- カウントデータ（数え上げデータ）についてのポアソン回帰と他のモデル。第7章でポアソン回帰モデルの一種を学びます。

▶ 5.2.8 ソフトマックス回帰あるいは多項ロジスティック回帰

これまで、二つのクラスを持っている結果変数をどのように分類するかを見てきました。ここでは、これまで学んだことを、三つ以上のクラスを扱えるように一般化しましょう。これを行う一つの方法は、2項ではなく、多項ロジスティック回帰（multinomial logistic regression）を作ることです。このモデルは**ソフトマックス回帰**（softmax regression）としても知られます。このモデルがそのようにも呼ばれるのは、ロジスティック関数の代わりにソフトマックス関数を使うからです。ソフトマックス関数は次のように表されます。

$$\mathrm{softmax}_i(\boldsymbol{\mu}) = \frac{\exp(\mu_i)}{\sum_{k=1}^{K} \exp(\mu_k)}$$

ベクトル $\boldsymbol{\mu}$ の i 番目の要素についてソフトマックス関数のアウトプットを得るために、i 番目の要素を指数変換した値を、ベクトル $\boldsymbol{\mu}$ の K 個すべての要素を指数変換して合計した値で割り算します。ソフトマックス関数は左辺に正の値を与え、その合計は1になることが保証されます。ソフトマックス関数は、$K = 2$ の場合にはロジスティック関数になります。

ソフトマックス関数は統計力学で用いられるボルツマン分布と同じ形をしています。なお、統計力学は、分子システムを確率的に記述する、非常にパワフルな物理学の一分野です。ボルツマン分布（いくつかの研究分野ではソフトマックス）は、先の式の中の μ を割り算する、温度と呼ばれるパラメータ T を持っています。$T \to \infty$ のとき、確率分布は平坦になり、すべての状態が等しく起こり得ることになります。$T \to 0$ のとき、最もありそうな状態のみが実現し、ソフトマックス関数は最大値関数のように振る舞います。このことが、ソフトマックスという名称の由来です。

ソフトマックス回帰モデルとロジスティック回帰モデルの間の上記以外の違いは、ソフトマックスではベルヌーイ分布をカテゴリカル分布に置き換えることです。カテゴリカル分布は、ベルヌーイ分布を三つ以上の結果に一般化したものになっています。また、ベルヌーイ分布（1個のコイン投げ）は、2項分布（N 個のコイン投げ）の特殊な場合になっています。カテゴリカル分布（サイコロの1回投げ）は、多項分布（サイコロの N 回投げ）の特殊な場合になっています。

引き続きアイリスデータセットを使うことにしましょう。今回は、三つのクラス（setosa、versicolor、virginica）を使い、さらに四つの特徴変数（ガク片の長さ、ガク片

173

の幅、花弁の長さ、花弁の幅）を使うことにします。また、データを標準化しておきます。そうすることで、サンプリングがより効率的に行えるからです（あるいは、データの中心化だけをしておくこともできます）。

コード 5.15　ソフトマックス回帰モデル：パラメータの KDE とトレースを出力する (1)

```
iris = sns.load_dataset("iris")
y_s = pd.Categorical(iris['species']).codes
x_n = iris.columns[:-1]
x_s = iris[x_n].values
x_s = (x_s - x_s.mean(axis=0))/x_s.std(axis=0)
```

図 5.11 は、これから行うソフトマックス回帰モデルを Kruschke のダイアグラムで表現したものです。

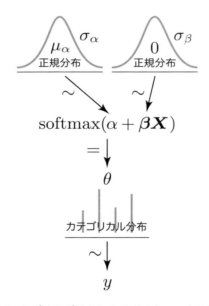

図 5.11　Kruschke のダイアグラムによるソフトマックス回帰モデルの表現

以下の PyMC3 のコードには、ロジスティックモデルとソフトマックスモデルの間のわずかな違いが表れています。α 係数と β 係数の形に注意してください。また、ここでは Theano ライブラリのソフトマックス関数を利用しています。その呼び出しにあたっては、`import theano.tensor as tt` という文を使います[*4]。これは、PyMC3 の開

[*4] 訳注：この文はコード 5.1 の 7 行目で記述されています。

発者の慣習に基づく表記法です。

コード 5.16　ソフトマックス回帰モデル：パラメータの KDE とトレースを出力する (2)

```
with pm.Model() as model_s:
  alpha = pm.Normal('alpha', mu=0, sd=2, shape=3)
  beta = pm.Normal('beta', mu=0, sd=2, shape=(4,3))
  mu = alpha + pm.math.dot(x_s, beta)
  theta = tt.nnet.softmax(mu)
  yl = pm.Categorical('yl', p=theta, observed=y_s)
  trace_s = pm.sample(2000, njobs=1)

pm.traceplot(trace_s)
plt.savefig('img512.png')
```

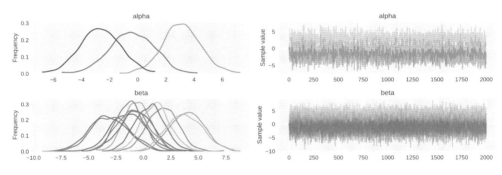

図 5.12　コード 5.15, 5.16 のアウトプット

このモデルはどれほどうまくデータを説明しているでしょうか？ いくつのケースを正しく予測できているか、チェックしてみましょう。次のコードでは、三つのクラスのそれぞれに属する個々のデータ点の確率を計算するために、mean というパラメータを使っているだけです。その後、関数 argmax を使ってクラスに割り当てています。そして、その結果と観測値を比較するわけです。

コード 5.17　ソフトマックス回帰モデルでパラメータを固定化した場合の KDE とトレースを出力する (1)

```
data_pred = trace_s['alpha'].mean(axis=0) + np.dot(x_s, trace_s['beta'].mean(axis=0))
y_pred = []
for point in data_pred:
  y_pred.append(np.exp(point)/np.sum(np.exp(point), axis=0))
np.sum(y_s == np.argmax(y_pred, axis=1))/len(y_s)
```

第 5 章　ロジスティック回帰による結果変数の分類

　結果は、データ点のおよそ 98% を正確に分類しています。すなわち、誤分類したのは
たったの 3 ケースだけです。これは本当に良い結果です。しかしながら、モデルの結果
を評価するための本当のテストは、モデルの推定に使ったデータとは異なるデータに基
づいて行う必要があります。そうしないと、ほとんどの場合、モデルを他のデータに一
般化する能力を、過剰評価することになるでしょう。この問題については、次の章で詳
細に議論します。今のところ、自己一貫性テスト（auto-consistency test）として、モデ
ルはうまく使えるということで、この問題は放っておきましょう。

　読者は、事後分布、より正確には、各パラメータの周辺分布が非常に幅広いことに気づ
いているでしょう。事実、それらは事前分布によって示されている幅と同じくらい幅広
いのです。正しい予測が行える場合であっても、これは良いことには思えません。これ
は、線形/ロジスティック回帰において、相関のあるデータに直面した場合や、完全に分
離可能なクラスを持ったデータに直面した場合に見た識別不能問題（non-identifiability
problem）です。この場合、事後分布が幅広くなってしまうのは、すべての確率を合計
すると 1 になるという条件から来ています。この条件のもとでは、モデルを完全に特定
するのに必要なパラメータよりも多くのパラメータが使われるためです。簡単な例を挙
げると、例えば、合計したら 1 になる 10 個の数字があるとします。この 10 個の数字の
うち、9 個の数字を教えてもらえば、残りの 1 個の数字は計算でわかります。一つの解
決策は、余分なパラメータをある値、例えば 0 に固定してしまうことです。次のコード
は、PyMC3 を使ってこれをどう行うかを示しています。

コード 5.18　ソフトマックス回帰モデルでパラメータを固定化した場合の KDE とトレースを出力する (2)

```
with pm.Model() as model_sf:
  alpha = pm.Normal('alpha', mu=0, sd=2, shape=2)
  beta = pm.Normal('beta', mu=0, sd=2, shape=(4,2))
  alpha_f = tt.concatenate([[0] , alpha])
  beta_f = tt.concatenate([np.zeros((4,1)) , beta], axis=1)
  mu = alpha_f + pm.math.dot(x_s, beta_f)
  theta = tt.nnet.softmax(mu)
  yl = pm.Categorical('yl', p=theta, observed=y_s)

  trace_sf = pm.sample(5000, njobs=1)

pm.traceplot(trace_sf)
plt.savefig('img513.png')
```

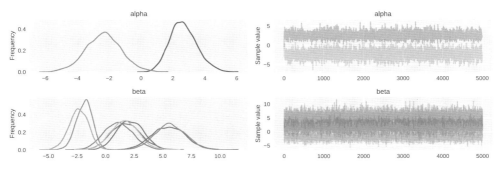

図 5.13　コード 5.17, 5.18 のアウトプット

5.3 | 判別モデルと生成モデル

　これまで、ロジスティック回帰とその拡張について議論してきました。すべての場合において、当該のクラスと関係があるものとして測定されたある特徴変数 x を知ったもとで、与えられたクラスの確率、すなわち $p(y|x)$ を直接的に計算しました。言い換えると、独立変数から従属変数へと直接的に写像するモデルを作り、その後、ある閾値を使って、計算された連続的な確率をクラスへ割り当て可能にする境界に変換しました。

　このアプローチは、唯一のものではありません。もう一つのアプローチは、まず $p(x|y)$ をモデル化し、すなわち、各クラスに関して x の分布をモデル化し、その後、クラスへと割り当てることです。各クラスからサンプルを生成することができるモデルを作っているということで、この種のモデルは**生成分類器**（generative classifier）と呼ばれます。一方、クラスを判別することによって分類しようとしているので、ロジスティック回帰は判別分類器（discriminative classifier）の一種となります。なお、この場合、各クラスからサンプルを生成することはできません。

　分類のための生成モデルについて、ここではこれ以上深入りはしません。しかし、この種のモデルの重要な部分を具体的に示すために、一つの例を見ておきましょう。一つの特徴変数で二つのクラスに分類することを考えます。これは、本章で最初に作ったモデルとまさに同じで、データも同じものを使います。

　以下のコードは、生成分類器の PyMC3 による実装です。コードを見ると、ここでの境界決定が、推定された二つの正規分布の平均値の平均として定義されていることがわかるでしょう。分布が正規分布であり、しかもそれらの標準偏差が等しいとき、これは正しい境界決定となります。これらは、**線形判別分析**（linear discriminant analysis; LDA）というモデルでなされる仮定です。ただし、その名前にもかかわらず、LDA モデルは生成分類器の一種です。

第 5 章　ロジスティック回帰による結果変数の分類

コード 5.19　線形判別分析のパラメータの KDE とトレースを出力する

```
with pm.Model() as model_lda:
    mus = pm.Normal('mus', mu=0, sd=10, shape=2)
    sigma = pm.HalfCauchy('sigma', 5)
    setosa = pm.Normal('setosa', mu=mus[0], sd=sigma, observed=x_0[:50])
    versicolor = pm.Normal('versicolor', mu=mus[1], sd=sigma, observed=x_0[50:])
    bd = pm.Deterministic('bd', (mus[0]+mus[1])/2)

    trace_lda = pm.sample(5000, njobs=1)

pm.traceplot(trace_lda)
plt.savefig('img514.png')
```

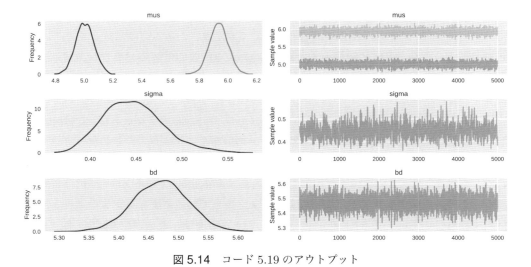

図 5.14　コード 5.19 のアウトプット

ガク片の長さに対する二つのクラス（setosa = 0 と versicolor = 1）をグラフに表示してみましょう。併せて、境界決定を赤色（黒色）の直線、95%HPD 区間を半透明の赤色（グレー）の帯で示します。

コード 5.20　線形判別分析の境界決定と 95%HPD 区間を表示する

```
plt.axvline(trace_lda['bd'].mean(), ymax=1, color='r')
bd_hpd = pm.hpd(trace_lda['bd'])
plt.fill_betweenx([0, 1], bd_hpd[0], bd_hpd[1], color='r', alpha=0.5)
plt.plot(x_0, y_0, 'o', color='k')
plt.xlabel(x_n, fontsize=16)
plt.savefig('img515.png')
```

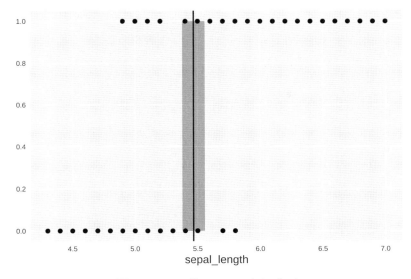

図 5.15 コード 5.20 のアウトプット

すでに気づいていると思いますが、図 5.15 のグラフは、図 5.6 とかなりよく似ています。また、境界決定の値の要約統計量をチェックしましょう。

コード 5.21　線形判別モデルの要約統計量を出力する

```
pm.summary(trace_lda)
```

表 5.3　コード 5.21 から得られる統計量

	mean	sd	mc_error	hpd_2.5	hpd_97.5
mu_0	5.002	0.120	0.002	4.883	5.129
mu_1	5.932	0.136	0.003	5.812	6.067
sigma	0.452	0.132	0.005	0.385	0.512
bd	5.467	0.120	0.002	5.378	5.555

LDA モデルもロジスティック回帰も同じような結果を出しています。

線形判別モデルは、クラスを多変量正規分布としてモデル化することによって、二つ以上の特徴変数へと拡張することができます。また、各クラスが共通の分散を持つという仮定（あるいは、二つ以上の特徴変数を扱っている場合には、共通の共分散行列を持っているという仮定）を緩めることも可能です。これは 2 次線形判別分析（quadratic linear discriminant analysis; QDA）として知られるモデルです。この場合、決定境界は線形ではなく 2 次曲線になります。

第 5 章　ロジスティック回帰による結果変数の分類

　一般的には、分析に使う特徴変数が多少なりとも正規分布に従っている場合には、LDA または QDA モデルはロジスティック回帰よりも良い結果を与えます。一方、特徴変数が正規分布に従わない場合には、ロジスティック回帰が良い結果を与えます。分類のために判別モデルを使う一つの利点は、例えば、モデルに組み入れるデータの平均と分散に関する情報がある場合に、より簡単かつ自然に事前情報を組み入れられることです。

　LDA や QDA の境界決定は閉じたものになることが知られており、通常、それらはある一定の方法で使われます。二つのクラスに対して LDA を使うために必要なことは、それぞれの分布の平均値を求め、その平均値の平均を計算することだけです。それだけで、境界決定が得られます。先のモデルでまさにそれを行いましたが、ベイズ流では、さらに行うことがあります。

　二つの正規分布の平均値と標準偏差を推定し、その後、それらの推定値を公式に代入します。このような公式は、どこから来るのでしょうか？　細かいことは無視すると、その公式を得るためには、データが正規分布に従うことを仮定する必要があります。したがって、このような公式は、データが正規性から著しく逸脱しない場合に限ってうまく働きます。もちろん、例えばスチューデントの t 分布（あるいは、多変量スチューデントの t 分布などの分布）を使って、正規性の仮定を緩和したいと思うような問題に直面することもあるでしょう。このような場合には、LDA や QDA に関して、もはや閉じた形を使うことはできません。それにもかかわらず、なお私たちは PyMC3 を使って境界決定を計算することができるのです。

5.4 ｜ まとめ

　本章では、線形単回帰モデルをカテゴリカルな被予測変数へと拡張する方法を学びました。併せて、2 クラスの場合にはロジスティック回帰を、3 クラス以上の場合にはソフトマックス回帰を使って、ベイズ流の分類をどのように行うかを学びました。逆連結関数とは何なのかを学び、一般化線形モデルを構築するのに逆連結関数がどう使われるのかを学びました。一般化線形モデルは、線形モデルで解きうる問題の範囲を拡張してくれます。また、相関のある変数を取り扱う場合や、完全に分離可能なクラスを扱う場合、データ数がアンバランスなクラスを扱う場合など、いくつかの注意事項を学びました。分類のために使用するモデルとして、判別モデルに焦点を当てつつ、生成モデルについても学び、両タイプのモデルにおけるいくつかの主な違いについて学びました。

5.5 | 続けて読みたい文献

- John Kruschke: *Doing Bayesian Data Analysis, Second Edition*, 第 21 章, 第 22 章

  【邦訳】前田和寛・小杉考司 監訳『ベイズ統計モデリング —— R, JAGS, Stan によるチュートリアル（原著第 2 版）』共立出版 (2017)
- Richard McElreath: *Statistical Rethinking*, 第 10 章
- Andrew Gelman et al.: *Bayesian Data Analysis, Third Edition*, 第 16 章
- Gareth James et al.: *An Introduction to Statistical Learning, second edition*, 第 4 章
- ロジスティック回帰に関する PyMC3 の例を、https://pymc-devs.github.io/pymc3/notebooks/GLM-logistic.html でチェックしてください。この例には、モデル比較のテクニック（これは次章で扱う話題です）も含まれています。

5.6 | 演習

1. 花弁の長さを変数に使って、最初のモデル（コード 5.5〜5.8）をもう一度実行してください。その後、花弁の幅を変数に加えて、コード 5.9 と 5.10 をもう一度実行してください。二つの結果の主な違いは何でしょうか？ それぞれの実行結果において、95%HPD 区間はどれほど広く、あるいは狭くなりますか？

2. 情報を少し与える事前分布としてスチューデントの t 分布を使い、もう一度演習 1 を行ってください。その際、正規性パラメータ ν について、さまざまな値を試してください。

3. 最初の例（コード 5.5〜5.8）、つまり、ガク片の長さを変数にして setosa と versicolor を分類するロジスティック回帰に戻ってください。前章で学んだ線形単回帰モデルを使って、同じ問題を解いてください。ロジスティック回帰に比べて線形回帰はどれほど役に立ちますか？ その結果を確率として解釈することができますか？ ヒント：y の値が区間 [0, 1] に制約されているかどうかをチェックしてください。

4. コード 5.15〜5.18 において、setosa = 0、versicolor = 1、virginica = 2 とコーディングすることで、ソフトマックス回帰モデルではなく、単純な線形モデルを使ってみましょう。このようにコーディングを変更して線形単回帰モデルを使うと何が起こるでしょう？ 結果は同じですか？ あるいは、異なる結果にな

181

りますか？

5. アンバランスなデータを扱うコード 5.13 の例において、`df = df[45:]` を `df = df[22:78]` に変更してください。この変更をしても、ほぼ同じデータ点数が保たれます。しかし、今回のデータはそれぞれのクラスでバランスがとれています。以前の結果と今回の新しい結果を比較してください。どちらの結果が全データを使った場合の結果と似ているでしょうか？

6. コード 5.6 のロジスティックモデルの尤度とコード 5.19 の LDA モデルの尤度を比較してください。関数 `sample_ppc` を使って被予測データを生成し、両ケースで得られるデータのタイプを比較してください。モデルが予測するデータのタイプの違いを必ず確認してください。

第**6**章

モデル比較

> すべてのモデルは間違っている。しかし、いくつかは役に立つ。
>
> ── ジョージ・ボックス

　モデルは、データを通じて問題を理解しようとするのに使われるただの近似です。現実世界そのままのコピーではありません。その意味であらゆるモデルは間違っているという考えについては、すでに議論しました。すべてのモデルは間違っていますが、すべてのモデルが等しく間違っているわけではありません。同じデータを記述する他のモデルと比較して、劣るものもあります。これまでの章では、推論問題に焦点を当ててきました。つまり、データからどのようにしてパラメータの値を学習するのかを扱ってきたのです。本章では、それとは異なる問題に焦点を当てます。すなわち、同じデータを説明する複数のモデルを比較する方法を学びます。すぐにわかるように、この問題は簡単に解決できませんが、データ分析における中心的な問題です。

　本章では、次の事項を学びます。

- オッカムのカミソリ、単純さと精度、過剰適合と過少適合
- 正則化事前分布
- 情報量規準
- ベイズファクター

183

第6章 モデル比較

6.1 オッカムのカミソリ —— 単純さと精度

同じデータや問題を扱う二つのモデルがあり、二つのモデルは同じようにデータをうまく説明しているように見えるとしましょう。どちらのモデルを選ぶべきでしょうか？ 同じ現象を等しく表せる二つの説明があるときに、道標となる原理あるいはヒューリスティクスが存在します。それは、単純なほうを選ぶというもので、**オッカムのカミソリ**（Occam's razor）と呼ばれます。このヒューリスティクスを正当化する多くの考え方があります。そのうちの一つは、カール・ポパーによって提唱された反証可能性基準（falsifiability criterion）です[*1]。そのほかに、複雑なモデルよりも単純なモデルのほうが理解しやすいという実用的な視点に立つ考え方があります。さらに、ベイズ統計学に基づいて正当化する考え方もあります。オッカムのカミソリは理に適っているように思えるので、これらの正当化の詳細に触れることはせず、便利な考え方として受け入れることにしましょう。

モデルを比較する際に一般的に考慮に入れるべきもう一つの要因は、モデルの精度です。すなわち、モデルがどの程度うまくデータにフィットしているかということです。精度を測る尺度は、すでにいくつか見てきました。例えば、決定係数 R^2 です。これは線形回帰によって説明される分散の比率と解釈されるものでした。決定係数が何なのかについてあまりよく覚えていない読者は、第4章に戻って復習してください。

二つのモデルがあり、そのうちの一つはもう一つのモデルよりもデータをうまく説明できているとしましょう。精度は高いほうがいいので、説明力のあるモデルのほうを選ぶべきです。それでよいですか？ すぐ上のオッカムのカミソリを思い出してください。

直観的には、モデルを比較するにあたって、私たちは高い精度を持ったモデルを好む傾向があり、かつ、単純なモデルを好む傾向があります。本章の残りの部分では、これ

[*1] 訳注：科学的に意味のある仮説は観察や実験などの経験によって反証される可能性を持たなければならず、生き残った仮説の中で、反証可能性が高いものほど優れた仮説であると見なす、という考え方があります。例えば、「すべてのカラスは黒い」という仮説は、一羽の黒くないカラスを観察することによって反証することができます。この場合、白や黄色やピンクや茶色など、黒でないカラスを一羽観察するだけでよいので、反証の可能性は非常に高いと言えます。一方、「すべてのカラスは黒い、または、白い、または、黄色い」という仮説は、黒でなく、白でなく、黄色でない一羽のカラスを観察することによって反証することができます。この場合、黒いカラスや白いカラスや黄色いカラスを観察しても反証例にはなりません。ピンクや茶色などのカラスを観察すれば反証例になります。先の仮説よりは反証の条件が少なく、反証可能性は相対的に低いと言えます。これら二つの仮説の反証例を探してある地域でカラスの観察をしたところ、反証例が見つからなかった、つまり、観察した限りではすべてのカラスは黒かったとします。その限りにおいて、前者と後者二つの仮説は棄却されなかったという意味で生き残ります。このとき、反証の条件が多い、つまり単純な仮説である前者のほうが科学的に優れた仮説であると見なすのが反証可能性基準です。反証主義の詳細については、以下を参照してください。

　　ポパー 著、大内義一、森博 訳『科学的発見の論理（上／下）』恒星社厚生閣 (1971/1972)

6.1 オッカムのカミソリ —— 単純さと精度

ら二つの特徴のバランスをとることについて議論します。

本章はこれまでの章よりも理論的になります（と言っても、この話題について表面を少し引っ掻いた程度でしかありませんが）。物事を簡単にするために、精度と複雑さのバランスをとるという私たちの（正しい）直観に、理論的（あるいは少なくとも経験的）な根拠を与える例を示しましょう。

この例では、かなり単純なデータセットに、徐々に複雑さを増す多項式をフィットさせます。線形モデルにフィットさせるのに、ベイジアンの仕組みを使う代わりに、最小2乗法を使います。なお、この最小2乗法は、平坦な事前分布を使った場合のモデルとして、ベイジアンの立場からも解釈できることを思い出してください。したがって、ある意味近道をしているだけで、ここでもベイジアンの枠組みの中にいるのです。

コード 6.1　4 種類の多項式によりフィッティングを行い、決定係数を出力する

```python
import pymc3 as pm
import numpy as np
import scipy.stats as stats
import matplotlib.pyplot as plt
plt.style.use('seaborn-darkgrid')

x = np.array([4.0, 5.0, 6.0, 9.0, 12.0, 14.0])
y = np.array([4.2, 6.0, 6.0, 9.0, 10.0, 10.0])

order = [0, 1, 2, 5]
plt.plot(x, y, 'o')
for i in order:
  x_n = np.linspace(x.min(), x.max(), 100)
  coeffs = np.polyfit(x, y, deg=i)
  ffit = np.polyval(coeffs, x_n)

  p = np.poly1d(coeffs)
  yhat = p(x)
  ybar = np.mean(y)
  ssreg = np.sum((yhat-ybar)**2)
  sstot = np.sum((y - ybar)**2)
  r2 = ssreg / sstot

  plt.plot(x_n, ffit, label='order {}, $R^2$= {:.2f}'.format(i, r2))

plt.legend(loc=2, fontsize=14)
plt.xlabel('$x$', fontsize=14)
plt.ylabel('$y$', fontsize=14, rotation=0)
plt.savefig('img601.png')
```

第 6 章　モデル比較

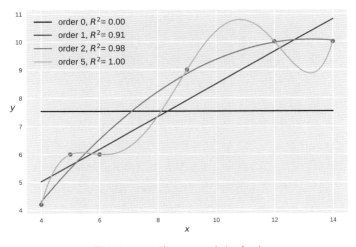

図 6.1　コード 6.1 のアウトプット

▶ 6.1.1　多すぎるパラメータは過剰適合をもたらす

　図 6.1 のグラフを見ると、モデルの複雑さが増すに従って、決定係数 R^2 で示されるモデルの精度が上昇していることに気づきます。事実、5 次の多項式はデータを完全に捉えていることが見て取れます。第 4 章で多項式の振る舞いについて簡単に議論したことを覚えているでしょう。また、一般には、実際の問題に対して多項式を使うのはあまり良いアイデアではないと議論したことも覚えているでしょう。なぜ、5 次の多項式は、データ点を一つも外すことなくデータを完全に捉えることができているのでしょうか？その理由は、データ数が 6 で、これがパラメータの数 6 と同じになっており、したがって、モデルはデータを別の形にコード化しているだけだからです。実際のところ、モデルはデータから何も学習してはいません。それは単に記憶しているだけなのです。何も学習していないことは、データ点とデータ点の間でモデルが与えた予測を見てもわかります。5 次の多項式モデルにおいては、データは非常に奇妙な振る舞いをしているように思えます。5 次のモデルが示した最良の曲線を左側から見ていくと、まず上昇し、その後しばらくほぼ一定値をとり（あるいはほんのわずか下降し）、さらにその後大きく上昇し、また下降し、最後に少し上昇しています。この曲がりくねった振る舞いを、1 次あるいは 2 次の多項式モデルの予測と比較してみてください。正規分布に従うノイズを伴いながら、それらはそれぞれ直線あるいは放物線を予測しています。直観的には、すべてのデータ点を通って曲がりくねった線よりも、1 次や 2 次のモデルのほうが単純でもっともらしい説明であると思われます。この例から、私たちは必ずしも高い精度を望んでいるわけではないことがわかります。

次の例は、もう一つの重要な洞察へと導いてくれます。先のデータセットに加えて、さらに多くのデータ点があるとします。例えば、二つのデータ点 [(10, 9), (7, 7)] があるとしましょう。図 6.2 のグラフで、四角のドットを確認してください。1 次や 2 次のモデルと比較して、5 次のモデルはこれらのデータをどの程度うまく説明しているでしょうか？ 5 次のモデルはデータが持っている興味深いパターンを何ら学んでいません。ただ記憶しているだけなのです。したがって、将来のまだ観測されていない、しかし潜在的に観測可能なデータに対して一般化するには、5 次のモデルはほとんど役に立たないのです。

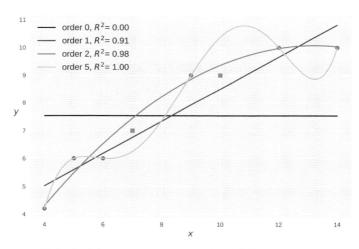

図 6.2　4 種類の多項式によるフィッティングと決定係数：データ点を二つ追加

一般化がうまくできないのは、モデルにパラメータが多く、柔軟すぎるためです。多すぎるパラメータを持ったモデルは、データに過剰適合することになります。**過剰適合**は統計学や機械学習においては一般的な問題であり、モデルがデータに含まれるノイズを学習し始めると発生します。そして、それは興味あるパターンを巧妙に隠してしまいます。もちろん私たちは興味あるパターンが存在するはずだと仮定しています。一般的に、多くのパラメータを持ったモデルはデータに適応する多くのやり方を持つことになり、したがって、データに過剰適合しやすくなるのです。これは、過度に複雑なモデルと実用的正当性に関わるオッカムのカミソリの関心事なのです。

この例から、モデルがデータをどれほどうまく説明できるのかだけに焦点を当てると、誤解が生じやすいことがわかります。その理由は、少なくとも原理的には、モデルにより多くのパラメータを追加すれば常に精度を改善できることにあります。この議論を明確化するために、いくつかの用語を導入しましょう。モデルにフィットさせたデータで測定された精度は、**サンプル内精度**（within-sample accuracy）と呼ばれます。しか

し、モデルの振る舞いを表す簡潔で有益な測度は、モデルがフィットさせたデータとは異なるデータを使って測定されたモデルの予測精度です。通常、これは**サンプル外精度** (out-of-sample accuracy) と呼ばれます。

▶ 6.1.2　少なすぎるパラメータは過少適合をもたらす

　同じ例を使って続けましょう。しかし、今度は別の極端な複雑さを伴うモデル、すなわち、0次の多項式モデルを扱います。このモデルでは、すべてのベータ係数はゼロになります。つまり、二つの変数を、一つの従属変数を持った単純な正規分布モデルに縮約したものになります。0次のモデルは、独立変数は問題とはならず、従属変数の平均値のみでできているのです。言い換えると、このモデルでは、データは従属変数の平均値と正規分布に従うノイズによって説明されるということです。このモデルはデータに過少適合している、と言われます。あまりに単純すぎて、データに含まれる興味深いパターンを捉えることができないのです。起こっていることについて、非常に単純化された様子しか捉えることができません。一般的に、パラメータが少なすぎるモデルは、データに過少適合しがちです。

▶ 6.1.3　単純さと精度のバランス

　しばしば引用される言葉に、「物事はできるだけ単純であるべきだが、単純すぎてはいけない」というアインシュタインの言葉があります。これは、オッカムのカミソリを変形した言葉のように思えます。健康的なダイエットのように、モデリングするときにはバランスを保たなければなりません。理想的には、データに過剰適合せず、しかも過少適合しないモデルを採用すべきです。したがって、一般的には、トレードオフに直面することになるでしょうし、モデルに何らかの最適化や調整を加える必要が生ずるでしょう。例えば、モデルをフィッティングする（あるいはモデルに学習させる）目的は、データについての圧縮された表現を獲得することと考えることができます。私たちはデータを理解するために、あるいはまた予測を行うために、データを単純化したいのです。もしモデルが圧縮されすぎた形でデータを表現すると、重要な部分が失われてしまい、例えば平均値のような非常に単純な要約統計量を得るだけになってしまうでしょう。その一方で、まったく、あるいはほとんど圧縮されていない場合には、あまりに多くのノイズを拾ってしまい、元のデータの見た目を変えただけのものになるでしょう。

　過剰適合・過少適合のバランスは、偏り（バイアス）と分散（バリアンス）のトレードオフによっても議論できます。例を使って説明しましょう。いま、データセットのすべての点を正確に通ることができるモデルがあるとします。ちょうど先ほどの5次のモデルのようなものです。新しい6個のデータ点を使って、モデルを再フィットさせることを、何回か繰り返すとしましょう。各回で、新しい6個のデータ点に適合した異なる

曲線を得ることになります。あるときは曲がりくねった線、またあるときは直線、そしてまたあるときは放物線といったように、さまざまな線を得ることになるでしょう。モデルはデータ中の一つ一つの情報に適合することができるので、その予測は多くの変種を持つことになります。このとき、モデルは**ハイバリアンス**（high variance; 大きな分散）を持つと言います。

一方、例えば直線のような制約づけられたモデルの場合、常に直線に適合するという意味で、これは偏りのあるモデルになります。**ハイバイアス**（high bias; 大きな偏り）なモデルは、（擬人化して言えば）より多くの偏見（prejudice）、あるいはより多くの慣性（inertia）を持っているのです。

先ほどの例では、1次のモデルは2次のモデルに比べて、高い偏りと低い分散を持っています。2次のモデルは、特別な場合として直線も含み、さまざまな曲線を生成することができます。まとめると次のようになります。

- **ハイバイアス**は、データに適合する能力のないモデルの結果として生じ、データに含まれるパターンを見逃したり、過少適合を引き起こしたりします。
- **ハイバリアンス**は、個々のデータに対して非常に敏感なモデルの結果として生じ、データに含まれるノイズを捉え、過剰適合を引き起こします。

一般的に、偏りと分散の一方を増加させると、もう一方が減少します。これが、まさしく偏りと分散のトレードオフ問題なのです。もう一度繰り返しますが、重要なことは、バランスの良いモデルを求めることなのです。

6.2 事前分布の正則化

情報が豊富な事前分布や、わずかながらも情報がある事前分布を使うことはモデルに偏りをもたらすことになりますが、適切にそれを行うと、過剰適合を回避できるので良いことでもあります。これを事前分布の正則化（regularization）と言います。

正則化というアイデアはとてもパワフルで有益なので、ベイジアン世界の外を含めて、これまで何度も発見されてきました。ある研究領域では、このアイデアは**チコノフ正則化**（Tikhonov regularization）として知られています。非ベイズ統計学においては、この正則化のアイデアには、最小2乗法を変形した二つの形態があります。それらは**リッジ回帰**（Ridge regression）と**ラッソ回帰**（Lasso regression）として知られます。ベイジアンの視点からすると、リッジ回帰は、（線形モデルの）ベータ係数に対して正規分布を使っているものと解釈できます。なお、その正規分布は、係数をゼロに閉じ込めるような小さな標準偏差を持っています。一方、ラッソ回帰は、ベイジアンの視点からは、

第 6 章　モデル比較

ベータ係数に対してガウス事前分布ではなくラプラス事前分布を使っているものと解釈できます。リッジ回帰とラッソ回帰の標準的なものは点推定に対応しており、ベイジアン分析を行った場合のような事後分布を得るものではありません。

先へ進む前に、ラプラス分布について少し議論しておきましょう。この分布は正規分布に似ていますが、その 1 階の微分が点 0 で定義されません。ラプラス分布は点 0 で非常に鋭いピークを持っているのです（図 6.3 を参照）。ラプラス分布は、正規分布と比較して、点 0 の近辺に確率密度が集中しています。それを事前分布として使った場合の効果は、いくつかのパラメータをゼロにする傾向があるということです。したがって、ラッソ（あるいはそのベイズ流の類似物）は正則化のために使われ、（モデルからいくつかの項や変数を削除することで）変数選択にも使われます。

次のコードは、ゼロに集中するラプラス分布のグラフを生成します。スケールパラメータとして 4 種類の値を使っており、比較のために平均 0、標準偏差 1 の正規分布も描きます。

コード 6.2　4 種類のラプラス分布と正規分布を出力する

```python
plt.figure(figsize=(8, 6))
x_values = np.linspace(-10, 10, 300)
for df in [1, 2, 5, 15]:
  distri = stats.laplace(scale=df)
  x_pdf = distri.pdf(x_values)
  plt.plot(x_values, x_pdf, label='$b$ = {}'.format(df))

x_pdf = stats.norm.pdf(x_values)
plt.plot(x_values, x_pdf, label='Gaussian')
plt.xlabel('x')
plt.ylabel('p(x)', rotation=0)
plt.legend(loc=0, fontsize=14)
plt.xlim(-7, 7);
plt.savefig('img603.png')
```

出力されるグラフを図 6.3 に示します。

広く使われている正則化のアイデアは、ベイジアンパラダイムと自然にフィットします。「偉大なアイデアを崇拝し、もっとそれを使うべき！」ということで、すべての人は正則化に同意していると言う人もいます。また、正則化を知らなかったり、その名称を拒否したりしたとしても、すべての人はベイジアンだと言う人さえいます。

190

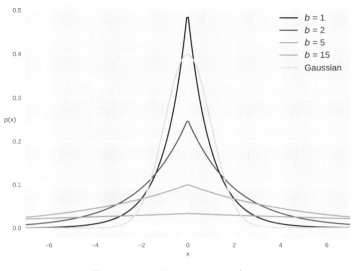

図 6.3　コード 6.2 のアウトプット

▶ 6.2.1　事前分布の正則化と階層モデル

　ここまでの議論の見地では、階層モデルを正則化の一つの方法と考えることもできます。もちろん、ハイパー事前分布を導入することによって、データから事前分布を学習する一つの方法として階層モデルを考えるわけです。つまり、私たちはデータから事前分布を学習することによって正則化を行っているのであり、データが私たちに正則化の強さを教えてくれるのです。これは、階層モデルと収縮に関する、洞察の効いた一つの考え方でしょう。第 4 章で階層モデルを使い、たった一つのデータ点に直線をフィットさせたとき、その結果を解釈するのに正則化の概念をどのように使ったかを思い出してください。

6.3　予測精度

　先の例において、0 次のモデルがあまりに単純であり、5 次のモデルがあまりに複雑である、ということは簡単にわかります。しかし、他の二つのモデル、つまり 1 次と 2 次のモデルはどうなのでしょうか？ これらの単純・複雑をどのように区別したらよいのでしょう？ そのためには、精度と単純さをともに考慮できる測定方法が必要です。サンプル内データのみを使って、サンプル外予測精度を推定する二つの方法があります。それは次のとおりです。

第 6 章　モデル比較

- **交差確認**（cross-validation）：　利用可能なデータを分割するという経験的な戦略です。データはパラメータの推定やフィッティングのために使われる部分と、推定された結果を評価するために使われる部分に分けられます。
- **情報量規準**（information criterion）：　比較的単純ないくつかの数式に使われる総称であり、交差確認によって得られるような結果を近似する方法と考えることができます。

▶ 6.3.1　交差確認

　平均的には、モデルの精度は、サンプル外データを使う場合よりもサンプル内データを使う場合に高くなります。モデルにフィットさせるためのデータが必要であり、またそのモデルをテストするためのデータも必要なので、一つの単純な解決策として、データを以下の二つの部分に分割する方法があります。

- トレーニングセット：　モデルにフィットさせるために使われるデータ
- テストセット：　推定されたモデルがデータにどの程度うまくフィットするかを測定するために使われるデータ

大量のデータがある場合、これは非常に良い解決策となります。例えば、結晶学者は、最近数十年間にわたり、分子構造を調べたりその妥当性を検討したりするために、この方法を採用しています。データが少ない場合には、前述の方法は有害になります。というのも、モデルにフィットさせるのに利用できる情報と、その精度を評価するための情報が減ってしまうからです。

　このデータ不足という問題を避けるために、単純ですが多くの場合に有効な解決策があります。それは交差確認をすることです。持っているデータを K 個の部分データセット、例えば 5 個の部分データセットへと分割します。分割する際に、各部分データセットのサイズや、時には他の特徴（例えば、クラスの個数）ができるだけ同じになるようにします。その後、$K - 1$ 個（この例では 4 個）の部分データセットを使ってモデルを訓練します。そして、残りの 1 個の部分データセットを使って妥当性を調べるわけです。この手続きを体系的に繰り返します。繰り返す際に、前回とは異なる部分データセットを妥当性検討用に残し、それ以外の部分データセットを訓練用に使うわけです。この手続きは K 回繰り返して K 回の実行結果が得られたら、これらを平均化します。これは **K 分割交差確認**（K-fold cross-validation）と呼ばれます。ここで、K は分割数で、今の例では 5 分割交差確認ということになります。K がデータ数と同じ場合には、**1 個抜き交差確認**（leave-one-out cross-validation; LOOCV）と呼ばれます。LOOCV を行う際、データ点の数が非常に多い場合には、反復回数をデータ点の総数よりも少なくすることがあります。

大量のデータがある場合やある種のモデルを除いて、交差確認は非常に単純で有益なアイデアですが、交差確認を実行する計算コストが計算能力を超えてしまうことがあります。交差確認で得られる結果を簡単に近似する計算や、交差確認をそのまま実行することなく仮想的に結果を求める計算の開発に、多くの人々が努力を重ねてきました。それらを次の項で説明します。

▶ 6.3.2 情報量規準

情報量規準は、罰則項を通じてモデルの複雑性を考慮に入れつつ、モデルがデータにどの程度うまくフィットしているかによってモデルを比較するための、一連のツールです。言い換えると、情報量規準は、本章の冒頭で私たちが抱いた直観を公式化したものであり、モデルがどの程度うまくデータを説明できるかと、どの程度複雑であるかのバランスを検討するための適切な方法を提供します。

これらの数値が導かれる正確な方法は、**情報理論**（information theory）という研究領域で扱われます。これは本書の範囲を外れてしまいますので、実用面で必要な範囲に説明を絞ることにします。

[1] 対数尤度と逸脱度

データにモデルがどの程度うまくフィットしているかを測定する直観的な方法は、データとモデルによって予測される値の誤差の 2 乗平均を計算することです。それは次のように表現されます。

$$\frac{1}{n}\sum\left(y_i - E(y_i|\theta)\right)^2$$

ここで、$E(y_i|\theta)$ は推定されたパラメータによって与えられる予測値を表しています。誤差を 2 乗することの狙いは、誤差が相殺されないようにすることです。誤差が相殺されないようにするには絶対値をとることでもできますが、誤差を 2 乗することで大きな誤差を強調することも意図されています。

これは計算が非常に簡単な測度であり、ある種の制約のもとでは、例えば正規分布に従うようなデータのもとでは有益です。一方、より一般的な測度としては、次のような対数尤度があります。

$$\log p(y|\theta)$$

ある状況のもとでは、これは誤差の 2 乗平均に比例することがわかっています。例えば、線形単回帰がそれに当たります。実践的には、歴史的な理由で、対数尤度は直接的には扱いません。代わりに**逸脱度**（deviance）と呼ばれる次のような数値が用いられます。

$$-2\log p(y|\theta)$$

第6章　モデル比較

逸脱度は、ベイジアンと非ベイジアンのいずれにおいても使われます。ベイジアンの枠組みのもとでは、θ は分布を持っており、それは事後分布から得られる何らかの数値となります。一方、非ベイジアンのもとでは、θ は点推定として得られます。逸脱度をどのように使うのかを学ぶために、この数値の重要な二つの特徴について記しておく必要があります。

- 逸脱度が小さいと、対数尤度が大きくなり、モデルによる予測とデータの一致度が高まります。したがって、小さな逸脱度を望むことになります。
- 逸脱度はモデルのサンプル内精度を測定しています。したがって、一般的に、複雑なモデルは単純なモデルと比較して小さな逸脱度を持つことになります。それゆえ、複雑なモデルに対しては、いくらかの罰則項を組み入れる必要があります。

以下の項では、さまざまな情報量規準について学びます。それらはどれも逸脱度と罰則項を使いますが、逸脱度と罰則項の計算方法に応じて、各規準は異なる特徴を持ちます。

[2]　赤池情報量規準（AIC）

赤池情報量規準（Akaike information criterion; AIC）は、非常によく知られ、よく使われている情報量規準です。特に、非ベイジアンの領域で用いられ、次のように定義されます。

$$\mathrm{AIC} \; = \; -2\log p(y|\hat{\theta}_{\mathrm{mle}}) + 2p_{\mathrm{AIC}}$$

ここで、p_{AIC} はパラメータ数であり、$\hat{\theta}_{\mathrm{mle}}$ は θ に関する最尤推定（maximum likelihood estimation）です。最尤推定は非ベイジアンの世界でお馴染みのもので、一般的に、平坦な事前分布を用いた場合のベイジアン**最大事後確率推定**（maximum a posteriori estimation; MAP estimation）と一致します。$\hat{\theta}_{\mathrm{mle}}$ は点推定であって、分布ではないことに注意してください。

一方で、上の公式を次のように書き換えることができます。

$$\mathrm{AIC} \; = \; -2\left(\log p(y|\hat{\theta}_{\mathrm{mle}}) - p_{\mathrm{AIC}}\right)$$

右辺の -2 は再び歴史的な事情によって、そこにあります。実用上の立場からこの式を見ると、右辺の括弧内の第1項はモデルがデータにどの程度うまくフィットしているかを表し、第2項は複雑なモデルに罰則を課していることがわかります。したがって、二つのモデルがデータを同程度に説明し、一つがもう一つよりも多くのパラメータを持っているなら、AIC はより少ないパラメータを持っているモデルを選ぶべきだと教えてくれます。

194

AIC は非ベイジアンのアプローチではうまく機能しますが、ベイジアンのアプローチでは問題があります。その一つの理由は、AIC が事後分布を使わないことにあります。したがって、推定における不確実性についての情報を捨ててしまっているのです。また、AIC は平坦な事前分布を仮定しており、平坦でない事前分布を使ったモデルではうまくいきません。平坦でない事前分布を使う場合、モデルのパラメータ数を単純に数えることはできません。適切に使われる平坦でない事前分布は、モデルを正則化するための財産であり、それは過剰適合を減らしてくれます。正則化事前分布を持ったモデルの有効なパラメータ数が、実際のパラメータ数よりも少なくなるというのは、すぐ上の文と同じことを語っています。同じようなことが、階層モデルの場合にも生じます。結局のところ、階層モデルは、データから事前分布の強さを（素直に）学習する有効な方法と見なせます。

[3] 逸脱度情報量規準（DIC）

AIC のベイジアン版を得る一つの方法は、事後分布からの情報を使うことと、モデルとデータからパラメータ数を推定することにあります。これは**逸脱度情報量規準**（deviance information criterion; DIC）と呼ばれ、次のように表現されます。

$$\mathrm{DIC} = -2\log p(y|\hat{\theta}_{\mathrm{post}}) + 2p_{\mathrm{DIC}}$$

DIC と AIC は似ていることがわかります。その違いは、DIC では $\hat{\theta}_{\mathrm{post}}$、すなわち θ の事後分布の平均から逸脱度を計算することです。もう一つの違いは p_{DIC} であり、これは有効なパラメータ数を表しています。なお、p_{DIC} は次式によって与えられます。

$$p_{\mathrm{DIC}} = \hat{D}(\theta) - D(\hat{\theta})$$

すなわち、逸脱度の平均 $\hat{D}(\theta)$ から θ の平均での逸脱度 $D(\hat{\theta})$ を引き算したものです。事後分布が単峰の場合、つまり $\hat{\theta}$ の周りに θ の事後分布が集中している場合、上式の二つの項はほぼ等しくなり、p_{DIC} は小さくなります。一方、事後分布の裾野が広い場合には、$\hat{\theta}$ から離れた多くの θ の値が存在することになり、したがって $\hat{D}(\theta)$ が大きくなって、p_{DIC} は大きくなります。

ここまではうまくいっているので、DIC は AIC のベイジアン版と言えるでしょう。しかし、物語はここで終わりません。DIC は事後分布の全体を使っておらず、また、DIC に関する有効なパラメータ数を計算する方法は、弱い事前分布に関していくつか問題があるのです。この第二の問題の対策が提案されています。それは PyMC3 にまさに実装されており、ここでの私たちの議論においては、そのことを知るだけで十分でしょう。

第 6 章　モデル比較

[4]　広く使える情報量規準 (WAIC)

これは DIC と類似していますが、よりベイジアンの考え方に沿っています。というのも、事後分布の全体を使うからです。**広く使える情報量規準** (widely available information criterion; WAIC) は、AIC や DIC と同様に二つの項を持っており、一つはデータがモデルにどの程度うまくフィットしているかを表し、もう一つは複雑なモデルに罰則を課します。

$$\mathrm{WAIC} = -2\mathrm{lppd} + 2p_{\mathrm{WAIC}}$$

ここで、lppd は対数各点予測密度 (log point-wise predictive density) であり、次のように近似されます。

$$\mathrm{lppd} = \sum_{i=1}^{N} \log\left(\frac{1}{S}\sum_{s=1}^{S} p(y_i|\theta^s)\right)$$

まず、事後分布からサンプル s に沿って尤度の平均を計算します。これをすべてのデータ点に対して行い、その後、N 個のデータ点にわたって合計します。そして、有効なパラメータ数を次のように計算します。

$$p_{\mathrm{WAIC}} = \sum_{i=1}^{N} V_{s=1}^{S}\left(\log p(y_i|\theta^s)\right)$$

すなわち、事後分布からのサンプル s に沿って対数尤度の分散を計算しています[*2]。すべてのデータ点に対してこれを行い、その後、N 個のデータ点にわたって合計します。有効なパラメータ数を計算するこの方法の直観的な理解は、DIC のときと似ています。AIC の項の終わりに議論したように、より柔軟なモデルはより幅広い事後分布を与える傾向があるのです。

[5]　パレート平滑化重点サンプリングと 1 個抜き交差確認 (LOOCV)

これは 1 個抜き交差確認 (LOOCV) の結果を、LOOCV を実行せずに近似する方法です。詳細には触れませんが、尤度を適切に再重みづけすると LOOCV を近似できるというのが、アイデアの中心です。これは重点サンプリング (importance sampling) というテクニックを使って行われます。しかし、この方法には結果が不安定だという問題があり、それを解決するために、**パレート平滑化重点サンプリング** (Pareto smoothed importance sampling; PSIS) という新しい方法が導入されました。PSIS は LOOCV により信頼性のある推定値を計算させるために使われます。数値はこれまで見てき

[*2] 訳注：式中の $V_{s=1}^{S}\left(\log p(y_i|\theta^s)\right)$ は、$s=1$ から $s=S$ までの対数尤度の分散を表しています。

196

た他の測度と同様に解釈でき、小さい値はモデルの推定予測精度が高いことを意味します。

[6] ベイジアン情報量規準（BIC）

ベイジアン情報量規準（Bayesian information criterion; BIC）は、ロジスティック回帰や著者の母が作ってくれる料理のソパセカのように、その名称が誤解を招きます。BIC は、AIC が持ついくつかの問題点を修正する方法として提案され、BIC の提案者は、これに対してベイズ流の正当性を与えました。しかし、BIC は本当のところベイズ流ではなく、AIC と非常によく似ています。それは平坦な事前分布を仮定し、最尤推定値を使います。

より重要なこととして、BIC はこれまで見てきた情報量規準とは異なり、本章の後半で議論することになるベイズファクターと強く関連しているのです。上記の理由とGelman の推奨により、本書では、BIC の詳細に立ち入ることも BIC を使うこともしません。

▶ 6.3.3 PyMC3 による情報量規準の計算

情報量規準は、PyMC3 を使うと簡単に計算することができます。ただ一つの関数を呼び出すだけなのです。使用法を示すために、簡単な例を作ってみましょう。まず、いくつかのデータを決め、それを標準化します。

コード 6.3 情報量規準を例示するためのデータを出力する

```
real_alpha = 4.25
real_beta = [8.7, -1.2]
data_size = 20
noise = np.random.normal(0, 2, size=data_size)
x_1 = np.linspace(0, 5, data_size)
y_1 = real_alpha + real_beta[0] * x_1 + real_beta[1] * x_1**2 + noise

order = 2 # 5
x_1p = np.vstack([x_1**i for i in range(1, order+1)])
x_1s = (x_1p - x_1p.mean(axis=1, keepdims=True))/x_1p.std(axis=1, keepdims=
True)
y_1s = (y_1 - y_1.mean())/y_1.std()
plt.scatter(x_1s[0], y_1s)
plt.xlabel('$x$', fontsize=16)
plt.ylabel('$y$', fontsize=16, rotation=0)
plt.savefig('img604.png')
```

197

第 6 章　モデル比較

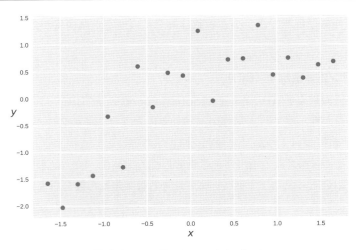

図 6.4　コード 6.3 のアウトプット

図 6.4 からはあまりはっきりしませんが、先のコードでわかるように、これは 2 次の多項式を使うとうまくフィットできそうなデータです。しかし、線形単回帰も適していると考えられます。そこで、二つのモデルでフィットさせ、その後、それらを比較するために情報量規準を使うことにしましょう。まずは線形モデルから始めます。

コード 6.4　情報量規準を例示するために線形単回帰モデルと 2 次の多項式モデルを出力する (1)

```
with pm.Model() as model_l:
    alpha = pm.Normal('alpha', mu=0, sd=10)
    beta = pm.Normal('beta', mu=0, sd=1)
    epsilon = pm.HalfCauchy('epsilon', 5)
    mu = alpha + beta * x_1s[0]
    y_pred = pm.Normal('y_pred', mu=mu, sd=epsilon, observed=y_1s)

    trace_l = pm.sample(2100)

chain_l = trace_l[100:]
```

紙面を節約するために、トレースプロットや他の検討用のグラフを省略します。しかし、読者はこれらを省略するべきではありません。

続いて、2 次の多項式モデルです。

コード 6.5　情報量規準を例示するために線形単回帰モデルと 2 次の多項式モデルを出力する (2)

```
with pm.Model() as model_p:
    alpha = pm.Normal('alpha', mu=0, sd=10)
```

```
    beta = pm.Normal('beta', mu=0, sd=1, shape=x_1s.shape[0])
    epsilon = pm.HalfCauchy('epsilon', 5)
    mu = alpha + pm.math.dot(beta, x_1s)
    y_pred = pm.Normal('y_pred', mu=mu, sd=epsilon, observed=y_1s)

    trace_p = pm.sample(2100)

chain_p = trace_p[100:]
pm.traceplot(chain_p);
```

次のコードを使い、最良にフィットされた線として、結果をグラフ表示してみましょう。

コード 6.6 情報量規準を例示するために線形単回帰モデルと 2 次の多項式モデルを出力する (3)

```
alpha_l_post = chain_l['alpha'].mean()
betas_l_post = chain_l['beta'].mean(axis=0)
idx = np.argsort(x_1s[0])
y_l_post = alpha_l_post + betas_l_post * x_1s[0]

plt.plot(x_1s[0][idx], y_l_post[idx], label='Linear')

alpha_p_post = chain_p['alpha'].mean()
betas_p_post = chain_p['beta'].mean(axis=0)
y_p_post = alpha_p_post + np.dot(betas_p_post, x_1s)

plt.plot(x_1s[0][idx], y_p_post[idx], label='Pol order {}'.format(order))

plt.scatter(x_1s[0], y_1s)
plt.xlabel('$x$', fontsize=16)
plt.ylabel('$y$', fontsize=16, rotation=0);
plt.legend()
plt.savefig('img605.png')
```

出力されるグラフを図 6.5 に示します。

PyMC3 を使って DIC の値を得るために、引数として trace を指定して関数を呼び出す必要があります。with ステートメントの内側でモデルが適切に指定されているなら、モデルは文脈に従って扱われますが、そうでないならば、追加的な引数としてモデルを渡すこともできます。

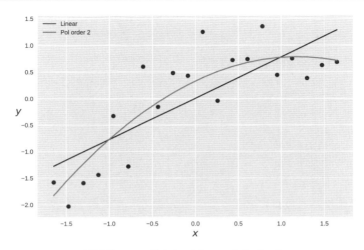

図 6.5　コード 6.4〜6.6 のアウトプット

コード 6.7　単回帰モデルと 2 次多項式モデルの WAIC と LOO を表示する (1)

```
pm.dic(trace=trace_l, model=model_l)
```

　同様に、WAIC の計算には関数 pm.waic を使い、LOO[*3]については関数 pm.loo を使います。WAIC と LOO に関して、PyMC3 はそれぞれの標準誤差とともに点推定値を出力してくれます。WAIC や LOO の推定値の不確実性を評価するために、標準誤差を使うことができます。しかしながら、標準誤差の推定は正規性を仮定しており、したがって、サンプルサイズが小さい場合には、あまり信頼できない可能性があるので、注意が必要です。

コード 6.8　単回帰モデルと 2 次多項式モデルの WAIC と LOO を表示する (2)

```
plt.figure(figsize=(8, 4))
plt.subplot(121)
for idx, ic in enumerate((waic_l, waic_p)):
  plt.errorbar(ic[0], idx, xerr=ic[1], fmt='bo')
plt.title('WAIC')
plt.yticks([0, 1], ['linear', 'quadratic'])
plt.ylim(-1, 2)

plt.subplot(122)
for idx, ic in enumerate((loo_l, loo_p)):
  plt.errorbar(ic[0], idx, xerr=ic[1], fmt='go')
```

[*3] 訳注：先に出てきた LOOCV を略しています。

```
plt.title('LOO')
plt.yticks([0, 1], ['linear', 'quadratic'])
plt.ylim(-1, 2)
plt.tight_layout()
plt.savefig('img606.png')
```

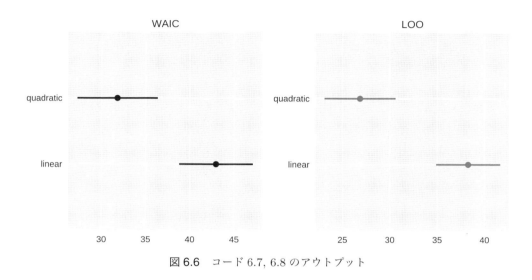

図 6.6　コード 6.7, 6.8 のアウトプット

■ WAIC と LOO の計算上の信頼性について　　WAIC または LOO を計算するとき、読者は、両方の計算結果が信頼できないことを示唆する警告メッセージを目にするかもしれません。この警告は経験に基づいて定められた基準値に従って出されます（章末の「続けて読みたい文献」を参照してください）。悩み込む必要はありませんが、これらの測度の計算には問題があることが示唆されています。WAIC と LOO は比較的新しい指標なので、これらの信頼性を評価するためのもっと良い方法を引き続き開発していく必要があるのかもしれません。いずれにしても、もしこのような警告メッセージが現れたら、まず、サンプルが十分かを確認してください。そのサンプルはうまく撹拌されたチェーンを持っており、適切なバーンイン値が用いられているでしょうか？　それらを改善してもまだこのようなメッセージが現れるなら、LOO の提案者たちは、より頑健なモデル、例えば正規分布ではなくスチューデントの t 分布を用いたモデルを使うように推奨しています。上記の対策がどれもうまくいかない場合、直接的に実行する K 分割交差確認のような別の方法を使うことを考えたらよいでしょう。

第 6 章　モデル比較

▶ 6.3.4　情報量規準測度の解釈と使用

情報量規準は、**モデル選択**（model selection）を行う際に使うのが自然でしょう。単純に、**情報量規準**の値が小さいモデルを選び、それ以外のモデルを無視してしまうわけです。例えば、図 6.6 では、二つの情報量規準は、ともに最良のモデルが quadratic、すなわち 2 次の多項式モデルであると示しています。

モデル選択は、その単純さが魅力である一方、モデルの不確実性については情報を捨ててしまっています。これは、まず事後分布の全体を計算し、そのあとで事後分布の平均値だけを残すということにいくらか似ています。私たちは知っていることを信頼しすぎているのかもしれません。

一つの代替策は、計算された情報量規準や事後予測チェックとともに、各モデルについて報告・議論しつつ、モデル選択を行うことです。私たち自身を含め、分析結果を伝える相手が、使った方法の限界や欠点についてより良く理解できるよう、これらの数値や問題の文脈に沿ったテスト結果を提示することが重要です。読者が学術界に身を置いているなら、この内容を論文、プレゼンテーション、学位論文などに記述するとよいでしょう。

もう一つのアプローチは、**モデルの平均化**（model averaging）をすることです。このアイデアは、それぞれのモデルの加重平均を使ってメタモデル（およびメタ予測）を生成することです。加重平均の重みを計算する一つの方法は、次の公式を使うことです。

$$w_i = \frac{\exp(-1/2\mathrm{dIC}_i)}{\sum_j^M \exp(-1/2\mathrm{dIC}_j)}$$

ここで、dIC_i は、i 番目の情報量規準の値と最小の情報量規準の値の差[4]を表しています。

一組の重みを計算するのに、任意の情報量規準を使うことができます。しかし、もちろん、異なる情報量規準を混ぜ合わせることはできません。この公式は、情報量規準の値から各モデル（ある固定されたモデル集合）の相対的な確率を計算するための発見的な方法なのです。公式中の分母を見てください。これは規格化定数であり、すべての重みを合計すると 1 になることを保証するものです。

モデルの平均化については別の方法が存在します。例えば、対象とするすべてのモデルを含むスーパーモデルを明示的に構築するというものです。その後、モデルの間をジャンプしながらパラメータ推論を行います。これについては、次節のベイズファクターの説明の中で議論します。

離散型のモデルを平均化する一方で、連続型のモデルについても考えることができます。コイン投げ問題で、二つの異なるモデルがあり、一つは表（おもて）が出やすい事

---

[4] 訳注：“the difference between the i-esim Information Criterion value and the lowest one”

202

6.3 予測精度

前の偏りを持ち、いま一つは裏が出やすい事前の偏りを持っているものと想像してください。別々のモデルにフィットさせ、情報量規準が与えた重みを使ってそれらのモデルを平均化します。一方で、事前分布を推定するために階層モデルを作ることができます。二つの離散型モデルを扱う代わりに、これらの二つの離散型を特定の場合として含む連続型のモデルを計算に用います。どちらのアプローチがより良いのでしょうか？ 繰り返しになりますが、それは私たちが扱う具体的な問題に依存します。二つの離散型モデルが望ましいと言える理由があるでしょうか？ あるいは、連続型モデルでより良く表現される問題でしょうか？

▶ 6.3.5　事後予測チェック

　以前の章で、モデルにフィットさせたのと同じデータを使い、そのモデルがどの程度うまくフィットするかを評価する一つの方法として、事後予測チェックという概念を導入しました。これは、事後分布によって生成されたデータと観測データとの一致性をチェックすることだと記しました。すでにわかっているように、事後予測チェックの目的は、モデルが間違っていると示すことではありません。そのアイデアは、モデルの限界をより適切に把握したり、モデルを改良したりするために、データのどの部分がうまくモデル化されていないのかを理解することにあります。この話題について、ここで前に戻ってもう一度復習しておきましょう。事後予測チェックは、モデルを比較し、それらのモデルがどのように異なるかをより適切に把握するために用いられます。

コード 6.9　線形単回帰モデルと 2 次多項式モデルの事後予測チェックをする

```
plt.subplot(121)
plt.scatter(x_1s[0], y_1s, c='r');
plt.ylim(-3, 3)
plt.xlabel('x')
plt.ylabel('y', rotation=0)
plt.title('Linear')
for i in range(0, len(chain_l['alpha']), 50):
  plt.scatter(x_1s[0], chain_l['alpha'][i] + chain_l['beta'][i]*x_1s[0], c='g'
, edgecolors='g', alpha=0.5);
plt.plot(x_1s[0], chain_l['alpha'].mean() + chain_l['beta'].mean()*x_1s[0], c=
'g', alpha=1)

plt.subplot(122)
plt.scatter(x_1s[0], y_1s, c='r');
plt.ylim(-3, 3)
plt.xlabel('x')
plt.ylabel('y', rotation=0)
plt.title('Order {}'.format(order))
```

203

```
for i in range(0, len(chain_p['alpha']), 50):
    plt.scatter(x_1s[0], chain_p['alpha'][i] + np.dot(chain_p['beta'][i], x_1s),
 c='g', edgecolors='g', alpha=0.5)
idx = np.argsort(x_1)
plt.plot(x_1s[0][idx], alpha_p_post + np.dot(betas_p_post, x_1s)[idx], c='g',
alpha=1);
plt.savefig('img607.png')
```

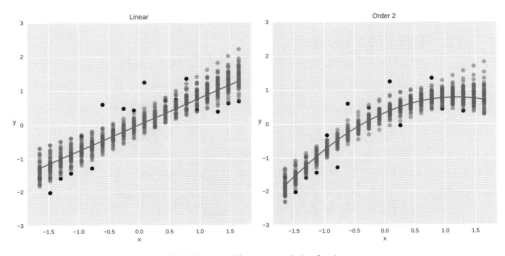

図 6.7 コード 6.9 のアウトプット

6.4 ベイズファクター

　ベイジアンの世界（少なくともその中のいくつかの研究領域）において、モデルを評価したり比較したりする一般的な方法は、ベイズファクター（Bayes factor）です。

　ベイズファクターに関する一つ目の問題は、個々のモデルの事後分布には何も実質的な影響を与えないような事前分布の形に対して、ベイズファクターの計算が非常に敏感だということです。先の例で示されたように、一般的には、標準偏差が 100 の正規分布の事前分布と、標準偏差が 1,000 の正規分布の事前分布とで結果は同じなのですが、ベイズファクターはモデルにおけるこの種の違いの影響を受けるのです。ベイズファクターに関する二つ目の問題は、その計算が、推論以上に困難を伴うことにあります。そして、最後の問題は、仮説検定のベイズ版として、ベイズファクターを利用できることです。それ自体に問題はないのですが、ほとんどの問題に対して、本書で用いられるも

のと同様に、推論あるいはモデリングアプローチのほうが、一般的に教えられている仮説検定の方法（ベイズ流であろうとなかろうと）よりもうまく適用できると、多くの研究者が指摘しています。

とにかく、ベイズファクターが何なのか、それをどうやって計算するのかを見ていきましょう。ベイズファクターとは何かを理解するために、しばらくベイズの定理を見ていなかったので、これをもう一度書いておきましょう。

$$p(\theta|y) = \frac{p(y|\theta)p(\theta)}{p(y)}$$

ここで、y はデータを表し、θ はパラメータを表しています。上の式は次のように書くこともできます。

$$p(\theta|y, M) = \frac{p(y|\theta, M)p(\theta|M)}{p(y|M)}$$

前の式との唯一の違いは、与えられたモデル M のもとでの推論に依存していることを明示していることです。第 1 章で学んだように、分母はエビデンス（証拠）あるいは周辺尤度として知られます。メトロポリス法や NUTS 法などの推論エンジンのおかげで、これまではこの分母の計算を省いていました。エビデンスは次のように表記することができます。

$$p(y|M) = \int p(y|\theta, M)p(\theta|M)d\theta_m$$

エビデンス $p(y|M)$ を計算するには、$p(\theta|M)$ のすべての可能な値にわたり、すなわち、与えられたモデルの θ の事前分布のすべての値にわたり、合計や積分をとることによって、周辺化する必要があるのです。

情報量規準と同じように、$p(y|M)$ の値はそれ自身について多くを語ってくれません。重要なのは、その相対的な値なのです。二つのモデルを比較したい場合には、それぞれのエビデンスの比率を求めます。これがベイズファクター（BF）です。

$$\mathrm{BF} = \frac{p(y|M_0)}{p(y|M_1)}$$

BF > 1 のとき、モデル 0 はモデル 1 よりもデータをうまく説明してくれます。

ある研究者は、BF を簡単に解釈できるように数値を切り分けた表（表 6.1）を提案しました。これは、モデル 0 がモデル 1 に対してどの程度望ましいかを示しています。

このようなルールは慣例的なもの、簡便的なものであることを覚えておいてください。結果は常に文脈の中で解釈されるべきであり、また、他者が結論に同意できるかどうかをチェックできるように、十分詳細な情報を提示すべきです。ここで扱っているエビデンスは、量子物理学におけるエビデンス、法廷で必要となるエビデンス、多数の死者を

第 6 章　モデル比較

表 6.1　ベイズファクターの数値範囲とその簡便的な解釈

BF 数値範囲	解 釈 例
1〜3	少し望ましい（anecdotal）
3〜10	適度に望ましい（moderate）
10〜30	かなり望ましい（strong）
30〜100	非常に望ましい（very strong）
> 100	極端に望ましい（extreme）

出さないように街から避難させるためのエビデンスなどとは、必ずしも同じものではありません。

▶ 6.4.1　情報量規準との類似性

ベイズファクターの対数をとってみましょう。すると、周辺尤度の比率をその差に変換することができます。そして、周辺尤度の差を比較することは、情報量規準の差を比較することと類似しています。しかし、どこに適合度を表す項があり、どこに罰則を課す項があるのでしょうか？ モデルがどの程度うまくデータにフィットしているかを示すのは尤度の項であり、罰則を課すのは事前分布を平均化する項です。パラメータ数が多くなると、尤度の分量に比較して事前分布の分量が大きくなり、したがって、尤度が非常に小さくなっている領域から平均値を求めることになってしまいます。パラメータ数が多いと、事前分布がより希薄、あるいは、より拡散することになり、したがって、エビデンスを計算する際に罰則を課す項の値が大きくなります。このことは、ベイズの定理は複雑なモデルに対して自然に罰則を与えている、と人々が言う理由になっています。ベイズの定理には、オッカムのカミソリが組み込まれているのです。

▶ 6.4.2　ベイズファクターの計算

ベイズファクターの計算は階層モデルとして定式化することができます。その際、高次のパラメータは、各モデルに対して割り当てられた一つのインデックスであり、また、カテゴリカルな分布からサンプリングされたものになります。言い換えると、二つ以上の競合するモデルに対して、同時に推論を行い、モデル間を飛び交う離散型変数を使います。各モデルをサンプリングするのにどれほどの時間がかかるかは、$p(M_x|y)$ に比例します。ベイズファクターを計算するためには、次のようにします。

$$\frac{p(y|M_0)}{p(y|M_1)} = \frac{p(M_0|y)p(M_1)}{p(M_1|y)p(M_0)}$$

上式の右辺の $p(M_0|y)$ や $p(M_1|y)$ は事後オッズ（posterior odds）、$p(M_1)$ や $p(M_0)$ は事前オッズ（prior odds）として知られます。オッズについては、第 5 章でその定義

を説明してありますので思い出してください。この式がどこから来たのかわからないかもしれませんが、これは、$p(y|M_0)$ と $p(y|M_1)$ の比率に関してベイズの定理を使っただけのものです。

ベイズファクターの計算を例示するために、もう一度、コイン投げを取り上げましょう。

コード 6.10　ベイズファクターを例示するためのモデルを出力する (1)

```
coins = 30
heads = 9
y_d = np.repeat([0, 1], [coins-heads, heads])
```

私たちが使うモデルについての Kruschke のダイアグラムは図 6.8 のとおりです。この例では、ベータ分布による二つの事前分布の間で選択を行います。一つ目の事前分布は 1 に偏ったベータ分布、二つ目の事前分布は 0 に偏ったベータ分布です。

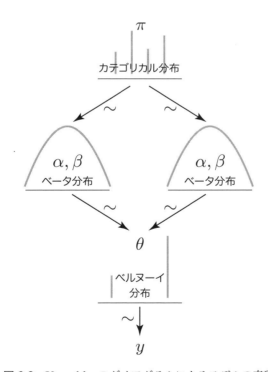

図 6.8　Kruschke のダイアグラムによるモデルの表現

さて、ここでは事前分布のみが異なるモデル間でベイズファクターを計算しますが、尤度のみが異なる場合や事前分布と尤度の両方が異なる場合もあり得ます。

PyMC3 モデルを使いましょう。事前分布間を移動するには、pm.math.switch 関数を使います。この関数は、第 1 引数が True と評価されると第 2 引数を返し、True でないと第 3 引数を返します。model_index 変数が 0 かどうかをチェックするために関数 pm.math.eq を使うこともできます。

コード 6.11　ベイズファクターを例示するためのモデルを出力する (2)

```
with pm.Model() as model_BF:
  p = np.array([0.5, 0.5])
  model_index = pm.Categorical('model_index', p=p)
  m_0 = (4, 8)
  m_1 = (8, 4)
  m = pm.math.switch(pm.math.eq(model_index, 0), m_0, m_1)

  theta = pm.Beta('theta', m[0], m[1])
  y = pm.Bernoulli('y', theta, observed=y_d)
  trace_BF = pm.sample(5500, njobs=1)

chain_BF = trace_BF[500:]
pm.traceplot(chain_BF)
plt.savefig('img609.png')
```

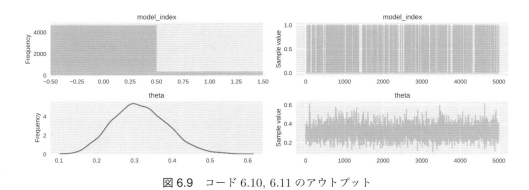

図 6.9　コード 6.10, 6.11 のアウトプット

そして、変数 model_index を数えることによって、ベイズファクターを計算します。各モデルの事前分布の値を含んでいることに注意してください。

```
pM1 = chain_BF['model_index'].mean()
pM0 = 1 - pM1
BF =  (pM0/pM1)*(p[1]/p[0])
print(pM0, pM1, BF)  #  0.927 0.073 12.698630137
```

　結局、ベイズファクター（BF）の値としておよそ 12 という値が得られました。つまり、ここで計算したベイズファクターによると、モデル 0 はモデル 1 よりも望ましいということになります。データは $\theta = 0.5$ と期待される表の数より小さい値を示しているので、全体的には納得できます。両モデルについて唯一異なることは、モデル 0 の事前分布が $\theta < 0.5$（表より裏が多い）と合致し、モデル 1 が $\theta > 0.5$（裏より表が多い）と合致していることです。

■ **ベイズファクター計算における一般的な問題**　　ベイズファクターを計算する際、いくつかの一般的な問題があります。一つのモデルが別のモデルよりも優れている場合、定義により、別のモデルではなく、そのモデルからのサンプリングに多くの時間を割くことになるでしょう。そして、これが問題になることがあるのです。というのも、モデルの一つを少なめにサンプリングすることになるからです。もう一つの問題は、あるパラメータがモデルのフィッティングに使われない場合にも、そのパラメータの値が更新されてしまうことです。モデル 0 が選ばれたとして、モデル 1 のパラメータはデータを説明するのに使われないにもかかわらず、そしてそれらは事前分布によって制約されるだけのはずなのに、更新されてしまうのです。事前分布が曖昧すぎると、モデル 1 を選択した場合に、パラメータの値は前回採択された値からかなり離れたものになってしまいます。したがって、そのステップは拒否されることになります。それゆえ、サンプリングに支障が生じることになるわけです。

　こういった問題に気づいた場合には、サンプリングを改善するためにモデルに二つの変更を施すことができます。

- 理想的には、サンプリングがいろいろな領域を平等に訪れるなら、両モデルに関してより良いサンプルを得ることができ、各モデル（先のモデルでは変数 p）の事前分布を、好ましくないモデルを好むようにしたり、最も好ましいモデルを嫌う、というように調整します。これはベイズファクターの計算には影響を与えません。というのも、計算過程に事前分布を含めているからです。

- Kruschke や他の研究者が示唆しているように、擬似事前分布（pseudo prior）を使うことが挙げられます。そのアイデアは単純です。パラメータが制約されずにさまよう問題があるなら、それらのパラメータが属するモデルが選択されない場合の一つの解決策は、パラメータに対して人工的に制約を課すことです。ただし、

それらのパラメータが使われないときに限ります。Kruschke の本の中で用いられ、著者が Python/PyMC3 用に移植したモデルにおける擬似事前分布の使用例を、次のサイトで見つけることができます。

https://github.com/aloctavodia/Doing_bayesian_data_analysis

6.5 ベイズファクターと情報量規準

ベイズファクターが事前分布に対して意外に敏感であることは、すでに述べました。推論を行う場合には実用上関係ないような差異ですが、ベイズファクターを計算する場合には一転して重要になります。そして、このことは、多くのベイジアンがベイズファクターを好まない理由の一つになっています。

さて、ベイズファクターが何をしているのか、そして情報量規準が何をしているのかを明らかにする例を見てみましょう。コイン投げについてのデータの定義に戻り、300 回のコイン投げで表が 90 回出たものとします。これは先の例と同じ比率になっていますが、10 倍のデータ量を持っています。その後、それぞれのモデルを別々に実行します。

コード 6.12　ベイズファクターを計算するためのモデル 0 を出力する

```
with pm.Model() as model_BF_0:
    theta = pm.Beta('theta', 4, 8)
    y = pm.Bernoulli('y', theta, observed=y_d)
    trace_BF_0 = pm.sample(5500, njobs=1)
chain_BF_0 = trace_BF_0[500:]
pm.traceplot(chain_BF_0)
plt.savefig('img610.png')
```

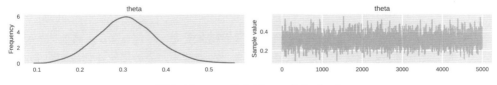

図 6.10　コード 6.12 のアウトプット

コード 6.13　ベイズファクターを計算するためのモデル 1 を出力する

```
with pm.Model() as model_BF_1:
    theta = pm.Beta('theta', 8, 4)
    y = pm.Bernoulli('y', theta, observed=y_d)
```

```
    trace_BF_1 = pm.sample(5500, njobs=1)
chain_BF_1 = trace_BF_1[500:]
pm.traceplot(chain_BF_1)
plt.savefig('img611.png')
```

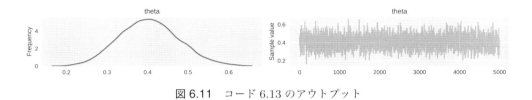

図 6.11　コード 6.13 のアウトプット

事後分布をチェックすると、異なる事前分布を用いているにもかかわらず、二つのモデルはともに同じような予測をしていることがわかるでしょう。その理由は、事前分布の効果が薄くなるほどの多くのデータを持っているからです。

それではベイズファクターを計算してみましょう。すると、およそ 25 という値を得ました。30 回のコイン投げで 9 回が表というデータを持っていたとしても、ベイズファクターは、モデル 0 がモデル 1 よりも望ましいと語っています。データを増やすと、両モデルの判断がより明確になります。モデル 1 はデータとは合わない事前分布を持っていることがよりはっきりとわかります。データ量を増やすと、両モデルの θ の値が一致するようになります。事実、両モデルともおよそ 0.3〜0.4 という値を得ています。したがって、新しい結果を予測するために θ を使う場合、どちらの値を選んでも、結果はほとんど変わりません。この例では、ベイズファクターは一方のモデルが他方のモデルよりも優れていることを教えてくれます。ある意味、正しいモデルを検出する手助けをしてくれるわけです。その一方で、両モデルから推定されたパラメータで予測される結果は、おおよそのところ同じになるのです。

ここで、WAIC と LOO が何を伝えてくれるのかを比較してみましょう。300 回のコイン投げで表が 90 回出た場合、モデル 0 の WAIC はおよそ 368.4、モデル 1 では 368.6 です。また、LOO はモデル 0 で 366.4、モデル 1 で 366.7 です。直観的には、これらの違いは小さいように思えます。実際の差以上に重要なことは、30 回のコイン投げで表が 9 回出たデータに関して情報量規準を計算すると、WAIC はモデル 0 で 38.1、モデル 1 で 39.4 となります。また、LOO はモデル 0 で 36.6、モデル 1 で 38.0 となります。すなわち、データを増やして相対的な差が小さくなると、θ の推定値はより似てくることになり、情報量規準によって推定される予測精度は最も似た値になります。この例は、ベイズファクターと情報量規準の違いを明確にするのに役立つはずです。

図 6.12 は、WAIC と LOO の値をそれらの標準誤差とともに示しています。1 段目のグラフは 30 回のコイン投げで表が 9 回出たデータを使っており、2 段目のグラフは 300 回のコイン投げで表が 90 回出たデータを使っています。

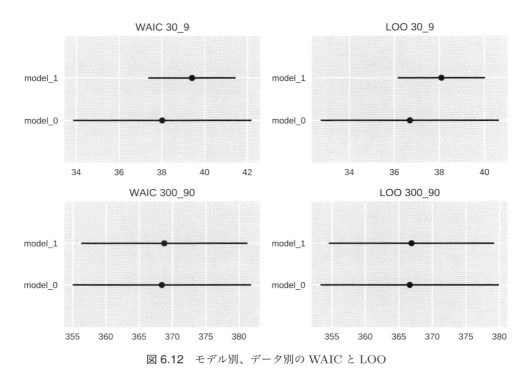

図 6.12　モデル別、データ別の WAIC と LOO

6.6　まとめ

良きモデルはデータを効果的に説明し、しかも単純であるという直観を持って本章を始めました。この直観を使って、統計学や機械学習の実際的な運用を妨げる過剰適合と過少適合の問題について議論しました。続いて、本章で示された新しいアイデアに基づいて、事前分布と階層モデルに関して簡単に議論しました。その後、逸脱度や情報量規準という概念を導入することで、この直観を公式化しました。まず、標準的な AIC から始め、DIC と呼ばれるベイジアン風の AIC の親戚を扱いました。そして、これらの改良版として WAIC を学びました。また、経験的な交差確認法、および LOO を使ってその結果を近似する方法を簡単に学びました。最後に、ベイズファクターを取り上げ、それをどうやって計算するのか、ベイズファクターと関連した通常のサンプリング問題をどう解くのかについて議論しました。ベイズファクターと情報量規準が持つ異なる目的を明らかにする例をもって、本章を終えました。

6.7 | 続けて読みたい文献

- Richard McElreath: *Statistical Rethinking*, 第 6 章
- John Kruschke: *Doing Bayesian Data Analysis, Second Edition*, 第 10 章
  【邦訳】前田和寛・小杉考司 監訳『ベイズ統計モデリング ── R, JAGS, Stan によるチュートリアル（原著第 2 版）』共立出版 (2017)
- Andrew Gelman et al.: *Bayesian Data Analysis, Third Edition*, 第 7 章
- モデル選択についての Jake Vanderplas による素晴らしい記事。http://jakevdp. github.io/blog/2015/08/07/frequentism-and-bayesianism-5-model-selection/
- 1 個抜き交差確認と WAIC を使った実践的なベイジアンのモデル評価については、http://arxiv.org/abs/1507.04544 を参照。

6.8 | 演習

1. 正則化事前分布に関する演習です。データを生成するコード 6.3 において、`order=2` を、例えば `order=5` のように、他の値に変更してください。その後、コード 6.5 の `model_p` を当てはめ、その結果の曲線をグラフ表示してください。続いて、コード 6.4 の `beta` に対して、`sd=1` ではなく `sd=100` の事前分布を使い、繰り返してください。それぞれの曲線はどう異なるでしょうか？ また、`sd=np.array([10, 0.1, 0.1, 0.1, 0.1])` を試してください。

2. 演習 1 を、データの総量を 500 に増やして繰り返してください。

3. コード 6.5 の 2 次のモデルを参考にして、3 次のモデルをフィットさせ、WAIC と LOO を比較し、結果をグラフ表示してください。そして、それらを線形モデルおよび 2 次曲線モデルと比較してください。

4. 第 4 章のコード 4.10 の `pm.sample_ppc` を使って、もう一度 PPC の例を実行してください。ただし、今回は平均値ではなく y の値をグラフ表示してください。

5. PyMC3 のドキュメントの事後分布予測の例、https://pymc-devs.github.io/ pymc3/notebooks/posterior_predictive.html を読み、実行してください。なお、Theano ライブラリと共有する変数の使用にあたっては、特別な注意を払ってください。

6. 一様な事前分布として `beta(1,1)` および `beta(0.5,0.5)` を使ったコイン投げ問題のベイズファクターを計算してください。コード 6.10 で、30 回のコイン投げで表が 15 回出たと設定してください。この結果を第 1 章で得た結果と比較し

てください。

7. ベイズファクターと情報量規準を比較した最後の例（コード6.12 と 6.13）を、サンプルサイズを小さくして繰り返してください。

第**7**章

混合モデル

　モデルを構築する際の一つの一般的なアプローチは、単純なモデルを組み合わせて、より複雑なモデルを作ることです。統計学においては、このタイプのモデルは、混合モデルとして知られます。混合モデルは、例えば、部分母集団の直接的なモデリングや、単純な分布では記述できない複雑な問題のモデリングなど、さまざまな目的で使われます。本章では、これらの混合モデルをどう作るのかを学びます。また、これまでの章で学んだいくつかのモデルが実は混合モデルだったことを知ることになるでしょう。そこで、混合モデルという視点から、これまでのモデルを解き明かしたいと思います。

　本章では次の事柄を学びます。

- 有限混合モデル
- ゼロ過剰ポアソン分布
- ゼロ過剰ポアソン回帰
- 頑健ロジスティック回帰
- モデルベースクラスタリング
- 連続型混合モデル

7.1 | 混合モデル

　研究対象の過程や現象が、例えば正規分布や2項分布、あるいは他の何らかの正準分布（canonical distribution）のような単一の分布では適切に記述できないものの、これらの分布を組み合わせることで記述できることがあります。分布の混合からデータが発

生していると仮定するモデルは、**混合モデル**（mixture model）と呼ばれます。

混合モデルが適している状況の一つは、部分母集団の組み合わせとしてうまく記述されるデータセットを持っている場合です。例えば、部分母集団としての女性というグループと男性というグループの混合として、成人という母集団の身長の分布を記述することは、完全に合理的でしょう。さらに、子どもについても対処しなければならない場合、性別を無視して、子どもという第三のグループを含めることは有効でしょう。混合モデルというアプローチに関するもう一つの古典的な例は、手書き数字のグループを記述することです。この場合、0 から 9 までの 10 種類の部分母集団を使ってデータをモデル化することは、完全に理に適っているでしょう。

また、数学上あるいは計算上の便利さから混合モデルを使うこともあります。それは、本当はデータにおける部分母集団を記述したいからなのではありません。正規分布を例に挙げてみましょう。おおよそ対称の形をしている多くの単峰の分布を近似するために、正規分布を使うことは理に適っているでしょう。しかし、多峰であったり歪みのある分布についてはどうでしょうか？ それをモデル化するのに正規分布を使うことはできるでしょうか？ 正規分布の混合を使えば、それが可能になります。このような**ガウス混合モデル**（Gaussian mixture model）において、各要素はそれぞれ異なる平均と異なる標準偏差を持った正規分布になります。正規分布を組み合わせることによって、モデルに柔軟性を与えて複雑なデータ分布にフィットさせることができるのです。事実、どれほど複雑であっても、どれほど奇妙であっても、正規分布を適切に組み合わせることによって、私たちが望む任意の分布を近似できるのです。組み合わせる分布の数は、近似の精度やデータの詳細さに依存します。このアイデアを推し進めると、非ベイジアンで利用されるカーネル密度推定（KDE）の技術に行き着きます。これは、ヒストグラムの代わりに、データを連続的な線でグラフ表示する技術です。この非ベイジアンの方法は、一つの分布（SciPy パッケージの実装では正規分布が使われています）を各データ点に与え、次に、すべての個々の正規分布にわたって合計して、データの経験的な分布を近似します。KDE はノンパラメトリックな方法です。ノンパラメトリックな方法については、第 8 章で議論します。任意の分布を近似するために混合正規分布を使う例として見たことを覚えておいてください。

部分母集団が実際に存在するのか、数学的な便利さによって部分母集団を使うのかはさておき、データを記述するために分布の組み合わせを使うという混合モデルのアプローチは、私たちのモデルに柔軟性を与えるために有効です。

▶ 7.1.1　混合モデルの構築方法

有限の混合モデルを構築する際の一般的なイメージは、それぞれが何らかの分布で表現された、ある個数の部分母集団があり、どの分布かはわからないけれど、それらの分布に従うデータ点がある、という状況です。したがって、各データ点を適切に部分母集団に割り当てる必要があるのです。これは、階層モデルを作ることによって行えます。モデルのトップレベルには、しばしば**潜在変数**（latent variable）と呼ばれる、実際には観測されない確率変数があります。潜在変数の役割は、要素となるどの分布が特定の観測値に対応するかを規定すること、すなわち、与えられた一つのデータ点を、どの要素分布を使ってモデル化するかを規定するのです。潜在変数を示すために、z という文字が多くの文献で使われています。

非常に単純な例で、混合モデルの構築を始めましょう。三つの正規分布を使って記述したいデータセットがあるものとします。

コード 7.1　三つの正規分布を混合して混合モデルのデータを作る

```python
import pymc3 as pm
import numpy as np
import pandas as pd
import scipy.stats as stats
import matplotlib.pyplot as plt
import seaborn as sns
plt.style.use('seaborn-darkgrid')
np.set_printoptions(precision=2)


clusters = 3
n_cluster = [90, 50, 75]
n_total = sum(n_cluster)
means = [9, 21, 35]
std_devs = [2, 2, 2]

mix = np.random.normal(np.repeat(means, n_cluster), np.repeat(std_devs,
n_cluster))
sns.kdeplot(np.array(mix))
plt.xlabel('$x$', fontsize=14)
plt.savefig('img701.png')
```

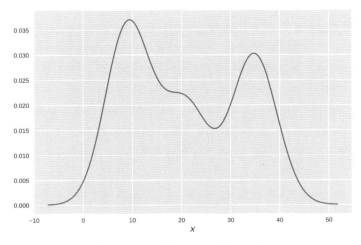

図 7.1　コード 7.1 のアウトプット

　多くの現実の状況では、モデルを作り始めるとき、もっと複雑なものが必要だとすでにわかっていたとしても、まずは単純なモデルから始めることがより簡単で効果的で生産的です。そして、そのあとで複雑さを加えるわけです。このアプローチはいくつかの利点を持っています。例えば、データや問題に精通するようになることや、直観を養えること、デバッグで苦しむ複雑なモデルやコードを回避できることなどです。

　では、データは三つの正規分布（一般的には、k 個の正規分布）を使って記述できる、と仮定することから始めましょう。このような仮定が可能なのは、実験的または理論的な知識をすでに十分に持っているからかもしれませんし、データを見ることによってその仮定に至るのかもしれません。また、各正規分布の平均と標準偏差がわかっているものと仮定します。

　この仮定のもとで、問題は、各データ点に対して三つの正規分布の一つを割り当てることになります。この課題を解くための方法は、数多く存在します。もちろん、ここではベイジアンの方法を採用し、確率モデルを構築します。

　モデルを開発するにあたり、コイン投げ問題からアイデアを得ることができます。コイン投げには二つの可能な結果があり、それらを記述するためにベルヌーイ分布を使ったことを思い出してください。表または裏が出る確率を私たちは知らなかったので、ベータ分布を事前分布として使いました。正規分布の混合モデルを扱う現在の問題はこれとよく似ていますが、k 個の正規分布の結果が存在するところが異なっています。

　ベルヌーイ分布を k 個の結果へと一般化したものはカテゴリカル分布であり、ベータ分布を一般化したものは**ディリクレ分布**（Dirichlet distribution）となります。この分布は、n 次元の三角形のような単体の中にあるので、初めのうちは奇妙に見えるかもし

れません。なお、1次元の単体は直線、2次元の単体は三角形、3次元の単体は四面体となります。なぜ単体なのでしょう？ 直観的には、この分布のアウトプットはサイズ k のベクトルであり、その要素は正の値に制限され、さらにそれらを合計すると1になるようにしてあります。

ペーター・グスタフ・ディリクレがどのようにしてベータ分布を一般化したのかを理解するために、まず、ベータ分布のいくつかの特徴を再考しましょう。生起確率が p と $1-p$ の二つの結果を生成する問題に対して、ベータ分布を使うとします。この意味で、ベータ分布はベクトルの二つの要素 $[p, 1-p]$ を返します。もちろん、実際には $1-p$ を無視します。というのも、これは p によって完全に決定されるからです。ベータ分布に関するもう一つの特徴は、α と β という二つのスカラーのパラメータを持つということです。これらの特徴は、ディリクレ分布とどのように異なるのでしょうか？

最も単純なディリクレ分布を考えましょう。それは、三つの結果を生成する問題をモデル化するのに使えるものです。三つの要素を持ったベクトル $[p, q, r]$ を返すディリクレ分布があるとします。ただし、$r = 1 - (p + q)$ という関係があります。このようなディリクレ分布は、三つのスカラーでパラメータ化できます。これらを α、β、γ と呼びましょう。しかしながら、この呼び方は高次元ではうまくいきません。したがって、単にサイズ k のベクトル α を使うことにします。私たちは今、ベータ分布やディリクレ分布を確率分布と考えていることに注意してください。この分布についてのイメージを得るために、図7.2のグラフに注意を払い、各三角形を同様のパラメータを持ったベータ分布に関連づけてください。

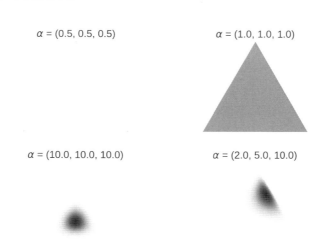

図 7.2　三角形の単体によるディリクレ分布

第 7 章 混合モデル

このグラフは、Thomas Boggs が書いたコードを微調整して実行した結果です。このコードは、著者の GitHub サイトからダウンロードできる付属コードの中に含まれています。

さて、ディリクレ分布を理解できたので、混合モデルを構築するためのすべての要素を手に入れたことになります。この混合モデルを視覚化する一つの方法は、正規分布推定モデルの冒頭に出てきた k 面を持ったコイン投げ問題として扱うことです。もちろん、k 面のコインの代わりに、k 面のサイコロを想定することもできます。Kruschke のダイアグラムを使うと、図 7.3 のようにモデルを視覚化できます。

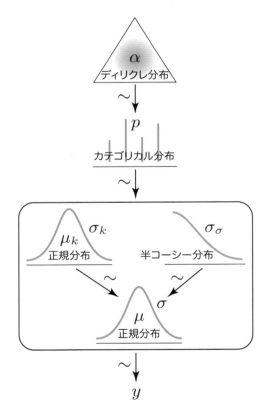

図 7.3　Kruschke のダイアグラムによる混合モデルの表現

角が丸いボックスは、k 個の正規分布の（対応する事前分布を持った）尤度があることを示しており、各データ点を記述するためにどの尤度を使うかはカテゴリカル変数によって決まります。

正規分布の平均と標準偏差を知っていると仮定したことを思い出してください。必要なことは、単に、個々のデータに一つの正規分布を割り当てることだけです。

コード 7.2　平均と標準偏差が既知の正規分布混合モデルを出力する

```
with pm.Model() as model_kg:
    p = pm.Dirichlet('p', a=np.ones(clusters))
    category = pm.Categorical('category', p=p, shape=n_total)

    means = pm.math.constant([10, 20, 35])
    y = pm.Normal('y', mu=means[category], sd=2, observed=mix)
    trace_kg = pm.sample(10000, njobs=1)

chain_kg = trace_kg[1000:]
varnames_kg = ['p']
pm.traceplot(chain_kg, varnames_kg)
plt.savefig('img704.png')
```

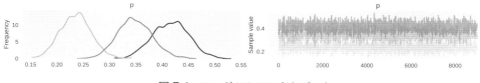

図 7.4　コード 7.2 のアウトプット

さて、正規分布による混合モデルの骨格がわかりました。これに複雑さを付け加え、正規分布のパラメータを推定することにしましょう。ここで、三つの異なる平均と、一つの共有される標準偏差を仮定します。

いつものように、モデルは簡単に PyMC3 の構文に翻訳できます。

コード 7.3　三つの平均、一つの共有標準偏差の正規分布混合モデルを出力する (1)

```
with pm.Model() as model_ug:
    p = pm.Dirichlet('p', a=np.ones(clusters))
    category = pm.Categorical('category', p=p, shape=n_total)

    means = pm.Normal('means', mu=[10, 20, 35], sd=2, shape=clusters)
    sd = pm.HalfCauchy('sd', 5)
    y = pm.Normal('y', mu=means[category], sd=sd, observed=mix)
    trace_ug = pm.sample(10000, njobs=1)
```

さあ、得られた事後分布のトレースを調べてみましょう。

第 7 章 混合モデル

コード 7.4　三つの平均、一つの共有標準偏差の正規分布混合モデルを出力する (2)

```
chain_ug = trace_ug[1000:]
varnames_ug = ['means', 'sd', 'p']
pm.traceplot(chain_ug, varnames_ug)
plt.savefig('img705.png')
```

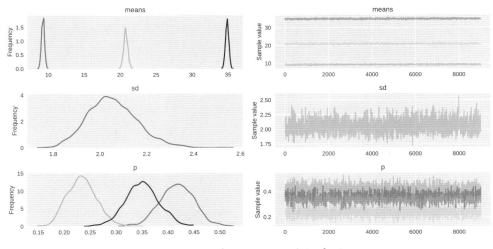

図 7.5　コード 7.3, 7.4 のアウトプット

推論結果についての要約統計量を、表形式で出力しておきます（表 7.1）。また、モデルがデータから何を学習したかを見るために、事後予測チェックを行います（図 7.6）。

コード 7.5　三つの平均と一つの共有標準偏差の正規分布混合モデルの要約統計量を出力する

```
pm.summary(chain_ug, varnames_ug)
```

コード 7.6　混合モデルを出力する

```
ppc = pm.sample_ppc(chain_ug, 50, model_ug)
for i in ppc['y']:
    sns.kdeplot(i, alpha=0.1, color='b')

sns.kdeplot(np.array(mix), lw=2, color='k')
plt.xlabel('$x$', fontsize=14)
plt.savefig('img706.png')
```

表 7.1　コード 7.5 から得られる統計量

	mean	sd	mc_error	hpd_2.5	hpd_97.5
means_0	9.242	0.213	0.006	8.825	9.660
means_1	20.760	0.293	0.011	20.151	21.324
means_2	34.872	0.229	0.008	34.418	35.312
sd	2.052	0.105	0.003	1.852	2.260
p_0	0.417	0.032	0.001	0.348	0.473
p_1	0.234	0.028	0.001	0.181	0.288
p_2	0.350	0.032	0.001	0.291	0.417

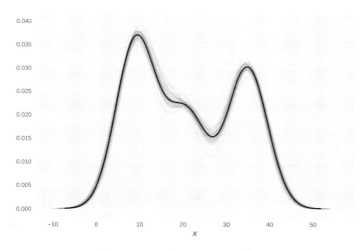

図 7.6　コード 7.6 のアウトプット

　ライトブルー（グレー）の線で示されている不確実性は、x の値が大きくなると小さくなっていること、また、ガウス混合分布の中心付近で大きくなっていることに注意してください。このことから、不確実性が大きい領域は正規分布が重なった領域だということを直観的に理解できます。したがって、一つのデータ点が一つまたはそれ以上の正規分布に従っているかどうかを識別することは困難なのです。この問題は極めて単純であり、それほど高度なものではないことに著者は同意しますが、私たちの直観に訴える問題であり、また、より複雑な問題へと簡単に応用・拡張できるモデルなのです。

▶ 7.1.2　周辺化されたガウス混合モデル

　先のモデルにおいては、その中に潜在変数 z を明示的に含めていました。このモデルについての一つの問題は、離散的な潜在変数 z のサンプリングが、通常、分布の混合を遅くさせ、分布の端を無駄に探索してしまうことです。離散的な潜在変数について特別

第7章　混合モデル

に設計したサンプリング方法を使うことは、サンプリングの改善に役立ちます。もう一つの方法は、異なるパラメータ化を施した同等のモデルを構築することです。

混合モデルにおいて、観測変数 y は潜在変数 z に条件づけられて

$$p(y|z, \theta)$$

とモデル化されます。潜在変数 z を迷惑変数と考えて、これを周辺化すると、次のようになります。

$$p(y|\theta)$$

幸運なことに、数学を使わなくても、PyMC3 はこれを効率的に行う分布を持っています。次のように、正規分布の混合モデルを書くことができます。

コード 7.7　読者の実習用コード

```
with pm.Model() as model_mg:
  p = pm.Dirichlet('p', a=np.ones(clusters))

  means = pm.Normal('means', mu=[10, 20, 35], sd=2, shape=clusters)
  sd = pm.HalfCauchy('sd', 5)

  y = pm.NormalMixture('y', w=p, mu=means, sd=sd, observed=mix)

  trace_mg = pm.sample(5000, njobs=1)
chain_mg = trace_mg[500:]
varnames_mg = ['means', 'sd', 'p']
pm.traceplot(chain_mg, varnames_mg);
plt.savefig('img_exercise.png')
```

このモデルは読者の実習用です。これを実行し、必要なグラフを出力し、結果を調べてください。

▶ 7.1.3　混合モデルとカウントデータ

私たちはときどき何かを数えた結果をデータとして使います。放射性核の崩壊数、1夫婦当たりの子どもの数、Twitter のフォロワー数などが挙げられます。これらすべての例に共通していることは、離散的な非負数 $0, 1, 2, 3, \ldots$ を使ってモデル化できるということです。この種の変数はカウントデータ（count data）と呼ばれ、そのモデル化においては、一つの共通の分布が使われます。その分布は、ポアソン分布です。

[1] ポアソン分布

ある道路で 1 時間当たりに通過する赤い自動車を数えたとしましょう。このデータを記述するために、ポアソン分布を使うことができます。ポアソン分布は、一般的には、ある一定区間の時間もしくは空間で発生する事象の回数の確率を記述するのに使われる離散型分布です。ただし、発生する各事象は互いに独立であることが仮定されます。ポアソン分布は、その平均値を表し分散にも対応する唯一のパラメータ λ によって特徴づけられます。確率質量関数（probability mass function）は次のとおりです。

$$\mathrm{pmf}(k) = \frac{\lambda^k e^{-\lambda}}{k!}$$

ここで、

- λ は、単位当たり時間・空間における事象の平均生起数
- k は正の整数値 $0, 1, 2, \ldots$
- $k!$ は k の階乗、$k! = k \times (k-1) \times (k-2) \times \cdots \times 2 \times 1$

を表します。以下のコードは、λ が異なるいくつかのポアソン分布をグラフ表示します。

コード 7.8 　λ が異なる 4 種類のポアソン分布を表示する

```
lam_params = [0.5, 1.5, 3, 8]
k = np.arange(0, max(lam_params) * 3)
for lam in lam_params:
  y = stats.poisson(lam).pmf(k)
  plt.plot(k, y, 'o-', label="$\\lambda$ = {:3.1f}".format(lam))
plt.legend()
plt.xlabel('$k$', fontsize=14)
plt.ylabel('$pmf(k)$', fontsize=14)
plt.savefig('img707.png')
```

出力されるグラフを図 7.7 に示します。λ は実数をとれますが、ポアソン分布の出力は常に整数になります。図 7.7 のグラフでは、各点は分布の値を表しており、点と点を結んでいる実線は、この分布の形状を把握するための視覚上の便宜に過ぎません。ポアソン分布は離散型の分布であることを忘れないでください。

ポアソン分布は、試行回数 n が非常に大きくて生起確率 p が非常に小さい特殊な場合の 2 項分布と見なせます。過度に数学的な詳細に入り込むことなく、このことを明らかにしてみましょう。ここでは赤い自動車が通るか否かを扱っているので、赤い自動車の数をモデル化するために 2 項分布を使うことにします。この場合、モデルは次のようになります。

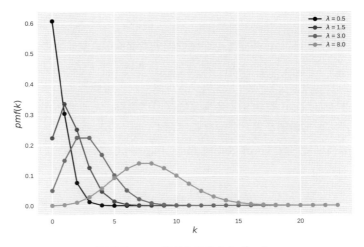

図 7.7　コード 7.8 のアウトプット

$$x \sim \mathrm{Bin}(n, p)$$

そして、2項分布の平均は次のとおりです。

$$E[x] = np$$

2項分布の分散は次式によって与えられます。

$$Var[x] = np(1-p)$$

さて、たとえ非常に交通量の多い道路を観察しているとしても、自動車の総数と比較すると、赤い自動車を見る機会は非常に小さく、それゆえ次のことが言えます[*1]。

$$n \gg p \Rightarrow np \simeq np(1-p)$$

したがって、次のような近似を得ます。

$$Var[x] = np$$

以上で、平均と分散が同じ数になることが示され、確信を持って変数 x はポアソン分布に従っていると言うことができます。

$$x \sim \mathrm{Pois}(\lambda = np)$$

[*1] 訳注：次式の $\Rightarrow$ を含めた左側は「n が p よりも非常に大きいならば」を意味し、$\Rightarrow$ の右側は「np と $np(1-p)$ はほとんど同じ」を意味しています。

[2] ゼロ過剰ポアソンモデル

　私たちが何かを数えているとき、しばしば0という数字が現れます。先ほどの例では、その0というのは、道路を通過した赤い車が存在しなかったことを意味するとともに、見逃した（例えば大きな車の陰に隠れて小さな赤い車が見えなかった）ことも意味しています。したがって、ポアソン分布を使う場合、例えば、事後予測チェックをする際には注意が必要です。というのも、データが本当にポアソン分布に従っていた場合に期待される0の個数よりも多くの0を観測し、そのためデータにうまくフィットしないことがあるからです。

　この問題をどう解決したらよいでしょうか？ 観測された0の数よりもモデルが少なく0の数を予測してしまう場合、その原因を正しく把握・対処し、その要因をモデルに含めることができるかもしれません。しかし、私たちの目的には、ポアソン分布を確率Ψ で、また、過剰な0を確率 $(1 - \Psi)$ で組み合わせた混合モデルを仮定することで、十分（そして簡単）なのです。この混合モデルは**ゼロ過剰ポアソン**（zero-inflated Poisson; ZIP）モデルという名で知られます。Ψ が過剰な0を生む確率、$(1 - \Psi)$ がポアソン分布の確率を表しているとする文献がありますが、この違いは大きな問題ではありません。このような場合には、具体例に則してどちらが何を表しているのかに注意を払いさえすればよいのです。

　要するに ZIP 分布は次のことを伝えてくれます。

$$p(y_j = 0) \,=\, 1 - \Psi + (\Psi)e^{-\lambda}$$
$$p(y_j = k_i) \,=\, \Psi\frac{\lambda^{k_i}e^{-\lambda}}{k_i!}$$

ここで、$1 - \Psi$ は過剰な0の確率です。

　これらの方程式を PyMC3 で実装することもできますが、PyMC3 は ZIP 分布を備えているので、もっと簡単にモデルを書くことができます。Python は `lambda` という予約語を持っていますので、代わりに変数名として `lam` を使います。PyMC3 を使うと、ZIP モデルは次のように表現することができます。

コード 7.9　ZIP モデルの KDE とトレースを出力する

```
np.random.seed(42)
n = 100
theta = 2.5
pi = 0.1

counts = np.array([(np.random.random() > pi) * np.random.poisson(theta) for i
in range(n)])
```

第 7 章　混合モデル

```
with pm.Model() as ZIP:
    psi = pm.Beta('psi', 1, 1)
    lam = pm.Gamma('lam', 2, 0.1)

    y = pm.ZeroInflatedPoisson('y', psi, lam, observed=counts)
    trace_ZIP = pm.sample(5000, njobs=1)

chain_ZIP = trace_ZIP[100:]
pm.traceplot(chain_ZIP);
plt.savefig('img708.png')
```

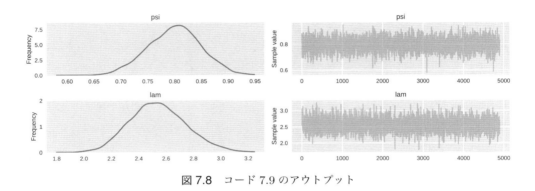

図 7.8　コード 7.9 のアウトプット

[3]　ポアソン回帰と ZIP 回帰

　ZIP モデルは少々さえない印象を受けるかもしれませんが、時には ZIP 分布、あるいはポアソン分布や正規分布のような単純な分布を推定する必要があります。それに加えて、線形モデルの一部としてポアソン分布あるいは ZIP 分布を使うことができるのです。第 4 章で学んだように、線形単回帰モデルは（恒等逆連結関数を持った）線形モデル、および、ノイズあるいは誤差分布として正規分布（あるいはスチューデントの t 分布）を使って構築することができます。第 5 章では、このモデルを分類問題のためにどう使うかを学びました。結果変数をモデル化するために、逆連結関数として、ロジスティックあるいはソフトマックスを使い、また、ベルヌーイ分布とカテゴリカル分布をそれぞれ利用しました。同じアイデアに従い、ポアソン分布または ZIP 分布を使うことで、結果変数がカウント変数である問題の回帰分析を行うことができます。図 7.9 の Kruschke のダイアグラムを見ると、ZIP 回帰についての一つの実装方法がわかるでしょう。

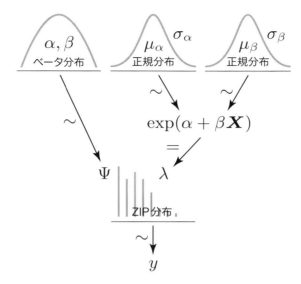

図 7.9　Kruschke のダイアグラムによる ZIP 回帰モデルの表現

ZIP 回帰モデルの実装を具体的に示すため、https://stats.idre.ucla.edu/stat/data/fish.csv のデータセット[*2]を使いましょう。

問題は次のとおりです。私たちは公園管理の仕事をしており、来訪者の体験をより良くしたいと考えています。そこで、私たちは公園を訪れた 250 のグループを対象に、ちょっとした調査をすることに決めました。収集したデータの一部は、次の項目から構成されています。

- 訪問グループが捕獲した魚の数（count）
- 訪問グループに含まれる子どもの人数（child）
- 訪問グループがキャンピングカーで来訪したか否か（camper）

このデータを使い、変数 child と変数 camper の関数として、捕獲した魚の数を表す変数 count を予測するモデルを構築したいと思います。このデータを読み込むには Pandas ライブラリを使うことができます。

コード 7.10　ZIP 回帰モデルの KDE とトレースを出力する (1)

```
fish_data = pd.read_csv('fish.csv')
```

[*2] 訳注：原文では https://www.ats.ucla.edu/stat/data/fish.csv となっていますが、翻訳段階では URL が異なっていたので、差し替えてあります。サイトの運用次第で今後も URL が変更される可能性があります。このデータをダウンロードしたら、読者の PC のデータフォルダに保存しておいてください。

このデータセットがどのようなものかを調べることは、読者に実習として残しておきましょう。この実習では、Pandas ライブラリの `describe` のようなグラフを作成する関数が役立ちます。

さて、図 7.9 で示した Kruschke のダイアグラムの ZIP 回帰モデルを、PyMC3 に翻訳しましょう。

コード 7.11　ZIP 回帰モデルの KDE とトレースを出力する (2)

```
with pm.Model() as ZIP_reg:
    psi = pm.Beta('psi', 1, 1)

    alpha = pm.Normal('alpha', 0, 10)
    beta = pm.Normal('beta', 0, 10, shape=2)
    lam = pm.math.exp(alpha + beta[0] * fish_data['child'] + beta[1] * fish_data['camper'])

    y = pm.ZeroInflatedPoisson('y', psi, lam, observed=fish_data['count'])
    trace_ZIP_reg = pm.sample(2000, njobs=1)

chain_ZIP_reg = trace_ZIP_reg[100:]
pm.traceplot(chain_ZIP_reg);
plt.savefig('img710.png')
```

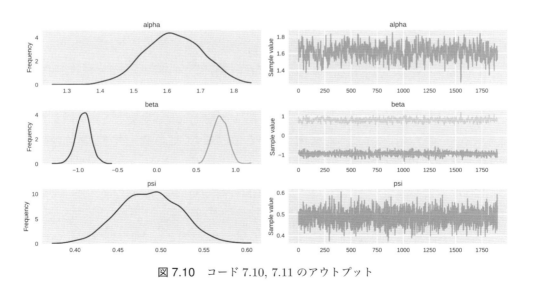

図 7.10　コード 7.10, 7.11 のアウトプット

いつもと同様に、サンプリング過程の健全性をチェックしてください。推論の結果をより良く理解するために、グラフを描いておきましょう。

7.1 混合モデル

コード 7.12　ZIP 回帰モデルの結果（キャンピングカーの有無、子どもの数に対する捕獲魚数）を表示する

```
children = [0, 1, 2, 3, 4]
fish_count_pred_0 = []
fish_count_pred_1 = []
thin = 5
for n in children:
  without_camper = chain_ZIP_reg['alpha'][::thin] + chain_ZIP_reg['beta'
][:,0][::thin] * n
  with_camper = without_camper + chain_ZIP_reg['beta'][:,1][::thin]
  fish_count_pred_0.append(np.exp(without_camper))
  fish_count_pred_1.append(np.exp(with_camper))

plt.plot(children, fish_count_pred_0, 'bo', alpha=0.01)
plt.plot(children, fish_count_pred_1, 'ro', alpha=0.01)

plt.xticks(children);
plt.xlabel('Number of children', fontsize=14)    # 子どもの数
plt.ylabel('Fish caught', fontsize=14)           # 捕獲魚数
plt.plot([], 'bo', label='without camper')       # キャンピングカーなし
plt.plot([], 'ro', label='with camper')          # キャンピングカーあり
plt.legend(fontsize=14)
plt.savefig('img711.png')
```

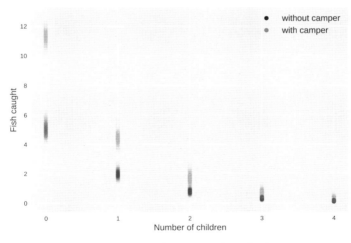

図 7.11　コード 7.12 のアウトプット

■ 訳者追記

　図 7.11 を見ると、子どもの数が多い場合には、キャンピングカーの有無に関係なく、捕獲魚数が少なくなっていることがわかります。一方、子どもの数が少なくなるに従い、

第 7 章　混合モデル

捕獲魚数が急に多くなり、しかもキャンピングカーの有無によって捕獲魚数に大きな差が生じていることがわかります。

▶ 7.1.4　頑健ロジスティック回帰

0 を生成する要因を直接モデル化することなく、過剰な 0 にどう対処するかについて学びました。Kruschke によって示唆された同じようなアプローチとして、ロジスティック回帰を使い、より頑健なモデルを実行することもできます。ロジスティック回帰においては、データを 2 項分布としてモデル化しました。すなわち、0 か 1 です。場合によっては、データセットに異常な 0 や 1 が含まれているのが見つかるかもしれません。例として、以前使ったアイリスデータセットに、いくつかの人工的なデータを追加したものを使いましょう。

コード 7.13　アイリスデータセット＋人工的追加データを表示する

```
iris = sns.load_dataset("iris")
df = iris.query("species == ('setosa', 'versicolor')")
y_0 = pd.Categorical(df['species']).codes
x_n = 'sepal_length'
x_0 = df[x_n].values
y_0 = np.concatenate((y_0, np.ones(6)))
x_0 = np.concatenate((x_0, [4.2, 4.5, 4.0, 4.3, 4.2, 4.4]))
x_0_m = x_0 - x_0.mean()
plt.plot(x_0, y_0, 'o', color='k')
plt.savefig('img712.png')
```

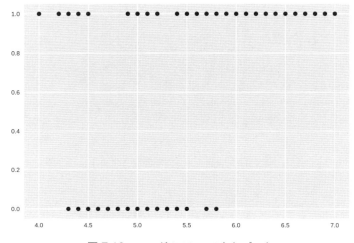

図 7.12　コード 7.13 のアウトプット

7.1　混合モデル

ここでは、異常にガク片の長さが短い versicolor がいくつか含まれています。これには、混合モデルで対処することができます。結果変数がランダムな推測によって確率 π で生起する、あるいは、ロジスティック回帰モデルから確率 $1 - \pi$ で生起すると仮定しましょう。数学的には次のようになります。

$$p = \pi 0.5 + (1 - \pi)\text{logistic}(\alpha + \beta \boldsymbol{X})$$

ここで、$\pi = 1$ のとき、$p = 0.5$ となります。また、$\pi = 2$ のとき、ロジスティック回帰の式と同じになります。

このモデルの実装は、第 5 章で用いたコード 5.6 を素直に修正するだけで可能です。

コード 7.14　頑健ロジスティック回帰モデルの KDE とトレースを出力する

```python
with pm.Model() as model_rlg:
    alpha_tmp = pm.Normal('alpha_tmp', mu=0, sd=100)
    beta = pm.Normal('beta', mu=0, sd=10)
    mu = alpha_tmp + beta * x_0_m
    theta = pm.Deterministic('theta', 1 / (1 + pm.math.exp(-mu)))

    pi = pm.Beta('pi', 1, 1)
    p = pi * 0.5 + (1 - pi) * theta

    alpha = pm.Deterministic('alpha', alpha_tmp - beta * x_0.mean())
    bd = pm.Deterministic('bd', -alpha/beta)

    yl = pm.Bernoulli('yl', p=p, observed=y_0)
    trace_rlg = pm.sample(2000, njobs=1)

varnames = ['alpha', 'beta', 'bd', 'pi']
pm.traceplot(trace_rlg, varnames)
plt.savefig('img713.png')
```

出力されるグラフを図 7.13 に示します。これらの結果を比較すると、第 5 章の結果とだいたい同じになっていることがわかります。

要約統計量を出力しておきましょう。

コード 7.15　頑健ロジスティック回帰モデルの要約統計量を出力する

```python
pm.summary(trace_rlg, varnames)
```

結果を表 7.2 に示します。

233

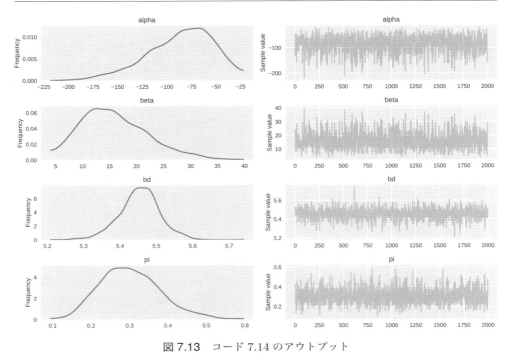

図 7.13　コード 7.14 のアウトプット

表 7.2　コード 7.15 から得られる統計量

	mean	sd	mc_error	hpd_2.5	hpd_97.5
alpha	-86.996	33.575	1.182	-151.251	-26.580
beta	15.945	6.129	0.215	4.858	27.507
bd	5.453	0.056	0.002	5.338	5.565
pi	0.302	0.078	0.003	0.159	0.459

■ 訳者追記

最後に、頑健ロジスティック回帰モデルによる最高事後密度（HPD）をグラフ表示しておきましょう。図 7.14 のグラフには、異常なデータを追加した今回のデータセットに対してフィットさせたロジスティック回帰モデルの予測結果と、その HPD が示されています。異常なデータを追加しても第 5 章と同じような結果が得られており、今回のロジスティック回帰モデルが異常なデータに対して頑健であることがわかります。

コード 7.16　頑健ロジスティック回帰モデルの HPD を出力する

```
theta = trace_rlg['theta'].mean(axis=0)
idx = np.argsort(x_0)
plt.plot(x_0[idx], theta[idx], color='b', lw=3);
```

```
plt.axvline(trace_rlg['bd'].mean(), ymax=1, color='r')
bd_hpd = pm.hpd(trace_rlg['bd'])
plt.fill_betweenx([0, 1], bd_hpd[0], bd_hpd[1], color='r', alpha=0.5)

plt.plot(x_0, y_0, 'o', color='k')
theta_hpd = pm.hpd(trace_rlg['theta'])[idx]
plt.fill_between(x_0[idx], theta_hpd[:,0], theta_hpd[:,1], color='b', alpha
=0.5)

plt.xlabel(x_n, fontsize=16)
plt.ylabel('$\\theta$', rotation=0, fontsize=16)
plt.savefig('img714.png')
```

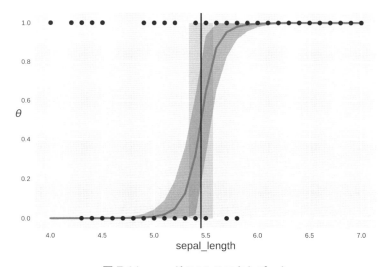

図 7.14　コード 7.16 のアウトプット

7.2 モデルベースクラスタリング

　クラスタリングは、統計学や機械学習における教師なし学習の一種であり、分類と似ていますが、正しいラベル（分類結果）がわからないため、分析が少し難しくなります。

　正しいラベルがわからない場合、データ点を相互にグルーピングしてみることができます。大まかに言うと、何らかの測度に基づき、互いに似ているデータ点は同じグループに、似ていないデータ点は異なるグループに所属すると定義するわけです。クラスタリングは非常に多くの応用があります。例えば、生物間の進化的な関係を研究する生物学の一分野である系統発生学は、進化に関わる問題を解明するためのクラスタリング技

術として構築されています。経済におけるクラスタリングの応用としては、人々がどのような映画、本、曲、商品に興味を持っているかを把握することが挙げられます。購買履歴データに基づいて、ある人の履歴が他の人の履歴と結びつけられてどのようなクラスターを構築するかを考えることができるのです。他の教師なし学習と同じように、クラスタリングを行うこと自体に興味があることもありますし、探索的データ分析の一部としてクラスタリングを使いたいこともあります。

さて、いまや私たちはクラスタリングとは何なのかについて、一般的なイメージができています。二つのデータ点が一つのグループにまとめられるか否かを決めるために使われる、いくつかの基準をチェックすることにしましょう。

2点間のユークリッド距離を調べることによって、その二つのデータ点がどの程度近いのか、あるいは似ているのかを定義することがよくあります。ユークリッド距離は、大まかに言えば、2点間の直線距離を意味します。実際の物理的距離をメートルや光年などで測定することに限らず、ユークリッド距離を定義することができます。n 次元の変数空間における二つの点 q と p に関して、次のようにユークリッド距離を計算することができます。

$$d(\boldsymbol{p}, \boldsymbol{q}) = d(\boldsymbol{q}, \boldsymbol{p}) = \sqrt{\sum_{i=1}^{n}(q_i - p_i)^2}$$

ユークリッド距離を使う一般的なアルゴリズムの一つは、k-means クラスタリングです。ここではその説明を省略しますが、k-means クラスタリングは、クラスタリング問題への優れた入門例になっていますし、読者自身で容易に理解・解釈・実装できるので、これについての解説を読んでみることを勧めます。k-means クラスタリングについての詳しい解説は、Sebastian Raschka による書籍 *Python Machine Learning* にあります[3]。

ユークリッド距離、もしくは、近さを表す他の尺度を計算することが、データをクラスタリングする唯一の方法というわけではありません。他のアプローチの一つは確率を扱うもので、観測データが何らかの確率分布から生成されると仮定し、その後、確率モデルを構築する方法です。このアプローチは、しばしば、モデルベースクラスタリング（model-based clustering）と呼ばれます。

ベイジアンのフレームワークのもとでクラスタリング問題を解く場合には、混合モデルがその自然な候補となります。事実、本章の最初の例では、観測された大きなグループを部分母集団の組み合わせで構成し、モデル化する方法として、混合モデルを使いました。確率モデルを使うことで、個々のデータ点がどのクラスターに属するのかを表す確率を計算できるようになります。各データ点があるクラスターに属する確率が 0 か 1

---

[3] 邦訳：株式会社クイープ 訳『Python 機械学習プログラミング（第 2 版）』インプレス (2018)

になっているようなものを**ハードクラスタリング**（hard-clustering）と呼び、確率モデルを扱うものを**ソフトクラスタリング**（soft-clustering）と呼びます。もちろん、ロジスティック回帰で行ったようにある種のルールや境界値を使うことで、ソフトクラスタリングをハードクラスタリングに変換することが可能です。一つの合理的な選択肢は、データ点ごとに各クラスターに属する確率を計算し、最も確率が高いクラスターにそのデータ点を割り当てる、という方法です。

▶ 7.2.1　固定された要素のクラスタリング

本章の最初の例は、クラスタリング問題に応用された混合モデルでした。この例では、データ点の経験的な分布があり、データに含まれる部分母集団を、三つの正規分布を使って記述しました。つまり、クラスター数が三つにあらかじめ固定されていたわけです。この例では、類似性/非類似性の計量測度について考える代わりに、混合正規分布を仮定してデータに関する推論を行ったことに注意してください。

▶ 7.2.2　固定されていない要素のクラスタリング

例えば 0 から 9 までの手書き数字をクラスタリングする問題において、データをいくつのクラスターに割り振ればよいかを決定することは簡単です。また、例えばアイリスデータセットでは、3 種類のアイリスのみが生息する場所からサンプルが取られたことを私たちは知っており、この場合にも、クラスター数は簡単にわかります。

ところが、クラスター数をあらかじめ決めてしまうと支障が生じる問題もあります。この種の問題に対するベイズ流の一つの解決策は、ノンパラメトリック法を使ってクラスター数を推定することです。これはディリクレ過程を使って行えます。第 8 章で、ノンパラメトリック統計学について学びますが、本書ではディリクレ過程を扱いません。第 8 章を読み終えた後に、https://docs.pymc.io/notebooks/dp_mix.html のノートブックを読み、コードを実行してみることを勧めます。ディリクレ過程へのこの素晴らしい入門例は、PyMC3 の貢献者であり、本書のレビューアである Austin Rochford が書いたものです。

7.3 │ 連続型混合モデル

本章は離散型混合モデルに焦点を当てましたが、連続型混合モデルを使うこともできます。実際、私たちはすでにそれらのいくつかを知っています。連続型混合モデルについての一つの例は、頑健ロジスティック回帰であり、これについてはすでに学びました。頑健ロジスティック回帰は二つの要素からなる混合モデルで、要素の一つはロジス

第7章　混合モデル

ティック、もう一つはランダムな推測によるものでした。パラメータ π はオン／オフの
スイッチではなく、ランダムな推測とロジスティック回帰をどの程度混合するのかを制
御する調整つまみのようなものでした。π が極端な値をとると、すべてがランダムな推
測になったり、ロジスティック回帰になったりするわけです。

　階層モデルを連続型混合モデルとして解釈することも可能です。その場合、各グルー
プにおける諸パラメータがより上位のレベルの連続型分布から発生していると考えるわ
けです。これをもっと具体的にするため、いくつかのグループに対して線形回帰を行う
ことを考えてください。その際、各グループに固有の傾きがあるという仮定も、また、す
べてのグループが一つの傾きを共有しているとの仮定も可能である一方で、これらの極
端な離散的選択肢を使うのではなく、これらの二つの選択肢の連続型混合モデルを使っ
た階層モデルを構築することができます。極端な選択肢は、このより大きな階層モデル
の単なる特別なケースに過ぎないのです。

▶ 7.3.1　ベータ–2 項分布および負の 2 項分布

　ベータ–2 項分布は離散型分布の一つであり、一般的にこれは n 回のベルヌーイ試
行[*4]における y 回の成功を記述するために用いられます。その際、各試行における成功
確率 p は未知であり、さらに p はパラメータ α と β を持つベータ分布に従うと仮定され
ます。

$$\mathrm{BetaBinomial}(y|n,\alpha,\beta) \;=\; \int_0^1 \mathrm{Bin}(y|p,n)\mathrm{Beta}(p|\alpha,\beta)dp$$

すなわち、結果変数 y が観測される確率を表すため、p がとりうる連続値にわたって平
均をとります。したがって、ベータ–2 項分布は連続型混合モデルと見なせるわけです。

　読者がベータ–2 項分布モデルに親しみを感じたとしたら、それは本書の最初の二つ
の章を注意深く読んでいたからです！　これは私たちがコイン投げ問題で用いたモデル
なのです。そこでは、すでに混合されたベータ–2 項分布としてではなく、ベータ分布と
2 項分布を別々に用いていました。

　類似して、負の 2 項分布というものがあります。これは連続型**ガンマ–ポアソン混合**
(gamma-Poisson mixture) モデルとして理解できます。つまり、この分布は、ガンマ分
布による連続値のポアソン確率を平均化（積分）することによって得られます。この分
布は、カウントデータを扱う際によくある**過剰分散**（over-dispersion）という問題を回
避するために、しばしば用いられます。いま、カウントデータをモデル化するためにポ
アソン分布を使うとします。すると、データの分散がモデルの分散を超えていることに

[*4] 訳注：コイン投げの表／裏、くじの当たり／はずれ、クイズの正解／不正解など、二者択一の事象を発生
させる試行をベルヌーイ試行と言います。

気がつくでしょう。これが過剰分散であり、ポアソン分布を使うことで生じるこの問題は、平均と分散がリンクしていることが原因です。事実、ポアソン分布の平均と分散は、一つのパラメータによって表されます。したがって、この問題を解決する一つの方法は、ガンマ分布からの値とポアソン分布との連続的な混合として、データをモデル化することです。このことは、私たちに負の2項分布を使う根拠を与えてくれます。これまで混合分布について考えてきましたので、私たちのモデルはより柔軟になり、観測データの平均と分散によりうまく適合できるでしょう。

ベータ−2項分布と負の2項分布は、ともに線形モデルの一部として使うことができ、また、それぞれのゼロ過剰モデルを作ることもできます。さらに、それらは既成の分布として PyMC3 に実装されています。

▶ 7.3.2 スチューデントのt分布

本書では、正規分布に対する頑健な代替物として、スチューデントのt分布を導入しました。スチューデントのt分布は、連続型混合分布とも見なせます。この場合は、次式のようになります。

$$t_\nu(y|\mu,\sigma) \,=\, \int_0^\infty N(y|\mu,\sigma)\mathrm{Inv}\chi^2(\sigma|\nu)d\nu$$

先ほどの負の2項分布では、文章でその式の特徴を記したのみでしたが、このスチューデントのt分布の式は、負の2項分布の式と似ています。ただし、今度はパラメータとして μ と σ を持つ**正規分布**、および、パラメータ ν を持つ逆カイ2乗 $(\mathrm{Inv}\chi^2)$ 分布を使っている点が異なります。なお、ν は σ の値をサンプリングして発生する自由度であり、著者はこれを好んで**正規性パラメータ**（normality parameter）と呼びます。ベータ−2項分布の p と同様に、パラメータ ν は有限混合モデルの潜在変数 z と同等のものです。いくつかの有限混合モデルに対しては、推論を行う前に潜在変数に応じて分布を周辺化することも可能です。混合モデルの周辺化の例で見たように、周辺化はモデルのサンプリングをより簡単にしてくれる可能性があります。

7.4 | まとめ

本章では、混合モデルについて学びました。これはハイブリッドモデルの一種で、さまざまな問題を解くのに有益です。有限混合モデルを作る作業は、これまでの章で学んだことに基づけば、比較的簡単です。この種のモデルの非常に手軽な応用例は、カウントデータにおける過剰な0に対処することや、過度な散らばりを観測した場合にポアソンモデルを拡張することです。本章で調べたもう一つの応用は、外れ値を扱うために

第7章 混合モデル

ロジスティック回帰を拡張することでした。また、本章ではベイズ流（あるいはモデルベース）クラスタリングを行う際の重要事項について簡単に説明しました。最後に、連続型混合モデルについて理論的な説明をしました。この種のモデルが、階層モデルや、頑健モデルにおけるスチューデントの t 分布など、これまでの章で学んできた概念とどのように結びつくのかについても説明しました。

7.5 | 続けて読みたい文献

- Richard McElreath: *Statistical Rethinking*, 第 11 章
- John Kruschke: *Doing Bayesian Data Analysis, Second Edition*, 第 21 章
  【邦訳】前田和寛・小杉考司 監訳『ベイズ統計モデリング —— R, JAGS, Stan によるチュートリアル（原著第 2 版）』共立出版 (2017)
- Andrew Gelman et al.: *Bayesian Data Analysis, Third Edition*, 第 22 章

7.6 | 演習

1. 本章の最初の例（コード 7.1）において、真のパラメータをモデルが再現することが困難になるように、合成データを変更してください。平均と標準偏差を変更することで、三つの正規分布の重なりを増やしてみてください。クラスター当たりのデータ点の数を変えてください。また、上で変更した困難なデータに対してモデルを改良する策を考えてください。

2. コード 7.10, 7.11 で利用した fish.csv のデータを使い、線形モデルの一部として変数 persons を組み込み、コード 7.11 のモデルを拡張してください。過剰な 0 の数をモデル化するために、この変数を組み込んでください。すると、二つの線形モデルを含んだ一つのモデルが得られるはずです。一つは子どもの数とキャンピングカーの有無をポアソン分布の値に連結する線形モデルであり、もう一つはグループ内の人数を変数 Ψ に連結する線形モデルです。後者については、ロジスティック逆連結関数が必要になるでしょう！

3. 頑健ロジスティックの例で用いたコード 7.13 のデータを、頑健ではないロジスティック回帰モデルに与えてください。そして、外れ値が分析結果に及ぼす影響をチェックしてください。ロジスティック回帰による推定の効果や、本章で導入したモデルの頑健性をより良く理解するためには、外れ値を追加したり削除したりするとよいでしょう。

240

4. 混合モデルについての PyMC3 のノートブック例、https://docs.pymc.io/ examples.html#mixture-models をすべて読み、実行してください。

5. 二つの特徴変数を用いて三つのアイリスの品種をクラスタリングする混合モデル を使ってください。この演習では、読者は正しい品種名、つまりラベルを知らな いと仮定します。したがって、三つの多変量正規分布を定義する必要があり、そ れぞれは 6 個の平均を持つことになります。コード 7.1〜7.3 による最初のアプ ローチを参考にし、一つの共分散行列を共有して使ってください。

第 **8** 章

ガウス過程

これまで見てきたすべてのモデルは、パラメトリックモデルでした。それらはある一定数のパラメータを持っていて、そのパラメータを推定することに関心がありました。これとは別の種類のモデルは、**ノンパラメトリックモデル**（non-parametric model）と呼ばれます。ノンパラメトリックモデルとは、パラメータの数がデータとともに増加するモデルのことを言います。言い換えると、ノンパラメトリックモデルは、潜在的には、無限のパラメータを持ったモデルです。そのため、データを記述するのに必要なだけの有限個のパラメータにどうにか減らそうとするわけです。

本章は、カーネルの概念を学ぶことから始めます。そして、カーネルによっていくつかの問題を再考する方法を学びます。正規分布が統計学の主役であることは、古典的な方法にとって真実であるだけでなく、ベイズ統計学や機械学習にとっても真実です。正規分布の式を無限次元に拡張する方法と、関数の分布（distribution over function）を学ぶ方法を調べることで、カーネルの例を見ることにしましょう。最初のうち、これは本当に奇妙に思えるでしょうが、パラメータをつけたカーネルを使うことによって、諸関数を推論することができるようになるのです。

本章では次の事項を学びます。

- ノンパラメトリック統計学
- カーネル
- カーネル化回帰
- ガウス過程と関数の事前分布（prior over function）

243

第 8 章　ガウス過程

8.1 ノンパラメトリック統計学

　ノンパラメトリック統計学は、パラメータ化された確率分布族には依存しない統計
ツールまたはモデルの集合である、としばしば説明されます。この定義によれば、ベイ
ジアンのノンパラメトリックは不可能であるように思えます。というのも、ベイズ統計
学を行う第一歩は、確率モデルの中で確率分布を正しく組み合わせることだと学んだか
らです。第 1 章では、確率分布は確率モデルの建築材料であると学びました。ベイジ
アンパラダイムのもとでは、ノンパラメトリックモデルは無限の数のパラメータを持っ
ているモデルを指します。したがって、ノンパラメトリックモデルを、パラメータ数が
データのサイズに応じて多くなるモデルとして定義します。こうしたモデルにおいては、
パラメータの理論的な数は無限になりますが、データを使って有限数に抑え込むのです。
つまり、パラメータ数を規定するためにデータを効果的に使うわけです。

8.2 カーネルベースモデル

　カーネルベースの方法の探究は、非常に生産的で活発な研究領域です。その人気は、
カーネルが持っているいくつかの興味深い数学的な特性に依存しています。私たちは初
めてカーネルを学ぶ段階にいますので、カーネルは、比較的簡単に計算でき、柔軟な非
線形モデルの基礎として使える、とだけ言っておきましょう。

　カーネルベースで人気のある二つの方法は、**サポートベクターマシン**（support vector
machine; SVM）と**ガウス過程**（Gaussian process; GP）です。前者は確率的手法では
なく、本書では議論しません。その詳細については Jake Vanderplas の *Python Data
Science Handbook* や Sebastian Raschka の *Python Machine Learning*[1]を参照してく
ださい。後者は一つの確率的方法であり、本章で学びます。ガウス過程について議論す
る前に、カーネルとは何なのか、それをどのように使うのかについて学ぶことにしま
しょう。

　統計学に関する文献では、カーネルについて複数の定義が存在します。それらの定義
によると、カーネルはいくらか異なる数学的な特性を持っています。本書の議論の目的
からすると、基本的には、カーネルは二つの入力から常に正の値を一つ出力する対称関
数、と言えるでしょう。この見方をすると、二つの入力間の類似度を表すものとして、
カーネル関数の出力を解釈することができるのです。

　いくつかの有益なカーネルが存在します。画像認識や文書解析といった個別の問題に

---

[1] 邦訳：株式会社クイープ 訳『Python 機械学習プログラミング（第 2 版）』インプレス (2018)

244

8.2　カーネルベースモデル

特化しているものもあれば、周期関数をモデリングするのに適したものもあります。人気のあるカーネルはガウスカーネル（Gaussian kernel）であり、これは多くの統計的方法や機械学習の中で使われています。ガウスカーネルはガウス動径基底関数（Gaussian radial basis function）としても知られます。

▶ 8.2.1　ガウスカーネル

ガウスカーネルは、次のように定義されます。

$$K(x, x') = \exp\left(-\frac{\|\boldsymbol{x} - \boldsymbol{x}'\|^2}{w}\right)$$

ここで、$\|\boldsymbol{x} - \boldsymbol{x}'\|^2$ は**ユークリッド平方距離**（squared Euclidean distance; SED）を表しています。n 次元空間におけるユークリッド平方距離は、次のように定義されます。

$$\|\boldsymbol{x} - \boldsymbol{x}'\|^2 = (x_1 - x_1')^2 + (x_2 - x_2')^2 + \cdots + (x_n - x_n')^2$$

ところで、ここではユークリッド距離を計算するのではなく、平方距離をとることに注意してください。SED は三角不等式（triangle inequality）[*2]を満たさないため、本当の距離ではありません。それにもかかわらず、ユークリッド距離の大小関係を比較するのであれば、多くの問題で一般的に SED が用いられます。例えば、一組の点の間で、最小のユークリッド距離を見つけることは、最小の SED を見つけることと同じです[*3]。

　ひと目見ただけでは明らかではありませんが、ガウスカーネルは正規分布と同じような式を持っています。第 4 章を参照してください。正規分布からその規格化定数を削除し、$w = 2\sigma^2$ と定義すれば、ガウスカーネルと非常によく似た式になります。したがって、項 w は分散に比例し、カーネルの幅を制御することになります。さらに、w は**帯域幅**（bandwidth）としても知られます。

▶ 8.2.2　カーネル化された線形回帰

線形回帰モデルの基本的な仕様は、次式のように表現されることを学びました。

$$y = f(\boldsymbol{x}) + \varepsilon$$

ここで、ε は誤差もしくはノイズで、一般的には正規分布に従います。

$$f(\boldsymbol{x}) = \boldsymbol{\mu} = \sum_i^N \boldsymbol{\gamma}_i \boldsymbol{x}_i$$

[*2] 訳注：三角形の成立条件を表した不等式で、三角形を構成する任意の 2 辺の長さの合計はそれ以外の 1 辺の長さよりも大きいことを指します。

[*3] 訳注：ユークリッド距離を計算するためにはルートをとらなければなりませんが、そうすると計算量が増えてしまいます。ユークリッド平方距離でも同じ結果が得られるので、わざわざルートをとらないわけです。

245

第8章　ガウス過程

この式では、ノイズを持たない線形関数を表すために、恒等連結関数として $f(\cdot)$ を使っています。第5章で行ったように、他の逆連結関数を使うのであれば、この関数 $f(\cdot)$ の内側にそれを組み入れればよいわけです。ベクトル $\boldsymbol{\gamma}$ は係数ベクトルであり、その成分 γ_i には切片や一つ以上の傾きが含まれます。

　第4章では、いくつかの統計的概念の一つとして多項式回帰を導入し、多項式の次数が2または3よりも大きくならないように実際の利用を制限したほうがよいと注意を促しました。線形モデルを使って非線形のデータをモデル化するために、多項式回帰がどのように使われるかを見たわけです。

　多項式回帰は次のように書けることに注意してください。

$$\boldsymbol{\mu} = \sum_i^N \gamma_i \phi_i(\boldsymbol{x})$$

ここで、関数 ϕ は次数が増加する多項列[*4]を表しています。入力ベクトル $\boldsymbol{x}$ の各要素を0乗、1乗、2乗、$\cdots$、N 乗したものをそれぞれベクトルとし、これらを並べて行列にすることで、データを高次元空間に拡大することができます。そして、その高次元空間においてデータにフィットする直線を見つけることになるわけです。元の低次元空間に戻すと、得られた直線は必然的に直線ではなくなり、曲線となります。これは、特徴空間への入力の射影と呼ばれます。

　関数 ϕ は多項式である必要はありません。ϕ には入力ベクトルを高次元の特徴空間へと写像する他の関数を割り当てることもできます。ある種の条件のもとでは、関数 ϕ を使う代わりにカーネルを使うことができるのです。数学的には同等ですが、計算的にはカーネルを使うほうが便利です。これはカーネルトリック（kernel trick）と呼ばれます。多くの統計的方法や機械学習においてカーネルが中心的な位置にある理由は、主にここにあります。また、特徴空間の概念はカーネルベースの方法を学ぶ際に直観的な洞察を与えてくれるにもかかわらず、実用面であまり重要視されないのも、このことが主な理由です。

　さて、数学的な詳細には入り込まないようにして、議論を進めましょう。関数 ϕ をカーネル K と置き換えます。K をガウスカーネルとして使いましょう。次のようになります。

$$\boldsymbol{\mu} = \sum_i^N \gamma_i K_i(\boldsymbol{x}, \boldsymbol{x}')$$

ここで、データとして $\boldsymbol{x}$ があり、また新しい名前をつけられた $\boldsymbol{x}'$ があるとします。後者

[*4] 訳注：いま $N = n$ とし、次数 i が0から n まで増加する x の多項列は x^0, x^1, x^2, ..., x^n となります。これ以降、蛇足になりますが、これらの多項列が加算されると $x^0 + x^1 + x^2 + \cdots + x^n$ となり、これに係数 γ_i が次数に対応するように乗算されると、$\gamma_0 x^0 + \gamma_1 x^1 + \gamma_2 x^2 + \cdots + \gamma_n x^n$ となります。ここで γ を β に置き換えると、4.4節に登場した多項式と同じ形になります。

246

は、データの範囲にわたって一様に分布する点のベクトルであり、通常、**ノット**（knot; 結び目）または**重心**（centroid）と呼ばれます。特別な場合として、$x = x'$ が成り立つことがあり得ます。言い換えると、ノットとしてデータ点を選ぶことが禁じられているわけではありません。

なぜこのような余分の点を追加するのでしょうか？ これについて直接答える代わりに、ノットをどのように使おうとしているのかを見てみましょう。データ点にノットが近いほど、カーネル関数の返す値が大きくなることに注意してください。分析を単純にするために、$w = 1$ を仮定します。$x = x'$ の場合には $k(x_i, x'_j) = 1$ となり、x と x' がかなり離れている場合には $k(x_i, x'_j) \approx 0$ となります。言い換えると、この場合、ガウスカーネルの出力は類似度となります。x_i と x'_j が似ているなら、これらの点における関数の平均値は類似したものとなる（$\mu_i \sim \mu_j$）でしょう。x_i が少し変動すると、μ が少し変動するのを期待し、x に関して多くのステップが必要なら、μ に多くの変化を期待します。これについてもう少し考えてみましょう。これはモデルに関する合理的な特性であると見なされ、著者らの経験によると、多くの関数がこのように振る舞います。事実、この種の関数は、**平滑関数**（smooth function）という名前を持っています。もちろん例外があり、平滑関数を使って問題の全体配列を近似することは除かれます。

では、これから行うことについてのもう一つの解釈を続けましょう。グリッドアプローチを使って、滑らかな未知の関数を近似してみます。グリッドアプローチについては、第 2 章で学びました。グリッド点は点 x' です。各ノットにガウス関数を置き、データ点に応じてガウス関数の重みをそれぞれ上げたり下げたりします。すると、μ の値を近似する滑らかな曲線が得られます。このような解釈は、**重み空間モデル**（weight-space view）として知られます。8.3 節では、この問題を公式化し、同じ結果を導くもう一つの方法、**関数空間モデル**（function-space view）について検討します。

さて、単純で人工的な合成データを使って、これらのアイデアを実行してみましょう。ここでの従属変数は sin 関数であり、独立変数は一様分布から得られた一連の点です。

コード 8.1 分析に使う人工的な合成データを表示する

```
import pymc3 as pm
import numpy as np
import pandas as pd
import theano.tensor as tt
import scipy.stats as stats
import matplotlib.pyplot as plt
import seaborn as sns
plt.style.use(['seaborn-colorblind', 'seaborn-darkgrid'])
np.set_printoptions(precision=2)
```

```
np.random.seed(1)
x = np.random.uniform(0, 10, size=20)
y = np.random.normal(np.sin(x), 0.2)
plt.plot(x, y, 'o')
plt.xlabel('$x$', fontsize=16)
plt.ylabel('$f(x)$', fontsize=16, rotation=0)
plt.savefig('img801.png')
```

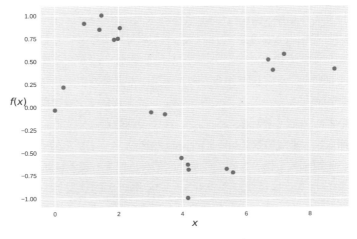

図 8.1　コード 8.1 のアウトプット

このモデルでガウスカーネルを計算する、便利で単純な関数を作っておきましょう。

コード 8.2　カーネルモデルの KDE とトレースを出力する (1)

```
def gauss_kernel(x, n_knots):
    """
    Simple Gaussian radial kernel
    """
    knots = np.linspace(x.min(), x.max(), n_knots)
    w = 2
    return np.array([np.exp(-(x-k)**2/w) for k in knots])
```

残っているのは、γ 係数を規定することだけです。このモデルでは、ノットの数と同じだけの係数が必要です。この係数は、推定する曲線が、それぞれのノットで増えたり減ったりすることを示します。

次のように線形回帰のようなモデルを書くことが適切な場合もあります。

$$\boldsymbol{\mu} = \alpha + \beta\boldsymbol{x} + \sum_{i}^{N} \boldsymbol{\gamma}_i K_i(\boldsymbol{x}, \boldsymbol{x}')$$

しかし、ここでは切片 α と傾き β を無視し、最後の項のみを使うことにします。事前分布としてコーシー分布を使います。カーネル法を使って作業をする際の事前分布の選択における重要ポイントについては、あとで議論しましょう。では、いくつか計算を実行してみましょう。

コード 8.3　カーネルモデルの KDE とトレースを出力する (2)

```
n_knots = 5

with pm.Model() as kernel_model:
    gamma = pm.Cauchy('gamma', alpha=0, beta=1, shape=n_knots)
    sd = pm.Uniform('sd',0, 10)
    mu = pm.math.dot(gamma,   gauss_kernel(x, n_knots))
    yl = pm.Normal('yl', mu=mu, sd=sd, observed=y)

    kernel_trace = pm.sample(5000, njobs=1)

pm.traceplot(kernel_trace)
plt.savefig('img802.png')
```

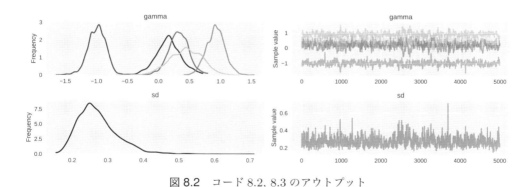

図 8.2　コード 8.2, 8.3 のアウトプット

読者はすでに気づいていると思いますが、モデルは sin 関数と同じように滑らかです。モデルが何を学習したかを確認するために、事後予測チェックを行います。

第 8 章　ガウス過程

コード 8.4　カーネルモデルの事後予測チェックをする

```
ppc = pm.sample_ppc(kernel_trace, model=kernel_model, samples=100)
plt.plot(x, ppc['yl'].T, 'ro', alpha=0.1)

plt.plot(x, y, 'bo')
plt.xlabel('$x$', fontsize=16)
plt.ylabel('$f(x)$', fontsize=16, rotation=0)
plt.savefig('img803.png')
```

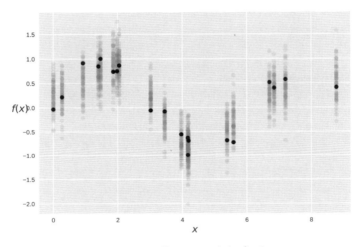

図 8.3　コード 8.4 のアウトプット

このモデルはデータ点をうまく捉えているように見えます。ここで観測したデータ点以外の点に対して、モデルがどのように振る舞うのかをチェックしましょう。

コード 8.5　カーネルモデルのデータとの適合性を確認する

```
new_x = np.linspace(x.min(), x.max(), 100)
k = gauss_kernel(new_x, n_knots)
gamma_pred = kernel_trace['gamma']
for i in range(100):
    idx = np.random.randint(0, len(gamma_pred))
    y_pred = np.dot(gamma_pred[idx], k)
    plt.plot(new_x, y_pred, 'r-', alpha=0.1)
plt.plot(x, y, 'bo')
plt.xlabel('$x$', fontsize=16)
plt.ylabel('$f(x)$', fontsize=16, rotation=0)
plt.savefig('img804.png')
```

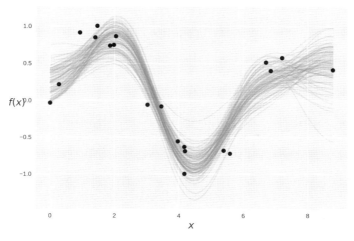

図 8.4　コード 8.5 のアウトプット

図 8.4 のグラフの青い（黒い）点はデータ、赤い（グレーの）線はフィッティングされた曲線を表しています。読者は、帯域幅やノット数を変更した場合の効果を調べたいと思うかもしれません。これについては、章末の演習 1 で取り上げます。また、他のタイプの関数にフィットさせた効果は、演習 2 で取り上げます。

▶ 8.2.3　過剰適合と事前分布

　カーネル化されたモデルを運用する際に明らかに問題となることは、ノットの数と位置をどう選ぶかです。一つ目のアプローチは、ノットとしてデータ点を使う方法です。すなわち、各データ点の上に正規分布を置くわけです。これは KDE のグラフを作る方法と同じであり、前述の説明を覚えているでしょう。

　2 番目の方法は、ノットの数と位置をモデリング中に決定されるようにすることです。これにはある種の特別な計算手法が必要になりますが、うまく一般化できないか、少なくとも簡単には動作しません。

　3 番目は、変数選択を使う方法であり、モデルにインデックス変数を組み込むというアイデアです。ベクトルのサイズは係数 γ の数と同じにする必要があり、このベクトルの要素は 2 値のみ、すなわち 0 か 1 しかとることができません。このようにすることで、モデルの中の係数をオンにしたりオフにしたりすることができるわけです。このアプローチには、低次元の問題にしか適用できないという問題があります。というのも、インデックスの可能な組み合わせ数は、H を係数の数とすると、2^H で増えるからです。

　さらに、正則化事前分布を使う方法もあります。この方法は、係数 γ を 0 に押し込むために、事前分布の両端があまり長くならないように事前分布を 0 の近辺に集めようと

第 8 章　ガウス過程

します。このような事前分布の一つはコーシー分布であり、もう一つはラプラス分布です。これについては、第 6 章における正則化事前分布の文脈で、リッジ回帰やラッソ回帰とともにすでに説明しました。

8.3 | ガウス過程

　任意の関数を記述する統計モデルを構築するために、カーネルがどう使われるのかについて簡単に見てきました。カーネル化された回帰は、一時的なトリックのような感じがするかもしれません。また、一連のノットの数と分布をどう特定するかが問題になります。関数空間の中で直接推論を行うことによってカーネルを使うもう一つの方法について見ていくことにしましょう。この方法は、数学的および計算的にとても魅力的であり、**ガウス過程**（GP）に基づいています。

　ガウス過程を導入する前に、関数とは何なのかを考えてみましょう。ここでは、関数を一組の入力から一組の出力へと写像することと見なします。第 4 章で行ったように、この写像を学ぶ一つの方法は、写像を 1 本の線に制限することです。その後、その線を制御するパラメータの値を推論するために、ベイジアンの道具を使うわけです。しかし、私たちはモデルを 1 本の線に制限したいわけではありません。任意の関数を推論したいのです。いつものベイズ統計学のように、ある値がわからないのであれば、それに対して事前分布を使えばよいのです。データに対してどの関数が良いモデルとなるのかがわからない場合、関数に対する事前分布を見つける必要があります。興味深いことに、このような事前分布は**多変量正規分布**（multivariate Gaussian）なのです。多変量正規分布は、非常に幅広い方法で関数を記述するために使えます。すべての x_i の値に対して、未知なる平均と未知なる標準偏差を持った正規分布に従う y_i があるとします。ベクトル x のサイズが n だとしたら、n 個の多変量正規分布があることになります。

　実数値関数について、入力 x と出力 y の組は、実際のところ無限にあります。というのも、二つの点の間には他の点が無限に存在するからです。したがって、少なくとも原理的には無限の多変量正規分布が必要になります。その数学的対象は**ガウス過程**（GP）と呼ばれ、**平均関数**（mean function）と**共分散関数**（covariance function）によってパラメータ化されます。

$$f(\boldsymbol{x}) \ \sim \ \mathrm{GP}\left(\mu(\boldsymbol{x}),\, K(\boldsymbol{x}, \boldsymbol{x}')\right)$$

　GP についての公式な定義は、次のとおりです。連続空間におけるすべての点は正規分布に従う変数と関連しており、GP はそれらの無限に多い確率変数の同時分布です。平均関数は平均値を持った無限のベクトルです。共分散関数は無限の共分散行列です。

252

少しあとで見るように、共分散関数は、$\boldsymbol{x}$ における変化が $\boldsymbol{y}$ における変化とどれほど関係しているかを効果的にモデル化する方法です。

まとめると、これまでの章では、$p(\boldsymbol{y}|\boldsymbol{x})$ を推定する方法について学んできました。例えば、線形回帰では、$y = f(\boldsymbol{x}) + \varepsilon$（$f$ は線形モデルを表します）を仮定し、その線形モデルのパラメータの推定を行い、最後に $p(\theta|\boldsymbol{x})$ を推定しました。GP を使うと、代わりに $p(f|\boldsymbol{x})$ を推定することができるのです。あとで見るように、いまだに私たちはパラメータを推定する必要がありますが、概念的には、直接的に関数を操作しているのだと考えることはとても良いアイデアと言えます。

▶ 8.3.1 共分散行列の構築

実用上、本当は必要というわけではないのですが、GP の平均関数は、通常 0 にセットされます。したがって、GP の全体的な振る舞いは、共分散関数によって制御されることになります。ここでは、共分散関数をどう構築するかに焦点を当てましょう。

[1] GP 事前分布からのサンプリング

GP の概念は観念的な足場のようなものです。実用上、この無限の対象を直接使うことはなく、無限の GP 事前分布を有限の多変量正規分布へと縮小させて使います。これは、モデルの外にある観測されない無限の次元にわたって周辺化することで行われます。これをすると、多変量正規分布を得ることになるのです。これは、任意の有限部分集合が同時正規分布を持っている確率変数の集合体としてガウス過程を定義することから派生します。したがって、実際のところ、データ点で GP を評価しさえすればよいのです。それで、データ点と同じ次元数を持った多変量正規分布が使えるようになります。0 を持った平均関数に対しては、次式が得られます[*5]。

$$f(\boldsymbol{x}) \sim \mathrm{MvNormal}(\mu = [0 \cdots 0], K(\boldsymbol{x}, \boldsymbol{x}'))$$

これで無限の頭を持った怪物を手なずけることができたので、共分散行列の定義を続けましょう。共分散行列を $K(\boldsymbol{x}, \boldsymbol{x}')$ と書くことに注意してください。直観的には、これは 8.2.2 項でカーネル化された回帰の例として使ったものと同じ表記に見えます。実際のところ、私たちは共分散関数を構築するためにカーネルを使っていたわけです。共分散関数は、$\boldsymbol{x}$ が変動するとき $\boldsymbol{y}$ がどう変動しているかを記述するものです。カーネル化された回帰のところですでに見たように、ガウスカーネルを使うことは合理的な仮定であり、これは、x_i の小さな変動が平均的には y_i の小さな変動に対応し、x_i の大きな変動は平均的には y_i の大きな変動に対応する、ということと等しいのです。

[*5] 訳注：次式中の MvNormal という関数表記は、Multi-variate Normal distribution を略したもので、本文中の多変量正規分布を表しています。

253

GP 事前分布が何なのかという直観を得るために、そこからサンプルをとってみましょう。図 8.5 のグラフは、GP 事前分布から 6 個の任意の関数を描いています。これは連続関数として具体化したものであることに注意してください。事実、与えられた一組の x_* という具現点（test point）における $f(x_*)$ の値しかありません。もちろん、関数が滑らかであるという仮定のもと、無限の数の値を実際に計算することは不可能なので、個々の具体化された点を連結して連続関数を表現しているわけです。実際には、関数の形を反映できるだけの具現点を求めさえすれば十分です。結局、これはコンピュータを使って関数を計算・描画する際にいつも使われている古い手法と同じものなので、読者はこの性質を理解できるでしょう。

コード 8.6　GP 事前分布から任意の 6 個の関数を出力する

```
squared_distance = lambda x, y: np.array([[(x[i] - y[j])**2 for i in range(len(x))] for j in range(len(y))])
np.random.seed(1)
test_points = np.linspace(0, 10, 100)
cov = np.exp(-squared_distance(test_points, test_points))
plt.plot(test_points, stats.multivariate_normal.rvs(cov=cov, size=6).T)
plt.xlabel('$x$', fontsize=16)
plt.ylabel('$f(x)$', fontsize=16, rotation=0)
plt.savefig('img805.png');
```

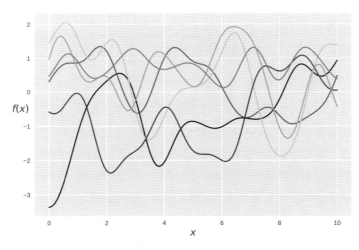

図 8.5　コード 8.6 のアウトプット

図 8.5 からわかるように、ガウスカーネルを持った GP 事前分布は、0 の周りに中心化され、非常に多様で滑らかな関数を表現できます。

[2] パラメータ化されたカーネルの使用

　未知の関数をデータから学習するために、パラメータ化されたカーネルによって共分散行列を定義します。カーネルのパラメータは**ハイパーパラメータ**と呼ばれます。そう呼ばれる理由が二つあります。

- それらは GP 事前分布に関するパラメータであるため
- ノンパラメトリックな方法を扱っていることを強調するため

GP 事前分布のハイパーパラメータを学習することによって、未知の関数を近似することを考えましょう。

　すでに述べたように、カーネルには多くの選択肢が存在します。かなり一般的なものはガウスカーネルです。本章の前半で、帯域幅という一つのパラメータを使ってパラメータ化されたガウスカーネルを見てきました。今度は、二つ以上のパラメータを持ったガウスカーネルを導入することにしましょう。

$$K_{ij} = \begin{cases} \eta \exp(-\rho D) & (i \neq j \text{ の場合}) \\ \eta + \sigma & (i = j \text{ の場合}) \end{cases}$$

ここで、D はユークリッド平方距離 (SED)、すなわち $\|\boldsymbol{x} - \boldsymbol{x}'\|^2$ です。η は垂直方向の尺度を制御するパラメータで、これによって $f(\boldsymbol{x})$ の値を大きくしたり小さくしたりと共分散行列でモデル化できるようになります。ρ は帯域幅であり、すでに見てきたように、関数の滑らかさを制御する役目を持っています。最後に、σ はデータに含まれるノイズを捉えるものです。

　ここで、σ について、また、i と j が等しいか否かで用いる式が変わる理由について、少し説明しましょう。

　ある種の状況、例えば 2 点間を補間するような状況では、個々の観測値 x_i 点に対して、不確実性のない観測値 $f(x_i)$ を返すモデルが望まれます。一方で、本書のすべての例を含む他の状況においては、$f(x_i)$ の不確実性を表すモデルが望まれます。この場合に望まれるのは、出力である観測値にある程度近く、しかし正確に同じというわけではない値です。すでに何度も述べたように、私たちは以下の式を持っています。

$$y = f(\boldsymbol{x}) + \varepsilon$$

ここで、誤差項は $\varepsilon \sim N(0, \sigma)$ としてモデル化されます。したがって、共分散行列はノイズにまみれたデータを適切に考慮するように構築しなければなりません。このような場合、次式を使います。

$$\mathrm{cov}[y_i, y_j] = k(x_i, x_j) + \sigma \delta_{ij}$$

ここで、

第 8 章　ガウス過程

$$
\delta_{ij} = \begin{cases} 0 & (i \neq j \text{ の場合}) \\ 1 & (i = j \text{ の場合}) \end{cases}
$$

であり、この δ_{ij} は**クロネッカーのデルタ**（Kronecker delta）と呼ばれます。つまり、共分散行列の対角要素が正確に 1 にはならないことを許容することによって、データに含まれるノイズをモデル化し[6]、代わりに、対角要素はデータから推定するわけです。このことは、モデルに振動項（jitter term）を付け加えることを意味します。私たちにはこの項が必要なのです。というのも、カーネルによってもたらされる仮定として、二つの互いに近い入力は近い出力を生成するだろうという仮定と、二つの入力点が等しいという極端な場合にはそれらの出力は等しいという仮定があるためです。振動項を追加することで、観測データ点の周囲にある不確実性を把握できるようになるのです。

　個々のハイパーパラメータの意味をより適切に把握するために、ガウスカーネルの拡張版を使ってグラフを描いてみましょう。それぞれのハイパーパラメータに適当な値を入れて実験してみます。その結果は図 8.6 に示すとおりです。

コード 8.7　あらかじめ指定したハイパーパラメータでガウス過程のグラフを出力する

```python
np.random.seed(1)
eta = 1
rho = 0.5
sigma = 0.03

D = squared_distance(test_points, test_points)
cov = eta * np.exp(-rho * D)
diag = eta * sigma
np.fill_diagonal(cov, diag)

for i in range(6):
  plt.plot(test_points, stats.multivariate_normal.rvs(cov=cov))
plt.xlabel('$x$', fontsize=16)
plt.ylabel('$f(x)$', fontsize=16, rotation=0)
plt.savefig('img806.png');
```

---

[6] 訳注：共分散行列の対角要素は $i = j$ の場合で、このとき $\delta_{ij} = 1$ となり、上式右辺の第 2 項は σ のみになります。また、$i = j$ のとき $k(x_i, x_j) = 1$ でしたから、結局、上式右辺は $1 + \sigma$ となり、σ が 0 でない限り右辺は 1 にはなりません。

256

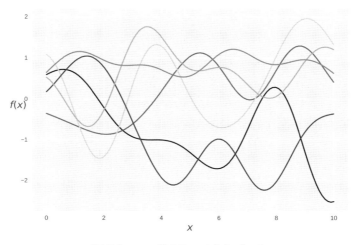

図 8.6　コード 8.7 のアウトプット

▶ 8.3.2　GP からの予測

次のステップは、GP から予測ができるようにすることです。GP の利点の一つは、それが分析的に追跡可能だということです。GP 事前分布と正規分布の尤度を組み合わせると、GP 事後分布が得られます。すなわち、一組の具現点で条件づけられた正規分布にルールを適用すると、事後予測密度を表す次の式が得られます[*7]。

$$p(f(\boldsymbol{X}_*)|\boldsymbol{X}_*, \boldsymbol{X}, \boldsymbol{y}) \sim N(\boldsymbol{\mu}_*, \boldsymbol{\Sigma}_*)$$
$$\boldsymbol{\mu}_* = \boldsymbol{K}_*^T \boldsymbol{K}^{-1} \boldsymbol{y}$$
$$\boldsymbol{\Sigma}_* = \boldsymbol{K}_{**} - \boldsymbol{K}_*^T \boldsymbol{K}^{-1} \boldsymbol{K}_*$$

この式は、データとして $\boldsymbol{X}$ と $\boldsymbol{y}$ が与えられたもとで、まだ見ぬ点 $f(\boldsymbol{x}_*)$ での未知なる関数の値を計算しています。上式で記号 * を使っていることに注意してください。これはすべての具現点にわたって計算することを示し、これを使った項はそれぞれ次のように定義されます。

$$\boldsymbol{K} = K(\boldsymbol{X}, \boldsymbol{X})$$
$$\boldsymbol{K}_{**} = K(\boldsymbol{X}_*, \boldsymbol{X}_*)$$
$$\boldsymbol{K}_* = K(\boldsymbol{X}, \boldsymbol{X}_*)$$

この式は少し難しいかもしれません。少しあとで、この式をどのようにコードで表すのかを見ることにしましょう。それを通じて物事がはっきりすることを期待します。しかし、今の段階では、この式を直観的に理解することを試みましょう。

[*7] 訳注：次式の 2 行目にある $\boldsymbol{K}_*^T$ の記号 T は行列 $\boldsymbol{K}_*$ の転置を表し、$\boldsymbol{K}^{-1}$ の記号 -1 は行列 $\boldsymbol{K}$ の逆行列を表します。

第 8 章 ガウス過程

K_{**} は x_* のそれ自身との共分散で、すなわち x_* の分散にほかなりません。つまり、これは具現点の分散、同様に事前分布の分散となります。Σ_* は K_{**} からある値 $K_*^T K^{-1} K_*$ を引き算したものに等しいことに注意してください。この式は、データを使い、この $K_*^T K^{-1} K_*$ の正確な数値によって事前分布の分散を引き下げることができることを表しています。$K_*^T K^{-1} K_*$ の正確な数値については、ほかに次のことがわかります。データ点 x_i から遠く離れたある具現点 x_* に対して、カーネルは 0 に近い値を返し、したがって、$K_*^T K^{-1} K_*$ は 0 に近い値をとることになります。そのため、事前分布の分散はさほど縮小できなくなります。言い換えると、データから遠く離れた関数を評価することは、不確実性を減らすには役に立たないということです。したがって、推論は具現点の周りにあるデータの局所的特徴に基づいて行われることになります。

多変量正規分布の数学的特性、ならびに、先の式がどのようにして導かれるのかについてもっと知りたい読者は、章末の「続けて読みたい文献」にある Rasmussen と Williams の本を参照してください。そこでは、読者が興味を抱くと思われる、より上級の話題を扱った参考文献を紹介しています。ここでの議論では、事後予測を表す先の式は所与のものと見なしましょう。覚えておくべき重要なメッセージは、GP 事後分布からサンプルを得るのに先の式を使うことができる、ということです。未知なる関数を記述するために（正しいパラメータを学習した上で）この分析的な式を使うことは、非常に価値のあることなのです。

一つの問題は、その式に逆行列の計算が含まれていることです。逆行列の計算には、$O(n^3)$ というオーダーの計算量が必要です。$O(n^3)$ という表現に馴染みのない読者は、とりあえず、この種の計算は時間がかかり、データ点が数千を超えるような問題では事実上 GP は利用できない、と理解しておいてください。なお、このような場合には計算を速める近似法が存在しますが、ここではそれについて説明しません。

また、実践的には、逆行列を直接求めることは、数値計算上の問題と不安定性をもたらします。したがって、平均と共分散の事後関数の計算には、代替案として例えば**コレスキー分解**（Cholesky decomposition）が使われます。コレスキー分解は、私たちがよく知っている、スカラーの平方根を求める計算のように、行列の平方根を求めるものです。

コレスキー分解と逆行列を直接計算する例に移る前に、観測値を作る必要があります。逆行列の計算に問題があるとして、共分散行列の逆行列によってではなく、共分散行列によって GP を定義するのはなぜなのでしょう？ それは、共分散行列を使う際、共分散行列の一部を計算することは、共分散行列のそれ以外の部分を計算することとは独立しており、また、まだ見ぬ点の計算とも独立しているからです。一方で、共分散行列の逆行列については、一部の点の計算が他の点を観測したか否かに依存しています。共分散行列の逆行列ではなく、共分散行列を使うことだけが、確率変数の一定の集まりとしてのガウス過程の定義を与えてくれるのです。

258

関数を近似するため、完全にベイジアンの様式で GP を使うようにまとめると、次のことが必要となります。

- 多変量分布の共分散行列を作るためのカーネルを選ぶこと
- ベイズ統計学を使って、カーネルに含まれるパラメータを推論すること
- 各具現点で、平均と標準偏差を分析的に計算すること

実際には、実在する GP を計算するのではなく、物事を確実に合理的に進めるためのガイドとして数学上の概念を使っているだけだということに注意してください。とはいうものの、実際は、すべての計算が多変量正規分布を使ってなされるのです。

この長ったらしい理論的な論述を経て、これらのアイデアをコードに変換すると、すべての読者が待ち望んでいる瞬間が訪れます。まず、カーネルのパラメータを知っていると仮定し、事後分布に関する分析的な式をコードに翻訳します。ハイパーパラメータの値と test_points の値は、それぞれ先に定義したものと同じです。そして、データはカーネル化された回帰の例で使ったものと同じにします。

コード 8.8 逆行列を使った GP 事後分布から具現化曲線を例示する

```
np.random.seed(1)
K_oo = eta * np.exp(-rho * D)
D_x = squared_distance(x, x)
K = eta * np.exp(-rho * D_x)
diag_x = eta + sigma
np.fill_diagonal(K, diag_x)

D_off_diag = squared_distance(x, test_points)
K_o = eta * np.exp(-rho * D_off_diag)

mu_post = np.dot(np.dot(K_o, np.linalg.inv(K)), y)
SIGMA_post = K_oo - np.dot(np.dot(K_o, np.linalg.inv(K)), K_o.T)

for i in range(100):
  fx = stats.multivariate_normal.rvs(mean=mu_post, cov=SIGMA_post)
  plt.plot(test_points, fx, 'r-', alpha=0.1)

plt.plot(x, y, 'o')

plt.xlabel('$x$', fontsize=16)
plt.ylabel('$f(x)$', fontsize=16, rotation=0)
plt.savefig('img807.png');
```

第 8 章　ガウス過程

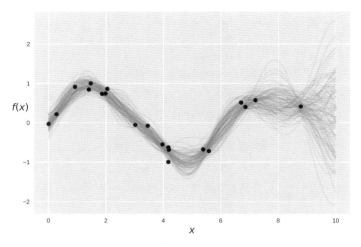

図 8.7　コード 8.8 のアウトプット

　図 8.7 は、GP 事後分布から具現化された曲線を赤い（グレーの）線で表し、これらを多数重ね合わせるによって不確実性をモデル化した結果です。不確実性は、データ点が密集しているところでは小さく、右の二つのデータ点では大きくなっていることに注意してください。さらに、9 より大きい x は存在しないため、グラフの右端では不確実性がかなり大きくなっています。

　さて、先の計算をもう一度行ってみましょう。ただし、今度は、コレスキー分解を使います。次のコードは、Nando de Freitas が機械学習の講義（goo.gl/byM3SE）用に作ったものを利用しています。このコードにおいて、N はデータ点の数、n は具現点の数を表しています。

コード 8.9　コレスキー分解を使った GP 事後分布から平均関数と不確実性を描く

```
np.random.seed(1)
eta = 1
rho = 0.5
sigma = 0.03

f = lambda x: np.sin(x).flatten()

def kernel(a, b):
    """ GP squared exponential kernel """
    kernelParameter = 0.1
    sqdist = np.sum(a**2, 1).reshape(-1, 1) + np.sum(b**2, 1) - 2 * np.dot(a, b.T)
    return eta * np.exp(- rho * sqdist)

N = 20
```

8.3 ガウス過程

```
n = 100

X = np.random.uniform(0, 10, size=(N,1))
yfx = f(X) + sigma * np.random.randn(N)

K = kernel(X, X)
L = np.linalg.cholesky(K + sigma * np.eye(N))

Xtest = np.linspace(0, 10, n).reshape(-1,1)

Lk = np.linalg.solve(L, kernel(X, Xtest))
mu = np.dot(Lk.T, np.linalg.solve(L, yfx))

K_ = kernel(Xtest, Xtest)
sd_pred = (np.diag(K_) - np.sum(Lk**2, axis=0))**0.5

plt.fill_between(Xtest.flat, mu - 2 * sd_pred, mu + 2 * sd_pred, color="r",
alpha=0.2)
plt.plot(Xtest, mu, 'r', lw=2)
plt.plot(x, y, 'o')
plt.xlabel('$x$', fontsize=16)
plt.ylabel('$f(x)$', fontsize=16, rotation=0)
plt.savefig('img808.png');
```

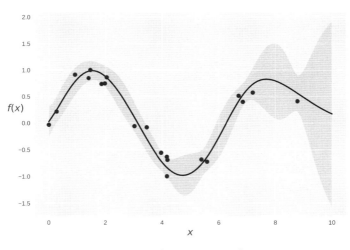

図 8.8　コード 8.9 のアウトプット

　図 8.8 のグラフでは、データを青い（黒い）点で、平均関数を赤い（黒い）線で、不確実性を半透明の赤い（グレーの）帯で描いています。不確実性は平均から標準偏差二つ分の幅で示しています。

第 8 章　ガウス過程

▶ 8.3.3　PyMC3 による GP の実装

これまで学んだことをまとめておきましょう。

- GP 事前分布：$f(x) \sim \mathrm{GP}(\mu = [0 \cdots 0],\, k(x, x'))$
- 正規分布による尤度：$p(y|x, f(x)) \sim N(\boldsymbol{f}, \sigma^2 I)$
- GP 事後分布：$p(f(\boldsymbol{x})|\boldsymbol{x}, \boldsymbol{y}) \sim \mathrm{GP}(\mu_{\mathrm{post}}, \Sigma_{\mathrm{post}})$

有限のデータ点で評価される場合、GP は多変量正規分布になるので、実際には、多変量正規分布を使うことになります。

共分散行列のハイパーパラメータを学習するために、ベイジアンの道具を使いましょう。PyMC3 を使うとこの作業は楽になりますが、読者は今すぐコーディングすることには少し抵抗があることでしょう。また、逆行列（あるいはコレスキー分解）を計算する手続きを自分で書かなければならないことも気づいたことでしょう。近い将来、GP モデルをもっと簡単に構築できるようにするために、PyMC3 が特別な GP モジュールを開発する可能性は非常に高いと思います。ひょっとしたら、読者がこれを読んでいるころには、GP モジュールがすでに利用できるようになっているかもしれません！[8]

次のモデルは、PyMC3 の BDFL[9]である Chris Fonnesbeck による Stan のリポジトリから引用したものです。

コード 8.10　ガウス過程におけるハイパーパラメータを PyMC3 で推論する

```
with pm.Model() as GP:
  mu = np.zeros(N)
  eta = pm.HalfCauchy('eta', 5)
  rho = pm.HalfCauchy('rho', 5)
  sigma = pm.HalfCauchy('sigma', 5)

  D = squared_distance(x, x)
  K = tt.fill_diagonal(eta * pm.math.exp(-rho * D), eta + sigma)

  obs = pm.MvNormal('obs', mu, cov=K, observed=y)
  test_points = np.linspace(0, 10, 100)
  D_pred = squared_distance(test_points, test_points)
  D_off_diag = squared_distance(x, test_points)
```

---

[8] 訳注：すでに PyMC3 には GP モジュールが組み込まれています。

[9] 訳注：生涯にわたる慈悲深い独裁者（benevolent dictator for life）の頭文字で、オープンソースソフトウェアの開発コミュニティの中で中心的役割を果たしている人を表す肩書きのような言葉です。もともとは Python の開発者である Guido van Rossum を指す言葉でしたが、後にその意味が一般化されて使われるようになりました。

262

```
  K_oo = eta * pm.math.exp(-rho * D_pred)
  K_o = eta * pm.math.exp(-rho * D_off_diag)

  mu_post = pm.Deterministic('mu_post', pm.math.dot(pm.math.dot(K_o, tt.
nlinalg.matrix_inverse(K)), y))
  SIGMA_post = pm.Deterministic('SIGMA_post', K_oo - pm.math.dot(pm.math.dot(
K_o, tt.nlinalg.matrix_inverse(K)), K_o.T))

  trace = pm.sample(1000, njobs=1)

varnames = ['eta', 'rho', 'sigma']
chain = trace[100:]
pm.traceplot(chain, varnames)
plt.savefig('img809.png');
```

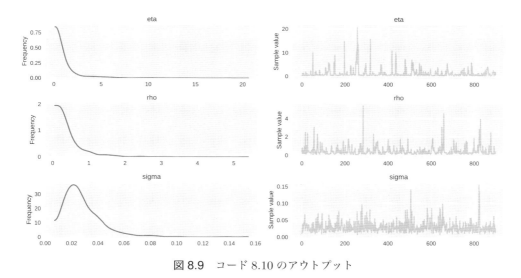

図 8.9　コード 8.10 のアウトプット

図 8.9 を注意して見てみると、推定されたパラメータ eta、rho、および sigma の平均は、先の例（図 8.8）で使っていたものです。そして、それらがうまくフィットしていた理由が、ここから読み取れます。ちなみに、これらの例のハイパーパラメータは、私たちの頭の中から取り出したものではありません！

ここで、図 8.9 のグラフの要約統計量を求めておきましょう。

コード 8.11　ガウス過程におけるハイパーパラメータの要約統計量を出力する

```
pm.summary(chain, varnames).round(4)
```

表 8.1　コード 8.11 から得られる統計量

	mean	sd	mc_error	hpd_2.5	hpd_97.5
eta	1.256	1.911	0.123	0.108	4.783
rho	0.451	0.474	0.024	0.057	1.344
sigma	0.029	0.016	0.001	0.009	0.058

[1]　事後予測チェック

さて、推定されたハイパーパラメータを使い、GP 事後分布から具現化された曲線とともにデータをグラフ表示してみましょう。図 8.10 のグラフには、ハイパーパラメータにおける不確実性が多数の曲線によって表現されています。このグラフでは、それらの平均値の曲線は示していません。

コード 8.12　推定されたハイパーパラメータのもとで GP 事後分布から具現化曲線を描く

```python
y_pred = [np.random.multivariate_normal(m, S) for m,S in zip(chain['mu_post'
    ][::5], chain['SIGMA_post'][::5])]

for yp in y_pred:
    plt.plot(test_points, yp, 'r-', alpha=0.1)

plt.plot(x, y, 'bo')
plt.xlabel('$x$', fontsize=16)
plt.ylabel('$f(x)$', fontsize=16, rotation=0)
plt.savefig('img810.png');
```

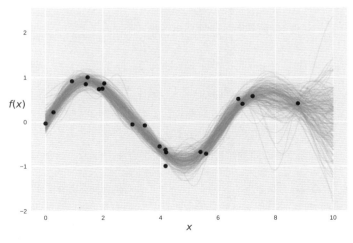

図 8.10　コード 8.12 のアウトプット

8.3 ガウス過程

[2] 周期カーネル

読者は図8.10を見て、グラフが背後にある sin 関数と非常によくマッチしており、し
かし x が9から10の近辺では不確実性が増大していることに気づいたでしょう。それ
は不確実性を抑え込むデータが存在しないためです。このモデルの一つの問題点は、今
回使ったデータが周期関数によって生成されたにもかかわらず、利用したカーネルは周
期性に関して何も仮定をしていなかったことです。データが周期的である（あるいはそ
の可能性が高い）と知っているときは、周期カーネル（periodic kernel）を使うべきで
す。周期カーネルの一つの例は、次のとおりです。

$$
Kp(\boldsymbol{x}, \boldsymbol{x}') = \exp\left(-\frac{\sin^2\left(\dfrac{\boldsymbol{x} - \boldsymbol{x}'}{2}\right)}{w}\right)
$$

ガウスカーネルとの主な違いは、こちらが sin 関数を含んでいることにあります。

周期カーネルの実装には、前とほとんど同じコードを使うことができます。唯一の違
いは、squared_distance の代わりに周期関数を定義しなければならないことだけです。
次のコードを見てください。

コード 8.13　周期カーネルを組み込んだ GP 事後分布から具現化曲線を描く (1)

```python
periodic = lambda x, y: np.array([[np.sin((x[i] - y[j])/2)**2 for i in range(
len(x))] for j in range(len(y))])
```

コード 8.10 の GP モデルのコードの中で定義されていた関数 squared_distance をこ
の periodic 関数で置き換える必要があります。次のコードで表現された GP_periodic
モデルを実行すると、図8.11のようなグラフを得るはずです。図8.10と見比べると、x
が8以上の領域で、$f(x)$ の不確実性が大幅に抑え込まれていることがわかります。

コード 8.14　周期カーネルを組み込んだ GP 事後分布から具現化曲線を描く (2)

```python
with pm.Model() as GP_periodic:
  mu = np.zeros(N)
  eta = pm.HalfCauchy('eta', 5)
  rho = pm.HalfCauchy('rho', 5)
  sigma = pm.HalfCauchy('sigma', 5)

  P = periodic(x, x)
  K = tt.fill_diagonal(eta * pm.math.exp(-rho * P), eta + sigma)

  obs = pm.MvNormal('obs', mu, cov=K, observed=y)
  test_points = np.linspace(0, 10, 100)
```

265

```
    D_pred = periodic(test_points, test_points)
    D_off_diag = periodic(x, test_points)

    K_oo = eta * pm.math.exp(-rho * D_pred)
    K_o = eta * pm.math.exp(-rho * D_off_diag)

    mu_post = pm.Deterministic('mu_post', pm.math.dot(pm.math.dot(K_o, tt.
nlinalg.matrix_inverse(K)), y))
    SIGMA_post = pm.Deterministic('SIGMA_post', K_oo - pm.math.dot(pm.math.dot(
K_o, tt.nlinalg.matrix_inverse(K)), K_o.T))

    trace = pm.sample(1000, njobs=1)

varnames = ['eta', 'rho', 'sigma']
chain = trace[100:]
pm.traceplot(chain, varnames);

y_pred = [np.random.multivariate_normal(m, S) for m,S in zip(chain['mu_post'
][::5], chain['SIGMA_post'][::5])]

for yp in y_pred:
    plt.plot(test_points, yp, 'r-', alpha=0.1)

plt.plot(x, y, 'bo')
plt.xlabel('$x$', fontsize=16)
plt.ylabel('$f(x)$', fontsize=16, rotation=0)
plt.savefig('img811.png');
```

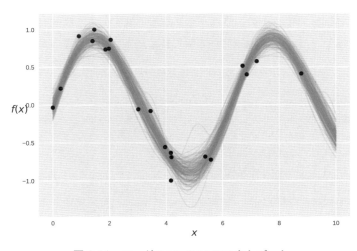

図 8.11　コード 8.13, 8.14 のアウトプット

8.4 まとめ

　本章は、ベイジアンの様式でのノンパラメトリック統計学を学ぶこと、そして、カーネル関数によって統計的な問題をどう表現できるかを理解することから始めました。後者では、一つの例として、非線形の反応をモデル化するためにカーネル化した線形回帰を使いました。その後、ガウス過程を使ったカーネル法を構築し、概念化するもう一つの方法へと移行しました。

　ガウス過程は、多変量正規分布を無限次元へと一般化したものであり、平均関数と共分散関数によって完全に特定されます。関数は無限に長いベクトルとして概念的に捉えることができるため、ガウス過程は関数に対する事前分布として使うことができます。実践的には、データ点が持つ次元数と同次元数の多変量正規分布を扱います。それに対応する共分散関数を定義するため、本章では、ハイパーパラメータを学習することによって、適切にパラメータ化されたカーネルを使い、任意の複雑で未知の関数を学習できるようになりました。

　本章では、GP の導入部分を簡単に見てきました。この種のモデルと関連した話題のうち、私たちが学んでいないものは、例えば、平均関数として線形モデルを使ったセミパラメトリックモデルの構築など、たくさんあります。また、複数のカーネルを組み合わせて未知なる関数をより良く記述する方法や、GP を使って分類問題を解く方法、統計学や機械学習における他の多くのモデルと GP の関係なども、本書では扱いませんでした。それにもかかわらず、本章で扱った GP の導入部分や、本書の他の話題が、読者の皆さんがベイズ統計学について学び続け、読み続け、使い続けるのに役立つことを願っています。

8.5 続けて読みたい文献

- Carl Edward Rasmussen & Christopher K. I. Williams: *Gaussian Processes for Machine Learning*
- Kevin Murphy: *Machine Learning a Probabilistic Perspective*, 第 4 章, 第 15 章
- Richard McElreath: *Statistical Rethinking*, 第 11 章
- Andrew Gelman et al.: *Bayesian Data Analysis, Third Edition*, 第 22 章

第 8 章　ガウス過程

8.6 | 演習

1. カーネル化された回帰の例（コード 8.2, 8.3）で、ノットと帯域幅の数字を変えてみてください。ただし、同時にノットと帯域幅の数字を変えるのではなく、一度にどちらか一方だけを変えてください。この変更にはどのような効果があるでしょうか？ さらに、ノットを一つだけにして同じ実験をすると、何が観察できるでしょう？

2. カーネル化された回帰（コード 8.2）を使って他の関数をフィットさせる実験を試してください。例えば、y=np.sin(x)+x**0.7 あるいは y=x といった関数を使います。これらの関数を使い、演習 1 のように、データ点の数やパラメータの数を変化させてみてください。

3. GP 事前分布からサンプリングする例であるコード 8.6 において、これに含まれる

   ```
   plt.plot(test_points, stats.multivariate_normal.rvs(cov=cov, size=6).T)
   ```

   の部分を

   ```
   plt.plot(test_points, stats.multivariate_normal.rvs(cov=cov, size=1000)
   .T, alpha=0.05, color='b')
   ```

   で置き換えることで、具現化する曲線の数を変えてください。

   出力される GP 事後分布はどのように見えるでしょうか？ 0 で中心化されて標準偏差 1 の正規分布に、$f(x)$ が従っていることがわかるでしょうか？

4. コード 8.10 のガウスカーネルを使った GP 事後分布に対して、区間 [0, 10] の外側で test_points を定義してみてください。データ範囲の外側で何が起こるでしょうか？ このことから、特に非線形関数の外挿結果について何がわかるでしょうか？

5. コード 8.14 の周期カーネルを使って演習 4 をもう一度やり直してください。結果はどのように変わるでしょうか？

訳者あとがき

翻訳の動機について

　訳者はこれまで、頻度主義の統計学でさまざまなデータを分析し、マーケティングに役立てる研究をしてきました。Linux をメイン OS とし、開発言語としては主に Perl、C/C++、Octave（Matlab 互換）を使って、多変量解析といくつかの統計的仮説検定を行う Web アプリケーションを自作し、細々とシステムの運用と改良を行ってきました。専門分野は、かつてはマーケティングサイエンス、最近ではマーケティングデータサイエンスと周囲に言っています。

　2016 年 8 月 30 日から 2017 年 8 月 29 日まで、英国エセックス大学の「アナリティクスとデータサイエンス研究所」（Institute for Analytics and Data Science; IADS）に客員研究員として在籍し、そこで本書の原書に出会い、その優れた内容に魅了されて翻訳を決意しました（本書の特徴については、「はじめに」や「訳者まえがき」をご覧ください）。

　日本のマーケティング研究分野においては、2005 年頃からベイズ統計学が使われ、徐々に普及してきたこともあり、英国での研究機会を得て、1 年かけてベイズ統計学を勉強してきました。初めの 6 か月は R を主に使っていましたが、英国で知り合ったコンピュータサイエンス系の 5〜6 人の若手研究者が Python を薦めましたので、並行して Python も勉強していました。汎用志向の Perl や C/C++ を 20 年以上使ってきたためか、統計処理や科学技術計算に焦点を当てた R よりも、汎用志向の Python のほうが好きです。

　本書の原書に出会って、ベイズ統計分析のパワーと有用性と可能性にすっかり魅了され、頻度主義→ベイズ主義、Perl → Python と宗旨替えした次第です。

　マーケティング分野は、ビッグデータと人工知能・機械学習の成果を取り込み、確実に今後さらに発展していきます。ベイズ統計分析はその基礎をなすものであり、ますますその重要性が認識されていくはずです。しかしながら、日本の大学の文系学部においては、ベイズ統計学はまだマイナーな位置にあると思われます。本邦訳書が理系・文系を問わず、さらに、学生・ビジネスマン・研究者を問わず、ベイズ統計分析の学習、そしてその普及の一助になれば幸いです。

謝辞

私の細かな質問や確認に対し、原著者の Osvaldo Martin さんは快く、しかも迅速に、回答と追加のコメントをくださいました。おかげで翻訳作業は順調に進みました。素晴らしい本を執筆してくださったこと、ならびに適切な回答をくださったことに心から感謝申し上げます。

英国滞在中、IADS の所長であり、コンピュータサイエンスおよび電気工学部の教授である Maria Fasli 先生、IADS の前事務長で現在は大学行政部門の副部長の Emma McClelland さん、そして、エセックス大学の事務職にあり、私のホストマザーになっていただいた Jacqueline Taylor-Roberts さんにたいへんお世話になりました。ここに御礼申し上げます。

本邦訳書の出版にあたり、Packt Publishing の Kajal D'sauza さん、共立出版の日比野元さん、グラベルロードの伊藤裕之さんより大きなお力添えをいただきました。ここに御礼申し上げます。

在外研究の機会を与えてくださった国士舘大学の教職員の皆さんと学生の皆さんに感謝申し上げます。

最後に、家の仕事を一切せず、1 年間の英国滞在を許してくれた妻みどりと二人の息子に感謝します。

2018 年 5 月

金子武久

著者とレビューアについて

著者について

Osvaldo Martin は、アルゼンチンで科学技術の普及に主に関わっている国立科学技術研究センター（The National Scientific and Technical Research Council; CONICET）の研究員です。構造生物情報学や計算生物学の問題で、特に、構造プロテインモデルをいかにして検証するかという問題を解決する研究をしています。マルコフ連鎖モンテカルロ法を使った分子のシミュレーションの豊富な経験があり、データ分析問題を解くために Python を使うことを好んでいます。また、彼は構造生物情報学や Python プログラミング、最近ではベイジアンデータ分析を講義しています。Python とベイズ統計学は、彼が科学で扱っていた方法や、一般的な問題について考える方法を変えたのです。Osvaldo は、数学的なバックグラウンドを持ち合わせていない人々が Python を使って確率モデルを開発する助けとなりたいという強い気持ちを持って、この本を書きました。PyMOL コミュニティ（C/Python ベースの分子ビューア）の活動メンバーであり、最近では、確率プログラミングライブラリ PyMC3 に対して少し貢献しました。

レビューアについて

Austin Rochford は Monetate Labs の主任データサイエンティストで、さまざまなイベントに関わる小売業者のマーケティングのために個別の製品を開発しています。彼は優秀な数学者であり、ベイジアンメソッドの熱心な唱導者でもあります。

索引

■ 数字

1 個抜き交差確認 (leave-one-out cross-validation;
　　LOOCV)　　192, 196
2 次近似 (quadratic approximation)　　35, 37
2 次線形判別分析 (quadratic linear discriminant analysis; QDA)　　179

■ 英字

ADVI (automatic differentiation variational inference)　　38
AIC (Akaike information criterion)　　194
BIC (Bayesian information criterion)　　197
df (degree of freedom; 自由度)　　73, 74
DIC (deviance information criterion)　　195
ELBO (evidence lower bound)　　38
Gelman-Rubin テスト (Gelman-Rubin test)　　53
GLM (generalized linear model)　　150, 172
HMC (Hamiltonian Monte Carlo; hybrid Monte Carlo)　　45
HPD (highest posterior density)　　26, 108
HPD 参照値重複基準 (HPD-reference-value-overlap criterion)　　84
KDE (kernel density estimation)　　51, 216
K 分割交差確認 (K-fold cross-validation)　　192
LDA (linear discriminant analysis)　　177
LOOCV (leave-one-out cross-validation)　　192, 196
MAP (maximum a posteriori)　　49, 150, 194
MCMC (Markov chain Monte Carlo)　　35
NUTS (no-U-turn sampler)　　46
PSIS (Pareto smoothed importance sampling)　　196
QDA (quadratic linear discriminant analysis)　　179
ROPE (region of practical equivalence)　　58
WAIC (widely available information criterion)　　196
ZIP (zero-inflated Poisson)　　227

■ あ

赤池情報量規準 (Akaike information criterion; AIC)　　194
アンスコムのカルテット (Anscombe quartet)　　118

■ い

意思決定理論 (decision theory)　　60
逸脱度 (deviance)　　193
逸脱度情報量規準 (deviance information criterion; DIC)　　195
一般化線形モデル (generalized linear model; GLM)　　150, 172

■ う

ウィシャート分布 (Wishart distribution)　　115

■ え

エビデンス (evidence)　　12, 13
エビデンス下限 (evidence lower bound; ELBO)　　38

■ お

オッカムのカミソリ (Occam's razor)　　184
オッズ (odds)　　172
重み空間モデル (weight-space view)　　247

■ か

カーネルトリック (kernel trick)　　246
カーネル密度推定 (kernel density estimation; KDE)　　51, 216
階層モデル (hierarchical model)　　86
ガウスカーネル (Gaussian kernel)　　245
ガウス過程 (Gaussian process; GP)　　244, 252
ガウス混合モデル (Gaussian mixture model)　　216
ガウス分布 (Gaussian distribution)　　7
確率質量関数 (probability mass function)　　225
確率プログラミング (probabilistic programming)　　33
確率プログラミング言語 (probabilistic programming language; PPL)　　34
確率変数 (random variable)　　9
確率モデル (probabilistic model)　　4
過剰適合 (overfitting)　　135, 187

過剰分散 (over-dispersion) 238
頑健推定 (robust estimation) 78
関数空間モデル (function-space view) 247
関数の事前分布 (prior over function) 243
関数の分布 (distribution over function) 243
慣性 (inertia) 189
ガンマ–ポアソン混合 (gamma-Poisson mixture) 238
ガンマ関数 (gamma function) 17

■ き

機械学習 (machine learning) 96
規格化定数 (normalization factor) 13
擬似事前分布 (pseudo prior) 209
逆連結関数 (inverse link function) 154
境界決定 (boundary decision) 165
共分散関数 (covariance function) 252
共役事前分布 (conjugate prior) 17

■ く

具現点 (test point) 254
クロネッカーのデルタ (Kronecker delta) 256
クロムウェルのルール (Cromwell's rule) 6

■ け

結果変数 (outcome variable) 96
決定係数 (determination coefficient) 111

■ こ

効果量 (effect size) 79
交差確認 (cross-validation) 191
恒等関数 (identity function) 154
交絡変数 (confounding variable) 140
コーエンの d (Cohen's d) 83, 84
コーシー分布 (Cauchy distribution) 74
コレスキー分解 (Cholesky decomposition) 258
混合モデル (mixture model) 216

■ さ

最高事後密度 (highest posterior density; HPD) 26, 108
最小 2 乗法 (ordinary least square) 150
最大事後確率 (maximum a posteriori; MAP) 49, 150
最大事後確率推定 (maximum a posteriori estimation; MAP estimation) 194
最頻値 (mode) 8
最尤推定 (maximum likelihood estimation) 194
サポートベクターマシン (support vector machine; SVM) 244
三角不等式 (triangle inequality) 245
サンプル外精度 (out-of-sample accuracy) 188
サンプルチェーン (sample chain) 43
サンプルトレース (sample trace) 43
サンプル内精度 (within-sample accuracy) 187

■ し

識別不能問題 (non-identifiability problem) 176
シグモイド関数 (sigmoid function) 154
事後 (posterior) 19
自己一貫性 (auto-consistency) 29
自己一貫性テスト (auto-consistency test) 176
事後オッズ (posterior odds) 206
自己相関 (autocorrelation) 55
事後分布 (posterior distribution) 12, 13
事後予測チェック (posterior predictive check) 29
事象 (event) 6
指数分布 (exponential distribution) 75
事前 (prior) 19
事前オッズ (prior odds) 206
事前分布 (prior distribution) 12
実験計画 (experimental design) 2
実質同値域 (region of practical equivalence; ROPE) 58
自動微分変分推論 (automatic differentiation variational inference; ADVI) 38
周期カーネル (periodic kernel) 265
収縮 (shrinkage) 89, 90
重心 (centroid) 247
従属変数 (dependent variable) 95
重点サンプリング (importance sampling) 196
自由度 (degree of freedom; df) 73, 74
主成分分析 (principal component analysis; PCA) 146
条件つき確率 (conditional probability) 6
証拠 (evidence) 12
詳細つり合い条件 (detailed balance condition) 41
冗長な変数 (redundant variable) 146
乗法定理 (product rule) 6
情報量規準 (information criterion) 192, 202
情報理論 (information theory) 193
振動項 (jitter term) 256
信用区間 (credible interval) 26
信用値 (credible value) 82
信頼区間 (confidence interval) 26

■ す

推測統計学 (inferential statistics) 3
スチューデントの t 分布 (Student's t-distribution) 73

■ せ

正規性パラメータ (normality parameter) 73, 239
正規分布 (normal distribution) 7, 239
生成分類器 (generative classifier) 177
正則化 (regularization) 189

273

索引

正則化事前分布 (regularizing prior) 23, 146
ゼロ過剰ポアソン (zero-inflated Poisson; ZIP) 227
線形判別分析 (linear discriminant analysis; LDA) 177
潜在変数 (latent variable) 217

■ そ
相互作用 (interaction) 149
ソフトクラスタリング (soft-clustering) 237
ソフトマックス回帰 (softmax regression) 173
損失関数 (loss function) 60

■ た
帯域幅 (bandwidth) 245
対数各点予測密度 (log point-wise predictive density) 196
多項式回帰 (polynomial regression) 130
多項ロジスティック回帰 (multinomial logistic regression) 173
多層モデル (multilevel model) 86
多変量正規分布 (multivariate Gaussian) 252
探索的データ分析 (exploratory data analysis; EDA) 3

■ ち
チコノフ正則化 (Tikhonov regularization) 189
中央値 (median) 8
中心極限定理 (central limit theorem; CLT) 68

■ て
ディリクレ分布 (Dirichlet distribution) 218
でたらめさ (randomness) 9

■ と
同時確率 (joint probability) 6
独立で同一の分布に従う (independently and identically distributed) 10
独立変数 (independent variable) 96

■ の
ノー U ターンサンプラー (no-U-turn sampler; NUTS) 46
ノット (knot; 結び目) 247
ノンパラメトリックモデル (non-parametric model) 243

■ は
ハードクラスタリング (hard-clustering) 237
バーンイン (burn-in) 50
ハイパー事前分布 (hyper-prior) 86
ハイパーパラメータ (hyper-parameter) 86, 255
ハイバイアス (high bias; 大きな偏り) 189

ハイバリアンス (high variance; 大きな分散) 189
ハイブリッドモンテカルロ (hybrid Monte Carlo; HMC) 45
外れ値ルール (outlier rule) 73
ハミルトニアンモンテカルロ (Hamiltonian Monte Carlo; HMC) 45
パラレルテンパリング (parallel tempering) 47
パレート平滑化重点サンプリング (Pareto smoothed importance sampling; PSIS) 196
判別分類器 (discriminative classifier) 177

■ ひ
ピアソンの相関係数 (Pearson correlation coefficient) 111
標準偏差 (standard deviation) 8
被予測変数 (predicted variable) 95
広く使える情報量規準 (widely available information criterion; WAIC) 196
頻度主義統計学 (frequentist statistics) 24

■ ふ
プーリング (pooling) 86
分散分析 (analysis of variance; ANOVA) 172
分類 (classification) 153

■ へ
平滑関数 (smooth function) 247
平均関数 (mean function) 252
平均値 (mean) 8
ベイジアン情報量規準 (Bayesian information criterion; BIC) 197
ベイズの定理 (Bayes' theorem) 11
ベイズファクター (Bayes factor) 204
平坦 (flat) 12
ベータ分布 (beta distribution) 17
偏見 (prejudice) 189
変動性 (variability) 85
変分法 (variational method) 35, 37

■ ま
まばら (sparse) 125
マルコフ連鎖 (Markov chain) 39
マルコフ連鎖モンテカルロ (Markov chain Monte Carlo; MCMC) 35

■ め
迷惑パラメータ (nuisance parameter) 66
メトロポリス–ヘイスティングス・アルゴリズム (Metropolis-Hastings algorithm) 41
メトロポリス基準 (Metropolis criteria) 43
メトロポリス結合 MCMC (Metropolis coupled MCMC) 47

274

■ も

モデル選択（model selection） 202
モデルの平均化（model averaging） 202
モデルベースクラスタリング（model-based clustering） 236
モンテカルロ（Monte Carlo） 39

■ ゆ

優越率（probability of superiority） 83
ユークリッド平方距離（squared Euclidean distance; SED） 245, 255
有効サイズ（effective size） 56
尤度（likelihood） 12, 13

■ よ

予測変数（predictor variable） 96

■ ら

ラッソ回帰（Lasso regression） 189
ラプラス法（Laplace method） 37

■ り

離散型確率変数（discrete random variable） 10
リッジ回帰（Ridge regression） 189

■ れ

レプリカ交換（replica exchange） 47
連続型確率変数（continuous random variable） 10

■ ろ

ローレンツ分布（Lorentz distribution） 74

【訳者略歴】

金子 武久（Takehisa Kaneko）

学歴： 1985 年 明治学院大学経済学部卒業
　　　 1992 年 早稲田大学大学院商学研究科博士後期課程単位取得退学
職歴： 1992 年 松山大学、1996 年 創価大学、2008 年 国士舘大学
　　　 2016 年 8 月〜2017 年 8 月 英国エセックス大学アナリティクスとデータサイエンス研究所（Institute for Analytics and Data Science）客員研究員
　　　 2018 年 国士舘大学経営学部教授

Pythonによるベイズ統計モデリング —— PyMCでのデータ分析実践ガイド 原題：Bayesian Analysis with Python: Unleash the power and flexibility of the Bayesian framework 2018 年 6 月 25 日　初版 1 刷発行 2019 年 9 月 10 日　初版 2 刷発行	著　者　Osvaldo Martin（オズワルド・マーティン） 訳　者　金子武久　© 2018 発　行　共立出版株式会社／南條光章 　　　　東京都文京区小日向 4-6-19 　　　　電話 03-3947-2511（代表） 　　　　〒112-0006／振替口座 00110-2-57035 　　　　www.kyoritsu-pub.co.jp 制　作　㈱グラベルロード 印　刷 製　本　錦明印刷

一般社団法人
自然科学書協会
会員

検印廃止
NDC 417
ISBN 978-4-320-11337-4　　Printed in Japan

JCOPY ＜出版者著作権管理機構委託出版物＞
本書の無断複製は著作権法上での例外を除き禁じられています。複製される場合は，そのつど事前に，出版者著作権管理機構（TEL：03-5244-5088，FAX：03-5244-5089，e-mail：info@jcopy.or.jp）の許諾を得てください。